养驴

家庭农场致富指南

肖冠华 编著

化学工业出版社
·北京·

图书在版编目（CIP）数据

养驴家庭农场致富指南 / 肖冠华编著 .—北京：化学工业出版社，2023.1

ISBN 978-7-122-42499-0

Ⅰ . ①养…　Ⅱ . ①肖…　Ⅲ . ①驴 - 饲养管理 - 指南　Ⅳ . ① S822-62

中国版本图书馆 CIP 数据核字（2022）第 208270 号

责任编辑：邵桂林　　文字编辑：朱丽秀　药欣荣　陈小滔

责任校对：王　静　　装帧设计：韩　飞

出版发行：化学工业出版社

（北京市东城区青年湖南街 13 号　邮政编码 100011）

印　　装：中煤（北京）印务有限公司

850mm×1168mm　1/32　印张 10　字数 252 千字

2023 年 6 月北京第 1 版第 1 次印刷

购书咨询：010-64518888　　售后服务：010-64518899

网　　址：http：//www.cip.com.cn

凡购买本书，如有缺损质量问题，本社销售中心负责调换。

定　　价：69.80 元

前言
PREFACE

当前，养驴生产出现新的机遇，养驴的盈利模式从绿皮带动转向皮肉结合、驴奶及副产物综合开发。驴奶作为驴产业一个新的增长点，成为众多企业的希望；驴肉加工和餐饮企业迎来了一次发展机遇。这些积极的变化，对我国养驴业的快速发展起到了极大的促进作用，规模化、集约化养驴的前景更加广阔。

家庭农场是全球最为主要的农业经营方式，在现代农业发展中发挥了至关重要的作用，各国普遍对家庭农场发展特别重视。作为农业的微观组织形式，家庭农场在欧美等发达国家已有几百年的发展历史，坚持以家庭经营为基础是世界农业发展的普遍做法。

2008 年，党的十七届三中全会所作的决定当中提出，有条件的地方可以发展专业大户、家庭农场、农民专业合作社等规模经营主体，这是我国首次把家庭农场写入中央文件。

2013 年，中央一号文件进一步把家庭农场明确为新型农业经营主体的重要形式，并要求通过新增农业补贴倾斜、鼓励和支持土地流转、加大奖励和培训力度等措施，扶持家庭农场发展。

2019 年，中农发〔2019〕16 号《关于实施家庭农场培育计划的指导意见》中明确，加快培育出一大批规模适度、生产集约、管理先进、效益明显的家庭农场。

2020年，中央一号文件中明确提出“发展富民乡村产业”“重点培育家庭农场、农民合作社等新型农业经营主体”。

2020年3月，农业农村部印发了《新型农业经营主体和服务主体高质量发展规划（2020—2022年）》，对包括家庭农场在内的新型农业经营主体和服务主体的高质量发展作出了具体规划。

家庭农场作为新型农业经营主体，有利于推广科技，提升农业生产效率，实现专业化生产，促进农业增产和农民增收。家庭农场相较于规模化养殖场也具有很多优势。家庭农场的劳动者主要是农场主本人及其家庭成员，这种以血缘关系为纽带构成的经济组织，其成员之间具有天然的亲和性。家庭成员的利益一致，内部动力高度一致，可以不计工时，无需付出额外的外部监督成本，可以有效克服“投机取巧、偷懒耍滑”等机会主义行为。同时，家庭成员在性别、年龄、体质和技能上的差别，有利于取长补短，实现科学分工，因此这一模式特别适用于农业生产和提高生产效率。特别对从事养殖业的家庭农场更有利，有利于调动家庭成员的积极性、主动性，家庭成员在饲养管理上更有责任心、更加细心和更有耐心，在经营上成本更低等。

国际经验与国内现实都表明，家庭农场是发展现代农业最重要的经营主体，将是未来最主流的农业经营方式。

由于家庭农场经营的专业性和实战性都非常强，涉及的种养方面知识和技能非常多。这就要求家庭农场主及其成员具备较强的专业技术，可以说专业程度决定其成败，投资越大，专业要求越高。同时，随着农业供给侧结构性改革，农业结构的不断调整以及农村劳动力的转移，新型职业农民成为从事农业生产的主力军。而新型职业农民的素质直接关乎农业的现代化和产业结构性调整的成效。加强对新型职业农民的职业培育，对全面拓展新型农民的知识范围和提升专业技术水平、推进农业供给侧结构性改革、转变农业发展方式、助力乡村全面振兴具有重要意义。

为顺应驴产业的不断升级和家庭农场健康发展的需要，本书针对养驴家庭农场经营者应该掌握的重点知识和养殖驴的基本技能，对养驴家庭农场投资兴办、养殖场区选址和规划、驴养殖环境控制、驴优良品种的选择与繁殖、饲料的加工与供应、养驴场日常饲养管理、疾病防治和家庭农场经营管理等家庭农场经营过程中涉及的一系列知识，详细地进行了介绍。这些实用的技能，既满足家庭农场经营管理的需要，也满足新型职业农民培训的需要，为家庭农场更好地实现适度规模经营，取得良好的经济效益和社会效益助力。

本书在编写过程中，参考借鉴了国内外一些养殖专家和养殖实践者实用的观点和做法，在此对他们表示诚挚的感谢！由于作者水平有限，书中有些做法和体会难免有不妥之处，敬请批评指正。

编著者

2023 年 4 月

目录 CONTENTS

视频目录

第一章

家庭农场概述

一、家庭农场的概念

家庭农场，一个起源于欧美的舶来词；在中国，它类似于种养大户的升级版。通常定义为：以家庭成员为主要劳动力，以家庭为基本经营单元，从事农业规模化、标准化、集约化生产经营，是现代农业的主要经营方式。

家庭农场具有家庭经营、适度规模、市场化经营、企业化管理等四个显著特征，农场主是所有者、劳动者和经营者的统一体。家庭农场是实行自主经营、自我积累、自我发展、自负盈亏和科学管理的企业化经济实体。家庭农场区别于自给自足的小农经济的根本特征，是以市场交换为目的，进行专业化的商品生产，而非满足自身需求。家庭农场与合作社的区别在于家庭农场可以成为合作社的成员，合作社是农业家庭经营者（可以是家庭农场主、专业大户，也可以是兼业农户）的联合。

从世界范围看，家庭农场是当今世界农业生产中最有效率、最可靠的生产经营方式之一。目前已经实现农业现代化的西方发达国家，普遍采取的都是家庭农场生产经营方式，并且在21世纪的今天，其重要性正在被重新发现和认识。

从国内情况看，20世纪80年代初期我国农村经济体制改革实行的家庭联产承包责任制，使农业生产重新采取了农户家庭生产经营这一最传统也是最有生命力的组织形式，极大地解放和发展了农业生产力。然而，家庭联产承包责任制这种“均田到户”的农地产权配置方式，形成了严重超小型、高度分散的土地经营格局，已越来越成为我国农业经济发展的障碍。在坚持和完善农村家庭承包经营制度的框架下，创新农业生产经营组织体制，推进农地适度规模经营，是加快推进农业现代化的客观需要，符合农业生产关系要适应农业生产力发展的客观规律的要求。而家庭农场生产经营方式因其技术、制度及组织路径的便利性，成为土地集体所有制下推进农地适度规模经营的一种有效的实现形式，是家庭承包经营制的“升级版”。与西方发达国家以土地私有制为基础的家庭农场生产经营方式不同，我国的家庭农场生产经营方式是在土地集体所有制下从农村家庭承包经营方式的基础上发展而来的，因而有其自身的特点。我国的家庭农场是有中国特色的家庭农场，是土地集体所有制下推进农地适度规模经营的重要实现形式，是推进中国特色农业现代化的重要载体，也是破解“三农”问题的重要抓手。

家庭农场的概念自提出以来，一直受到党中央的高度重视。这为家庭农场的快速发展提供了强有力的政策支持和制度保障，使其具有广阔的发展前途和良好的未来。截至2018年底，全国家庭农场达到近60万家，其中县级以上示范家庭农场达8.3万家，全国家庭农场经营土地面积达1.62亿亩。家庭农场的经营范围逐步走向多元化，从粮经结合，到种养结合，再到种养加一体化，一、二、三产业融合发展，经济实力不断增强。

二、养驴家庭农场的经营类型

（一）单一生产型家庭农场

单一生产型家庭农场是指单纯以养驴为主的生产型家庭农场，以饲养种驴、繁殖幼驴、育肥驴为核心，以出售种驴、幼驴、架子驴、驴皮、驴肉等为主要经济来源的经营模式。适合产销衔接稳定、养驴条件和养殖技术良好、周转资金充足的规模化养驴家庭农场。

（二）产加销一体型家庭农场

产加销一体型家庭农场是指家庭农场将本场养殖的驴自己加工成食品对外进行销售的经营模式，即肉驴生产、驴产品加工和产品销售都由自己来做，省掉了很多中间环节，使利润更加集中在自己手中（图 1-1）。

图1-1 产加销一体型示意图

产加销一体型家庭农场，以市场为导向，充分尊重市场发展的客观规律，依靠农业科技、机械化、规模化、集约化、产业化等方式，延伸经营链，提升家庭农场经营过程中的附加价值。如陕西省三原县的小刁，大学毕业后了解到，市场上的驴肉需求量大，但养殖规模却年年在下降。他看到西安的驴肉这么有市场，用的却是河北驴肉，如果他回家养毛驴、卖驴肉，就凭运输成本低这一点，也应该赚钱。于是，他回到三原老家，开始自己的事业。2012 年 11 月，小刁去甘肃、青海等地，一次性引进关中驴 140 多头，很快毛驴养殖走上了正轨。

由于小刁的父亲有做酱牛肉的手艺。2013 年底，小刁又注册了一家食品厂，由父亲负责做生熟驴肉加工。小刁亲自推销，将驴肉供给省内各大酒店，目前，他和许多酒店签订了长年合作协议。现在，陕西境内的大部分驴肉都是他的产品，一头毛驴单肉就能卖到七八千元。2014 年底，小刁还清所有的债务，还买了一辆宝马轿车。

2015 年，小刁的毛驴存栏有 600 多头。食品厂的屠宰量也保持在每年 1000 头左右，公司净资产达到上千万元。

此模式产业链较长，对养殖场地、品种、技术及食品加工都有较高要求。适合既有养殖能力，同时又有加工能力且经营能力较强的家庭农场采用。

（三）种养结合型家庭农场

种养结合型家庭农场是指将种植业和养殖业有机结合的一种生态农业模式。即将畜禽养殖产生的粪便、有机物作为有机肥的基础，为种植业提供有机肥来源；同时，种植业生产的作物又能够给畜禽养殖提供食源。该模式能够充分将物质和能量在动植物之间进行转换及良好的循环，既解决了畜禽养殖的环保问题，又为生产安全放心食品提供了饲料保障，做到了农业生产的良性循环。

如粮（牧草）—驴种养模式。此模式是按照驴的营养需要及所需饲料原料品种和数量要求，配置相应耕地种植驴所需要的玉米、小麦、大豆、牧草等优质饲料原料，饲料原料在种植过程中不施化肥，只施驴粪便经加工处理成的有机肥，收获的饲料原料再加工成自己农场养驴所需的配合饲料。此模式能够保证驴所用的饲料符合生产无公害食品所需饲料的要求，因此生产的驴肉可达到无公害食品标准。

当然，种养结合型家庭农场的种植，既可以是利用养殖畜禽的粪便种植的粮食作物，也可以是利用畜禽粪便种植的非粮食作物，如蔬菜、果树、茶树、葡萄等。主要是围绕畜禽粪便的资源化利用，应用畜禽粪便沼气工程技术、畜禽粪便高温好氧堆肥技术、利用驴粪养蚯蚓技术、配套设施农业生产技术、畜禽标准化生态养殖技术、特色林果种植技术，构建“畜禽粪便—沼气工程—燃料—沼渣、沼液—果（菜）”“畜禽粪便—有机肥—果（菜）”产业链。

种养结合型家庭农场模式属于循环农业的范畴，可以实现农业资源的最合理和最大化利用，实现经济效益、社会效益和生态效益的统一，降低种养业的经营风险。其适合既有种植技术，又有养殖技术的家庭农场采用。同时对农场主的素质和经营管理能力，以及农场的经济实力都有较高的要求。

（四）公司主导型家庭农场

公司主导型家庭农场是指家庭农场在自主经营、自负盈亏的基础上，与当地龙头企业合作的一种经营模式。即龙头企业统一制定生产规划和生产标准，以优惠价格向家庭农场提供种苗、农业生产资料及技术服务，并以高于市场的价格回收农产品（图 1-2）；家庭农场按照龙头企业的生产要求进行畜禽生产，产出的畜禽产品直接由龙头企业按合同规定的品种、时间、数量、质量和价格出售。家庭农场利用场地和人工等优势，龙头企业利用资金、技术、信息、品牌、销售等优势。一方面减少了家庭农场的经营风险和销售成本；另一方面，龙头企业解决了大量用工、大量需要养殖场地的问题，减少了生产的直接投入。在合理分工的前提下，两者相互配合，获得各自领域的效益。

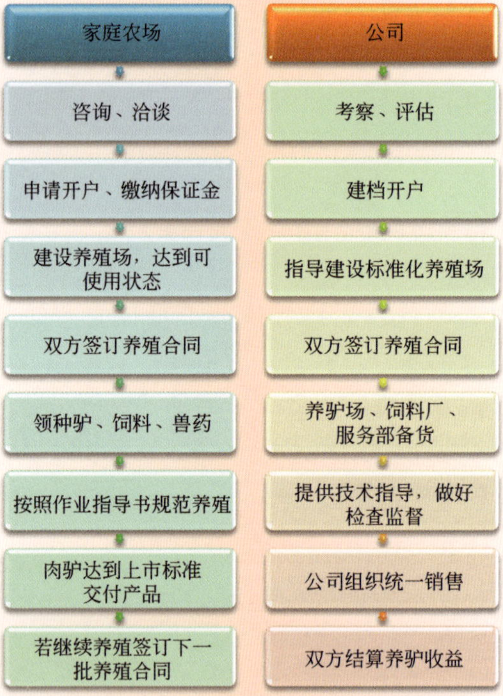

图1-2 公司主导型家庭农场模式

一般家庭农场负责提供饲养场地、畜禽舍、人工、周转资金等。龙头企业实行统一提供畜禽品种、统一生产标准、统一饲养标准、统一技术培训、统一饲料配方、统一市场销售等六统一。有的还实行统一供应良种、统一供应饲料、统一防病治病等。

家庭农场与龙头企业的合作，以企业为组织单元，采用新型产业化组织方式，以产业链延伸为特征，以科技支撑为依托。龙头企业通过订单、代养、赊销、包销、托管等形式，与家庭农场开展养殖合作。家庭农场通过合同、契约、股份制等形式与龙头企业连成互利互惠的产业纽带，实现降低生产成本、降低经营风险、优化资源配置、提高经济效益的目的。如东阿集团公司采取的企业提供母驴或驴驹，农户饲养之后，再定价回收成驴和驴奶的方式，就属于这种类型。

此模式减少了家庭农场的经营风险和销售成本，家庭农场专心养好驴就行。适合本地区有良好信誉的龙头企业的家庭农场采用。

（五）合作社（协会）主导型家庭农场

合作社（协会）主导型家庭农场是指家庭农场自愿加入当地养殖专业合作社或养殖协会，在养殖专业合作社或养殖协会的组织、引导和带领下，进行畜禽专业化生产和产业化经营，产出的畜禽产品由养殖专业合作社或养殖协会负责统一对外销售。

一般家庭农场负责提供饲养场地、畜禽舍、人工和周转资金等，通过加入合作社获得国家的政策支持。同时，又可享受来自合作社的利益分成。养殖专业合作社或养殖协会主要承担协调和服务的责任，在组织家庭农场生产过程中实行统一提供优良品种、统一技术指导、统一饲料供应、统一饲养标准、统一产品销售等五统一。同时注册自己的商标和创立畜禽产品品牌，有的还建立养殖风险补偿资金，对因不可抗拒因素造成的损失进行补偿。有的养殖专业合作社或养殖协会还引入公司或龙头企业，实行“合作社＋公司（龙头企业）＋家庭农场”发展模式。

在美国，一般一个家庭农场要同时加入4～5家合作社。欧洲一些国家将家庭农场纳入了以合作社为核心的产业链系统，例如，荷兰的以适度规模家庭农场为基础的“合作社一体化产业链组织模式”。在该种产业链组织模式中，家庭农场是该组织模式的基础，是农业生产的基本单位；合作社是该组织模式的核心和主导，其存在价值是全力保障社员家庭农场的经济利益；公司的作用是收购、加工和销售家庭农场所生产的农产品，以提高农产品附加值。家庭农场、合作社和公司三者组成了以股权为纽带的产业链一体化利益共同体，形成了相互支撑、相互制约、内部自律的“铁三角”关系。国外家庭农场发展的经验表明，与合作社合作是家庭农场成功运营、健康快速发展的重要原因，也是确保家庭农场利益的重要保障。养殖专业合作社或养殖协会将家庭农场经营过程中涉及的畜禽养殖、屠宰加工、销售渠道、技术服务、融资保险、信息资源等有机地衔接，实现资源的优势整合、优化配置和利益互补，化解家庭农场小生产与大市场的矛盾，解决家庭农场标准化生产、食品安全和适度规模化问题，使得家庭农场能获得更强大的市场力量、更多的市场权利，降低家庭农场养殖生产的成本，增加养殖效益。

此模式适合本地区有较强实力的专业合作社和养殖协会家庭农场采用。

（六）观光型家庭农场

观光型家庭农场是指家庭农场利用周围生态农业和乡村景观，在做好适度规模种养生产经营的条件下，开展各类观光旅游业务，借此销售农场的畜禽产品。

观光型家庭农场将自己养殖的具有特殊风味的地方品种驴

肉和种植的瓜果、蔬菜，通过参与种养殖体验、采摘、餐饮、旅游纪念品等形式销售给游客。这种集规模化养驴、休闲农业和乡村旅游于一体的经营方式，既满足了消费者的新鲜、安全、绿色、健康饮食心理，又提高了畜禽产品的商品价值，增加了农场收益。

其适合位于城郊或城市周边、交通便利、环境优美、种养殖设施完善、特色养驴和餐饮住宿条件良好的家庭农场采用。此模式对自然资源、农场规划、养殖技术、经营和营销能力、经济实力等都有较高的要求。

三、当前我国家庭农场的发展现状

（一）家庭农场主体地位不明确

家庭农场是我国新型农业经营主体之一，其立法的缺失制约了家庭农场的培育和发展，而且现有的民事主体制度不能适应家庭农场培育和发展的需求。由于家庭农场在法律层面的定义不清晰，导致其登记注册制度、税收优惠、农业保险等政策及配套措施缺乏，融资及涉农贷款无法解决，再加上家庭农场抵御自然灾害的能力差，这些都制约着家庭农场的发展。

应当明确家庭农场为新型非法人组织的民事主体地位，这是家庭农场从事规模化、集约化、商品化农业生产，参与市场活动的前提条件。家庭农场的市场主体地位的明确也为其与其他市场主体进行交易、竞争等市场活动打下良好的基础。

（二）农村土地流转程度低

目前我国的农村土地制度尚不完善，导致很多地区农地产权不清晰，而且农村存在过剩的劳动力，他们无法彻底转移土地经营权，进一步限制了土地的流转速度和规模。体现在四个方面：其一是土地的产权体系不够明确，土地具体归属于哪一级也没有具体明确的规定，制度的缺陷导致土地所有权的混乱。由于土地不能明确归属于所有者，这样造成了在土地流转过程中无法界定交易双方权益，双方应享受的权利和义务也无法合理协调，这使得土地在流转过程中出现了诸多的权益纷争，加大了土地流转难度，也对土地资源合理优化配置产生不利影响。其二是土地承包经营权权能残缺，即使我国已出台《物权法》，对土地承包经营权进行相应的制度规范，但是从目前农村土地承包经营的大环境来看，其没有体现出法律法规在现实中的作用，土地的承包经营权不能用于抵押，使得土地的物权性质表现出残缺的一面。其三是农民惜地意识较强，土地流转租期普遍较短，稳定性不足，家庭农场规模难以稳定，同时土地流转不规范合理，难以获得相对稳定的集中连片土地，影响了农业投资及家庭农场的推广。其四是农民缺乏相关的法律意识，充分利用使用权并获取经济效益的愿望还不强烈，土地流转没有正式协议或合同，容易发生纠纷，土地流转后农民的权益得不到有效保障。

（三）资金缺乏问题突出

家庭农场前期需要大量资金的投入，土地租赁、畜禽舍建设、养殖设备、种畜禽引进、农机购置等亦需大量资金。家庭农场的运营和规模扩张亦需相当数量的资金，这对于农民来说是无形中的障碍。

目前，家庭农场资金的投入来源于家庭农场开办者人生财富的积累、亲友的借款和民间借贷。而农业经营效益低、收益慢，家庭农场又没有可供抵押的资产，使其比较难于从银行得到生产经营所需的贷款，即使能从银行得到贷款，也存在额度小、利息高、缺乏抵押物、授信担保难、手续繁杂等问题。这对于家庭农场前期的发展较为不利，除沿海发达地区家庭农场发展资金通过这些渠道能够凑足外，其他地区相对紧迫，都不同程度地存在生产资金缺乏的问题。

（四）经营方式落后

家庭农场是对现有单一、分散农业经营模式的突破和推进。农民必须从原有的家长式的传统小农经营意识中解脱出来，建立现代化经营理念，要运用价格、成本、利润等经济杠杆进行投入、产出及效益等经济核算。

家庭农场的经营方式落后表现在缺乏长远规划，不懂得适度规模经营和没有掌握市场运行规律，不能实时掌握市场信息，对市场不敏感，接受新技术和新的经营理念慢，没有自己的特色和优势产品等。如多数家庭农场都是看见别人养殖或种植什么挣钱了，也跟着种植或养殖，盲目地跟风就会打破市场供求均衡，进而导致家庭农场的亏损。家庭农场作为一个组织，要逐步实现由传统式的组织方式向现代企业式家庭农场转化。

（五）经营者缺乏科学种养技术

家庭农场劳动者是典型的职业农民。作为家庭农场的组织管理者，除了需要掌握农产品生产技能，更需要有一定的管理技能，需要有进行产品生产决策的能力，需要有与其他市场主体进行谈判的技能，需要开拓市场的技能。虽然现行的“家庭农场＋龙头企业”或“家庭农场＋合作社”模式对家庭农场的组织能力要求较低，但是也需要掌握科学的种养技术和一定的销售能力。同时，由于采用这种模式家庭农场生产环节的利润相对较低，家庭农场要取得更大的经济效益就不是单纯的“养（种）得好”的问题。家庭农场未来依赖于附加值发展壮大，而附加值的增加需要技术的改良和技术的应用，更需要专业的种养技术。

目前许多年轻人，特别是文化程度较高的人不愿意从业农业生产。多数家庭农场经营者学历以高中以下为多，最新的科技成果也无法在农村得到及时推广，这些现实情况影响和制约了家庭农场决策能力和市场拓展能力的发展，成为我国家庭农场发展的严峻挑战。

第二章 家庭农场的兴办

一、兴办养驴家庭农场的基础条件

做任何事情都要具备一定的条件，只有具备了充分且必要的条件以后再行动，成功的概率才大一些。否则，如果准备不充分，甚至连最基础的条件都不具备就盲目上马，极容易导致失败。家庭农场的兴办也是一样，家庭农场的成员要事先对兴办所需的条件和自身实力进行充分的考察、咨询、分析和论证，找出自身的优势和劣势，对兴办家庭农场都需要具备哪些条件，已经具备的条件、不具备的条件有哪些，有一个准确、客观、全面的评估和判断，最终确定是否适合兴办，以及兴办哪一类家庭农场。下面所列的八个方面，是兴办家庭农场前就要确定的基础条件。

（一）确定经营类型

兴办家庭农场首先要确定经营的类型，目前我国家庭农场的经营类型有单一生产型家庭农场、产加销一体型家庭农场、种养结合型家庭农场、公司主导型家庭农场、合作社（协会）主导型家庭农场和观光型家庭农场等六种类型。这六种类型各有其适应的条件，家庭农场在兴办前要根据所处地区的自然资源、种养殖能力、加工销售能力和经济实力等综合确定兴办哪一类型的家庭农场。

如果家庭农场所处地区只有适合养殖用的场地，没有种植用场地，能够做好粪污无害化处理，同时，饲料保障和销售渠道稳定，交通又相对便利，可以兴办单一生产型家庭农场。如果家庭农场既有养殖能力，同时又有将驴肉加工成特色食品的技术能力和条件，如加工成传统驴肉食品、驴肉罐头等，并有销售能力的，可以考虑兴办产加销一体型家庭农场，通过直接加工成食品后销售，延伸了产业链，提升了家庭农场经营过程中的附加价值。

种养结合型家庭农场是非常有前途的一种模式，将种植业和养殖业有机结合，走循环农业、生态农业的良性发展之路，可以实现农业资源的最合理和最大化利用，实现经济效益、社会效益和生态效益的统一，降低种养业的经营风险。如果家庭农场所在地既有适合养殖用的场地，又有种植用场地，但畜禽污染处理环保压力大，可以重点考虑这种模式。特别是以生产无公害食品、绿色食品和有机食品为主要方式的家庭农场，由于种植环节可以按照生产无公害食品、绿色食品和有机食品所需饲料原料的要求组织生产和加工，在驴养殖环节也可以按照无公害食品、绿色食品和有机食品饲养要求去做，做到整个养殖环节安全可控，是比较理想的生产方式。

对于有养殖所需的场地，能自行建设规模化养驴场，又具有养殖技术，具备规模化养殖条件的，如果自有周转资金有限，而所在地区又有大型龙头企业的，可以兴办公司主导型家庭农场。与大型公司合作养驴，既减少了家庭农场的经营风险和销售成本，又解决了龙头企业大量用工、大量需要养殖场地的问题，也减少了生产的直接投入。

如果所在地没有大型龙头企业，而当地的养驴专业合作社或养驴协会又办得比较好，可以兴办合作社（协会）主导型家庭农场。如果农场主具有一定的工作能力，也可以带头成立养驴专业合作社或养驴协会，带领其他养殖场（户）共同养驴致富。

如果兴办家庭农场的地方是城郊或在城市的周边，交通便利，同时有山有水，环境优美，有适合生态放养的山林和生态养驴设施条件，以及绿色食品种植场地，兴办者又有资金实力、养殖技术和营销能力的，可以兴办以围绕生态养驴和绿色蔬菜瓜果种植为核心的，融采摘、餐饮、旅游观光为一体的观光型家庭农场。

需要注意的是，以上介绍的只是目前常见的养殖类家庭农场经营的几种类型。在家庭农场实际经营过程中还有很多好的做法值得我们学习和借鉴，而且以后还会有许多创新和发展。

小贴士：

没有哪一种经营模式是最好的，家庭农场在确定采用哪种经营类型的时候应坚持因地制宜的原则，应选择那种能充分发挥自身优势和利用地域资源优势的经营模式，少走弯路，适合自己的就是最好的经营模式。

（二）确定生产规模

确定养驴家庭农场的生产规模应坚持适度规模的原则。适度规模经营来源于规模经济，指的是在既有条件下，适度扩大生产经营单位的规模，使畜禽养殖规模、土地耕种规模、资本、劳动力等生产要素配置趋向合理，以达到最佳经营效益的活动。

对家庭农场来讲，到底多大的养殖规模和多大的土地面积算适度规模经营，要根据家庭农场的要素投入、养殖和种植技术、家庭农场经营类型、经济效益、家庭农场所处地区综合确定。主要考虑的因素有：家庭农场类型、资金、当地自然条件、气候、经济社会发展进度、技术推广应用、机械化和设施化水平、劳动力状况、社会化服务水平等，还要受到家庭农场经营者主观上对机会成本的考量、家庭农场经营者的经营意愿（能力）的影响，以及当地农村劳动力转移速度与数量、土地流转速度与数量、乡村内生环境、农民分化程度、农业保险市场以及信贷市场等外部制度性因素的约束。

确定驴场的饲养规模，应遵循以下三个原则：一是平衡原则，使饲料供给量与驴群饲养量相平衡，避免料多驴少或驴多料少两种情况发生。具体地说是使各月份供应的饲料种类、饲料数量与各月份的驴群结构及饲料需要量相平衡，避免出现季节性饲料不足的现象。二是充分利用原则，使各种生产要素都要合理地加以利用。应将以最少的生产要素的耗费，如驴舍、资金、劳动力等，获得最大经济效益的生产规模列入计划，即最大限度地利用现有的生产条件。三是以销定产原则。生产的目标应与销售的目标相一致，生产计划应为销售计划服务，坚持以销定产，避免以产定销。要以盈利为目标，以销售额为结果，以生产为手段，合理安排各个阶段的规模和任务。

如单一型家庭农场，只涉及驴养殖，不涉及种植，只考虑养殖方面的规模即可。而种养结合型家庭农场，除了考虑养殖规模，还要考虑种植规模。养殖类家庭农场，以目前的三口之家所能承受的工作量为标准，主要依据养殖品种的规模来确定家庭农场的适度规模。而实行种养结合的家庭农场，需要以家庭农场能承受的种养殖两方面的规模来通盘考虑。确定与养殖规模相配套的种植规模时，应根据养殖所需消耗饲料的数量、土地种植作物产量、机械化程度等确定种植的土地面积。对于实行生态养驴的家庭农场，应以每头驴所需放养场地面积为基准，以及结合家庭农场自身经营能力确定饲养驴的数量。

对于小规模的养驴家庭农场，养驴条件较好的，以饲养基础母驴 50 ～ 100 头、年出栏育肥驴 300 ～ 500 头的规模为宜。这样的养驴规模，在劳动力方面，家庭农场可利用自家劳动力，不会因为增加劳动力而提高养驴成本；在饲料方面，可以自己批量购买饲料原料、自己配制饲料，从而节约饲料成本；在饲养管理方面，家庭农场能够胜任。同时还可以采取“滚雪球”的办法，由小到大逐步发展。对于中大型规模化养驴家庭农场，以基础母驴数在 200 头以上，或者年出栏育肥驴 1000 头以上的规模为宜。

小贴士：

经济学理论告诉我们：规模才能产生效益，规模越大效益越大，但规模达到一个临界点后其效益随着规模增大而呈反方向下降。这就要求找到规模的具体临界点，而这个临界点就是适度规模。

不同的生产力发展水平下，养殖规模经营的适应值不同，一定的规模经营产生一定的规模效益。适度规模经营是指在一定的适合的环境和适合的社会经济条件下，各生产要素（土地、劳动力、资金、设备、养殖品种、饲料供应、饲养技术、经营管理、信息等）的最优组合和有效运行，取得最佳的经济效益。

（三）确定饲养工艺

家庭农场养驴首先要确定饲养工艺流程，因为饲养工艺流程决定驴场的规划布局以及设施建设等问题。也就是说，饲养工艺流程决定驴场要怎样建设、建设哪些设施、设施怎样布局等。确定了饲养工艺流程，就确定了要建设哪类驴舍、建设哪些附属设施、驴舍和附属设施需要多大面积、驴舍和附属设施如何布局等具体建设事宜。

现代化养驴要求采用分段饲养“全进全出”的饲养工艺流程来组织日常生产，即在同一时间将处于同一生长发育或繁殖阶段的驴群全部移进或移出某一栏舍。就是根据驴的不同生理阶段，采用工业流水生产线的方式，将处于同一生理阶段的驴放在同一个类型的驴舍或驴栏内，并给予符合该生长阶段的营养和管理方法。“全进全出”的饲养工艺流程不但可以有效地、有计划地组织生产，而且可以充分利用养殖技术和养驴设备，提高生产效率和驴舍利用率，在减少疾病的相互传播、提高驴群的健康水平以及设备的保养维修方面具有重要的现实意义。

驴场为了实现“全进全出”的饲养工艺流程，在建场的时候就要制定一套完整的、适合本场实际的饲养工艺流程，一般规模化养驴将驴划分为种公驴（2.5 岁以上的公驴）、种母驴（2.5 岁以上的母驴）、育成驴（7 月龄～2.5 岁的驴）、妊娠驴（妊娠期一般为 365 天）、幼驴（出生～6 月龄的驴驹）、育成育肥驴（7 月龄至上市）等进行饲养管理（图 2-1）。根据这种划分方法，家庭农场养驴需要相应地建设公驴舍、种母驴舍、育成驴舍、妊娠驴舍和产房等及相适应的运动场。

图2-1 肉牛生产工艺流程图

种公驴及2岁后的后备公驴应始终单独饲养在公驴舍内，并实行单栏饲养；空怀期及后备种母驴饲养在种母驴舍内；发情的种母驴在经过配种及妊娠鉴定，确认怀孕以后转到妊娠驴舍内饲养，直到产前10天；产前10天的妊娠母驴转入产房内饲养，准备分娩。幼驴出生后也随同母驴一起饲养在产房内，直到6个月断奶后再转入育成舍内饲养。而哺乳母驴如果在哺乳期间配种（通常分娩后10天左右又开始发情）并成功妊娠的，在幼驹6个月断奶后直接转入妊娠舍内饲养。如果哺乳母驴在哺乳期间没有配种或妊娠的，转入种母驴舍内饲养。幼驹6个月断奶后转入育成舍内饲养，在1.5岁时应实行公母分群。驴驹2岁以后对无种用价值的公驴进行去势，作为育肥驴饲养，在达到育肥驴出栏标准时出栏销售。作为后备种驴的，公驴和母驴分别在2岁时转到公驴舍和种母驴舍内饲养。

小贴士：

家庭农场要结合自身规模、资金实力和技术实力选择适合自己的饲养工艺流程，然后根据饲养工艺流程确定应该建设的驴舍类型、附属配套设施，以及各舍、区之间规划布局。

（四）资金筹措

家庭农场养驴需要的资金很多，这一点投资兴办者在兴办前一定要有心理准备。家庭农场养驴场地的购买或租赁、驴舍建筑及配套设施建设、购置养驴设备、购买种驴或架子驴、购买饲料、防疫费用、人员工资、水费、电费等，都需要大量的资金作保障。从驴场的兴办进度上看，在驴场前期建设至正式投产运行，直到能对外出售驴这段时间，都是资金的净投入阶段。

据有关资料介绍，购买驴驹育肥的，购买半岁左右幼驹（德州驴）的价格约 18 万元，每百头肉驴养殖成本平均 300 元 / 天，其中需精饲料 200 斤 /（天 · 头），粗饲料 700 ～ 800 斤 /（天 · 头），每百头驴的育肥成本共计 6.3 万元左右（基建、设备不计算）。按照此数据计算，家庭农场如果实行购买驴驹育肥的，不包含基建和设备的总成本至少需要 24.3 万元。而购买母驴繁育驴驹育肥出售的家庭农场成本更多。这还是在家庭农场一切运行情况都正常下的支出，也可以说是在家庭农场实现盈利前这一段时间需要准备的资金。

中国有句谚语，“家财万贯，带毛的不算”。说的是即使你饲养的家禽家畜再多，一夜之间也可能全死光。这其中折射出人们对养殖业风险控制的担忧。如果家庭农场经营过程中出现不可预料的、无法控制的风险，应对的最有效办法就是继续投入大量的资金。如家庭农场内部出现管理差或者暴发大规模疫情，家庭农场的支出会增加得更多。或者外部市场出现大幅波动，驴皮、驴肉或驴奶等价格大跌，养驴行业整体处于亏损状态时，还要有充足的资金能够渡过价格低谷期。这些资金都要提前准备好，现用现筹集不一定来得及。此时如果没有足够的资金支持，家庭农场将难以经营下去。这方面的教训非常多，容易出现的问题有：一是投资前资金准备不充足，有建场的钱没买驴的钱。二是盲目建设，浪费了资金，使本来就紧张的资金更加紧张。三是对高峰低谷的行情涨落没有准备。驴出栏的时候正好赶上价格低谷期，雪上加霜。

所以，为了保证家庭农场资金不影响运营，必须保证资金充足。

1. 自有资金

在投资建场前自己就有充足的资金这是首选。俗话说：谁有也不如自己有。自有资金用来养驴也是最稳妥的方式，这就要求投资者做好家庭农场的整体建设规划和预算，然后按照总预算额加上一定比例的风险资金，足额准备好兴办资金，并做到专款专用。资金不充足哪怕不建设，也不能因缺资金导致半途而废。对于以前没有养驴经验或者刚刚进入养驴行业的投资者来说，最好采用滚雪球的方式适度规模发展。切不可贪大求全，规模比能力大，驾驭不了家庭农场的经营。

2. 亲戚朋友借款

需要在建场前落实具体数额，并签订借款协议，约定还款时间和还款方式。因为是亲戚朋友，感情的因素起决定性作用，所以是一种帮助性质的借款，但要以保证借款的本金安全为主，借款利息要低于银行贷款的利息为宜。可以约定如果家庭农场盈利了，适当提高利息数额，并尽量多付一些。如果经营不善，以还本为主，还款时间也要适当延长，这样是比较合理的借款方式。这里值得注意的是，家庭农场要远离高利贷，因为这种民间借贷方式不适合养殖业，风险太大。特别是经营能力差的家庭农场无论何时都不宜通过借高利贷经营家庭农场。家庭农场要以自有资金为基础，有 10 万块钱的资金，10 万块钱能养多少头驴，就按照这个规模去做，不要有 10 万块钱，去养需要 50 万流动资金的驴，否则养驴挣的钱，还不上借贷的钱，就全毁了。

3. 银行贷款

尽管银行贷款的利息较低，但对家庭农场来说应该是最难的借款方式，因为家庭农场具有许多先天的限制条件。从家庭农场资产的形成来看，养驴本身投资很大，但见不到可以抵押的东西，比如养驴用地多属于承包租赁、驴舍建筑无法取得房屋产权证，不像我们在市区买套商品房，能够做抵押。于是出现在农村投资百万建个养驴场，却不能用来抵押的现象。而且许多家庭农场本身的财务制度也不规范，还停留在以前小作坊的经营方式上。而银行要借钱给家庭农场，要掌握家庭农场的现金流、物流和信息流，同时银行还要了解家庭农场的还款能力，才会借钱给你。而家庭农场这种经营方式很难满足银行的要求，信息不对称，在银行就借不到钱。所以，家庭农场的经营管理必须规范有序，诚信经营，适度规模养殖，还要使资金流、物流、信息流对称。可见，良好的管理既是家庭农场经营管理的需要，也是家庭农场良性发展的基础条件。

4. 公司 + 农户

公司 + 农户是指规模家庭农场与实力雄厚的公司合作，由大公司提供幼驹或母驴、饲料、兽药及服务保障，家庭农场提供场地和人工，为公司代养育肥驴或母驴，等育肥驴出栏或母驴繁殖出驴驹后交由合作的公司，家庭农场每头驴收取一定的饲养费用。或者在育肥驴或驴驹出售后除去饲养成本，剩余的利润由家庭农场与公司按一定的比例进行分红。这种方式可以有效地解决家庭农场有场地无资金的问题，风险较小，收入不高但较稳定。采用公司 + 农户养驴模式，可实现企业、农户双赢。

小贴士：

无论采用何种筹集资金的方式，家庭农场的前期建设资金还是要投资者自己准备好，俗话说：没有梧桐树引不来金凤凰。连驴舍都没有谁会相信你是养驴的，只和别人谈理想是远远不够的，空手套白狼更不可取。

在决定采用借外力实现养驴赚钱的时候，要事先有预案，选择最经济的借款方式，还要保证这些方式能够实现，要留有伸缩空间，绝不能落空。

（五）场地与土地

养驴需要建设各类驴舍、饲料储存和加工用房、人员办公和生活用房、消毒间、水房等生产和生活用房，以及兽医室、废弃物无害化处理场所和厂区道路等。这些都需要事先做好规划和办理相关的手续。

如果实行生态养驴，还需要有与之相配套的放养山地。实行种养结合的驴场，还需要种植本场所需饲草料的农田和草地等，这些都需要占用一定的土地作为保障。养驴用地也是投资兴办家庭农场必备的条件之一。

国土资源部制定的《全国土地分类》和《关于养殖占地如何处理的请示》规定：养殖用地属于农业用地，其上建造养殖用房不属于改变土地用途的行为，占用基本农田以外的耕地从事养殖业不再按照建设用地或者临时用地进行审批。应当充分尊重土地承包人的生产经营自主权，只要不破坏耕地的耕作层，不破坏耕种植条件，土地承包人可以自主决定将耕地用于养殖业。

自然资源部、农业农村部《关于设施农业用地管理有关问题的通知》（自然资规〔2019〕4号）规定：设施农业用地包括农业生产中直接用于作物种植和畜禽水产养殖的设施用地。其中，畜禽水产养殖设施用地包括养殖生产及直接关联的粪污处置、检验检疫等设施用地，不包括屠宰和肉类加工场所用地等。

设施农业属于农业内部结构调整，可以使用一般耕地，不需落实占补平衡。养殖设施原则上不得使用永久基本农田，涉及少量永久基本农田确实难以避让的，允许使用但必须补划。

设施农业用地不再使用的，必须恢复原用途。设施农业用地被非农建设占用的，应依法办理建设用地审批手续，原地类为耕地的，应落实占补平衡。

各类设施农业用地规模由各省（区、市）自然资源主管部门会同农业农村主管部门根据生产规模和建设标准合理确定。其中，看护房执行“大棚房”问题专项清理整治整改标准，养殖设施允许建设多层建筑。

市、县自然资源主管部门会同农业农村主管部门负责设施农业用地日常管理。国家、省级自然资源主管部门和农业农村主管部门负责通过各种技术手段进行设施农业用地监管。设施农业用地由农村集体经济组织或经营者向乡镇政府备案，乡镇政府定期汇总情况后汇交至县级自然资源主管部门。涉及补划永久基本农田的，须经县级自然资源主管部门同意后方可动工建设。

尽管国家有关部门的政策非常明确地支持养殖用地需要。但是，根据国家有关规定，规模化养驴必须先经过用地申请，场地符合乡镇土地利用总规划的，办理租用或征用手续，还要取得环境评价报告书和动物防疫条件合格证（图2-2）等。如今畜禽养殖的环保压力巨大，全国各地都划定了禁养区和限养区，选一块合适的养驴场地并不容易。

因此。在家庭农场养驴用地上要做到以下三点：

1. 面积与养驴规模配套

规模化养驴需要占用的养殖场地较大，在建场规划时要本

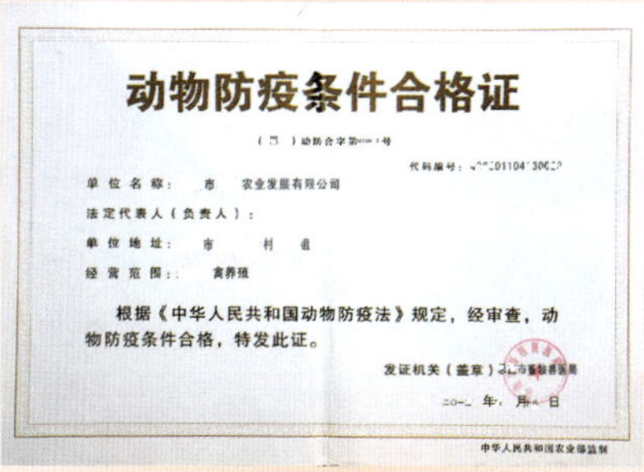
动物防疫条件合格证

单位名称：市 农业发展有限公司

法定代表人（负责人）：

单位地址：市 村 组

经营范围：禽养殖

根据《中华人民共和国动物防疫法》规定，经审查，动物防疫条件合格，特发此证。

发证机关（盖章）

年 月 日

中华人民共和国农业部监制

图2-2 动物防疫条件合格证

着既要满足当前养殖用地的需要，同时还要为以后的发展留有可拓展空间的原则。根据 NY/T 682—2003《畜禽场场区设计技术规范》的要求，参考肉牛场的占地面积估算值，每头育肥驴占地面积为 16 ～ 18 平方米，年出栏 1000 头育肥驴的家庭农场需要占地面积为 16000 ～ 18000 平方米。这是集约化养驴条件下占地面积的要求，为了以后发展的需要，还要再加上一定的可预留或可扩展的用地。

如果家庭农场实行生态养驴或者种养结合模式养驴，除了以上所需占地面积以外，还需要山地、林地等放养场地或者饲料、饲草种植用地。生态养驴所需山地、林地的面积要结合山地或林地的自然资源状况如物产、水力、森林植被、实际可利用面积等确定，在资金条件允许的情况下，要尽可能多地占用一些面积。饲草饲料用地面积要根据饲养驴的数量和饲草饲料地的亩产量综合确定。

2. 自然资源合理

为了减少养殖成本，驴场要采取以利用当地自然资源为主的策略。自然资源主要是指当地产饲料的主要原料如玉米、小麦、豆粕、秸秆和牧草等，尽量避免主要原料经过长途运输，增加饲料成本，从而增加了养驴成本。尤其是实行生态养驴，对当地自然资源的依赖程度更高，可以说，家庭农场所在地如果没有可利用的自然资源，就不能投资生态养驴。

3. 可长期使用

投资兴办者一定要在所有用地手续齐全后方可动工兴建，以保证驴场长期稳定地运行，切不可轻率上马。否则，家庭农场的发展将面临诸多麻烦。

小贴士：

在投资兴办前要做好家庭农场用地的规划、考察和确权工作。为了减少土地纠纷，家庭农场要与土地的所有者、承包者当面确认所属地块边界，查看土地承包合同及农村土地承包经营权证（图 2-3）、林权证（图 2-4）等相关手续，与所在地村民委员会、乡镇土地管理所、林业站等有关土地、林地主管部门和组织确认手续的合法性，在权属明晰、合法有效的前提下，提前办理好土地和林地租赁、土地流转等一切手续，保证家庭农场建设的顺利进行。

图2-3 农村土地承包经营权证

图2-4 林权证

（六）饲养技术保障

养驴是一门技术，是一门学问，科学技术是第一生产力。想要养得好，靠养驴发家致富，不掌握养殖技术，没有丰富的养殖经验是断然不行的。可以说养殖技术是养驴成功的保障。

1. 掌握技术的必要性

尽管驴较其他畜禽好养，但养驴也需要很多专业的技术，绝不是盖个驴舍、喂点饲料、给点水，保证驴饿不着、渴不着那么简单。如规模化养驴应按驴的性别、年龄、个体大小、采食快慢以及性情不同，分槽定位，防止互相争食。饲料要多样化，营养丰富全面，适口性好，并符合无公害食品生产的有关规定。饲喂要做到定时定量、少喂勤添、草短干净，冬季饮水温度要保持在 8 ～ 10℃。细心观察驴群健康状况，发现异常及时处理。严禁同其他动物混养。定期清洗消毒饮水设备，每日清扫驴舍卫生，保持料槽、水槽等用具干净和地面清洁。定期刷拭驴体、修蹄，适当运动，定期进行健康检查。

以上只是养驴技术的一小部分，还有很多技术是养驴必不可少的，这些技术决定着家庭农场养殖的成败。可见，养驴技术对家庭农场正常运营的重要性。

2. 需要掌握的技术

现代规模化养驴是以应用养驴生产技术、设施设备、管理为基础，以专业化、职业化员工参与为特点的规模化、标准化、高水平、高效率的养驴生产方式。规模化养驴需要掌握的技术很多，从建场规划选址、驴舍及附属设施设计建设、品种选择、饲料配制、驴群饲养管理、驴群繁殖、环境控制、防病治病、废弃物无害化处理、营销等养驴的各个方面，都离不开技术的支撑，要根据办场的进度逐步运用。如种公驴要单圈饲养，4 岁后开始配种。注意保持种用体况，适当运动，防止过肥。合理安排配种计划，使用适度。控制交配次数，每天 1 次，每周休息 1 天。要保证配种期种公驴的饲料营养水平，减少粗饲料比例，加大精饲料比例，使精饲料占总饲料量的 1/3 ～ 1/2。配种任务大时，增加鸡蛋、虾皮等动物性饲料。每天喂给食盐 30 ～ 50 克，贝壳粉、石粉或磷酸氢钙 40 ～ 60 克，日粮中钙、磷比例维持在（1.5∶1.0）～（2.0∶1.0）。

空怀母驴配种前 1 ～ 2 个月提高饲养水平，喂给充足的蛋白质、矿物质和维生素饲料。 保持母驴膘情适度。配种前 1 个月，对母驴生殖系统进行检查，有生殖疾病及时治疗。

母驴 2.5 ～ 3 岁时开始配种。要做好发情鉴定，适时配种。母驴妊娠 7 个月后，要加强营养，增加蛋白质饲料喂量，选用优质粗饲料，保证胎儿发育和母驴的营养需要。妊娠后期适当调配母驴日粮，饲料种类要多样化，补充青绿多汁饲料，减少玉米等能量饲料。不饮冰冻水，每天适当运动。

母驴分娩前，对产房清扫消毒，保持温暖、干燥、卫生。母驴分娩后，给饮温麸皮水或小米汤。及时对母驴外阴等部位消毒。幼驹出生后，及时清除幼驹鼻内黏液，断脐，消毒断脐处。母驴分娩后 1 ～ 2 周内，控制草料喂量，10 天左右恢复正常。保持哺乳母驴饲料中充足的蛋白质、维生素和矿物质营养，补饲青绿多汁饲料，促进泌乳。保证母驴充足饮水。

幼驹出生后及时吃到初乳，出生后及时卡耳标。幼驹出生后 15 天训练吃草吃料，1 月龄后逐渐增加补喂量。补喂时间与母驴饲喂时间一致。发育正常的幼驹 6 ～ 7 月龄即可断奶。

驴驹 1.5 岁以后，公母分群饲养。驴驹 2 岁以后对无种用价值的公驴进行去势。

限于篇幅限制，这里只介绍了一下养驴涉及的部分技术，其中每个阶段还包含很多技术没有展开介绍，也都需要家庭农场的经营管理人员掌握和熟练运用。

3. 技术的来源

一是聘用懂技术会管理的专业人员。很多家庭农场的投资人都是养驴的外行，对如何养驴一知半解，如果单纯依靠自己的能力，很难胜任规模化养驴的管理工作，需要借助外力来实现规模化养驴的高效管理。因此，雇用懂技术会管理的专业人才是首选，雇用的人员要求最好是畜牧兽医专业毕业的，有丰富的规模化养驴实际管理经验，吃苦耐劳，以场为家，具有奉献精神。

二是聘请有关科技人员做顾问。如果不能聘用到合适的专业技术人员，同时本场的饲养员有一定的饲养经验和执行力，可以聘请农业院校、科研院所、各级兽医防疫部门有权威的专家做顾问，请他们定期进场查找问题、指导生产、解决生产难题等。

三是使用免费资源。如今各大饲料公司和兽药生产企业都有负责售后技术服务的人员，这些人员中有很多人的养殖技术比较全面，特别是疾病的治疗技术较好，遇到弄不懂或不明白的问题可以及时向这些人请教。可以同他们建立联系，遇到问题及时通过电话、电子邮件、微信、登门等方式向他们求教。必要的时候可以请他们来场现场指导，请他们做示范，同时给全场的养殖人员上课，传授饲养管理方面的知识。

四是技术培训。技术培训的方式很多，如建立学习制度，购买养驴方面的书籍。养驴方面的书籍很多，可以根据本场员工的技术水平，选择相应的养驴技术书籍来学习。采用互联网学习和交流也是技术培训的好方法。互联网的普及极大地方便了人们获取信息和知识，人们可以通过网络方便地进行学习和交流，及时掌握养驴动态。互联网上涉及养驴内容的网站很多，养驴方面的新闻发布得也比较及时。但涉及养殖知识的原创内容不是很多，多数都是摘录或转载报纸和刊物的内容，内容重复率很高，学习时可以选择中国畜牧学会、中国畜牧兽医学会等权威机构或学会的网站。还可以让技术人员多参加有关的知识讲座和有关会议。扩大视野，交流养殖心得，掌握前沿的养殖方法和经营管理理念。

小贴士：

与其他畜禽饲养相比，驴的疾病相对少一些，养驴确实容易一些，但并不是说养驴就不需要技术了。因为，要把驴养好，同样涉及品种选择、满足营养需要、疾病防控、屠宰加工等一系列问题。只有掌握一定的饲养管理方法和技术，我们才能少走弯路或者不走弯路，从而提高家庭农场的养殖效益。

（七）人员分工

家庭农场以家庭成员为主要劳动力，这就决定了家庭农场的所有养驴工作都要以家庭成员为主来完成。通常家庭成员有三人，即父母和一名子女，家庭农场养驴要根据家庭成员的个人特点进行科学合理的分工。

一般父母的文化水平较子女低，接受新技术能力也相对较低，但他们平时家里多饲养一些鸡、鸭、鹅、猪、牛等，已经习惯了畜禽养殖和农活，只要不是特别反感的话，一般对畜禽饲养都积累了一些经验，有责任心，对驴有爱心和耐心，可承担养驴的体力工作及饲养工作。子女一般都受过初中以上教育，有的还受过中等以上职业教育，文化水平较高，接受能力强，对外界了解较多，可承担养驴的技术工作。但子女有年轻浮躁、耐力不足，特别对脏、苦、累的养殖工作不感兴趣的问题，需要家长加以引导。

家庭农场的工作分工为：父亲负责饲料保障，包括饲料的采购运输和饲料加工、粪污处理、对外联络等；母亲负责产房工作，包括母驴分娩接产、哺乳幼驴护理，还可以承担驴舍环境控制等；子女负责技术工作，包括配种、消毒、防疫、电脑操作和网络销售等。

对规模较大的家庭农场养驴，仅依靠家庭成员已经完成不了所有工作的，本着在哪一方面工作任务重，就雇用哪一方面的人，来协助家庭成员完成养驴工作。如雇用一名饲养员或者技术员。也可以将饲料保障、防疫、配种、粪污处理等工作交由专业公司去做，让家庭成员把主要精力放在饲养管理和驴场经营上。

（八）满足环保要求

家庭农场养驴涉及的环保问题，主要是驴的粪污对家庭农场周围环境造成影响的问题。随着养殖总量不断上升，环境承载压力增大，畜禽养殖污染问题日益凸显。

1. 选址要符合环保要求

规模化养驴环保问题是建场规划时首先要解决好的问题。驴场选址要符合所在地区畜牧业发展规划、畜禽养殖污染防治规划，满足动物防疫条件，并进行环境影响评价。《畜禽规模养殖污染防治条例》第十一条规定：禁止在饮用水水源保护区，风景名胜区；自然保护区的核心区和缓冲区；城镇居民区、文化教育科学研究区等人口集中区域；法律、法规规定的其他禁止养殖区域等区域内建设畜禽养殖场、养殖小区。第十二条规定：新建、改建、扩建畜禽养殖场、养殖小区，应当符合畜牧业发展规划、畜禽养殖污染防治规划，满足动物防疫条件，并进行环境影响评价。对环境可能造成重大影响的大型畜禽养殖场、养殖小区，应当编制环境影响报告书；其他畜禽养殖场、养殖小区应当填报环境影响登记表。大型畜禽养殖场、养殖小区的管理目录，由国务院环境保护主管部门商国务院农牧主管部门确定。除了以上的规定，考虑到以后驴场的发展，还要尽可能地避开限养区。

2. 完善配套的环保设施

选址完成后，驴场还要设计好生产工艺流程，确定适合本场的粪污处理模式。目前，规模化养驴场粪污处理的模式主要有“三分离一净化”、生产有机肥料、利用驴粪养殖蚯蚓、沼气工程和“种养结合、农牧循环”等五种模式。

“三分离一净化”模式。“三分离”即“雨污分离、干湿分离、固液分离”，“一净化”即“污水生物净化、达标排放”。一是在畜禽舍与贮粪池之间设置排污管道排放污液，畜禽舍四周设置明沟排放雨水，实行“雨污分离”；二是驴场干清粪清理至圈外干粪贮粪池，实行“干湿分离”，然后再集中收集到防渗、防漏、防溢、防雨的贮粪场，或堆积发酵后直接用于农田施肥；三是使用固液分离机和格栅、筛网等机械、物理的方法，实行“固液分离”，减轻污水处理压力；四是污水通过沉淀、过滤，将有形物质再次分离，然后通过污水处理设备，进行高效生化处理，尾水在进入生态塘净化后，达标排放。这种模式是控制粪污总量，实现粪污“减量化”最有效、最经济的方法，适用于中小规模养殖户。

生产有机肥料模式。好氧堆肥发酵是目前利用畜禽粪便生产有机肥的主要模式。畜禽粪便进入加工车间后，根据其含水率适当加入谷糠、碎农作物秸、干粪等有机物调节水分和碳氮比，增加通气性，接入专用微生物菌种和酶制剂，以促进发酵过程正常进行。并配备专用设备，进行匀质、发酵、翻抛、干燥。对大型养殖场可自建有机肥厂，对养殖户数多、规模小、密度大、消纳地紧张的畜禽高密度养殖区，可建专门有机肥厂，将粪污统一收集、集中处理。

利用驴粪养殖蚯蚓模式。驴粪和牛粪一样，也是养殖蚯蚓的好原料。经过蚯蚓处理过以后，驴粪就变成了营养成分高的蚯蚓粪，而蚯蚓粪是非常受欢迎的好肥料。

沼气工程模式。将污水排入沼气池中，通过厌氧菌发酵，降解粪污中颗粒状的无机物、有机物，产生的沼气可作为能源用于发电、照明和燃料。沼渣和干粪可直接出售或用于生产有机复合肥；沼液既可进入自然处理系统（氧化塘或土地处理系统等），也可直接作肥料用于农田施肥。

"种养结合、农牧循环"模式。将畜禽粪便作为有机肥施于农田，生长的农作物产品及副产品作为畜禽饲料，这种"种养结合、农牧循环"模式，有利于种植业与养殖业有机结合，是实行畜禽粪便"资源化、生态化"利用的最佳模式。养殖场根据粪污产生情况，在周边签订配套农田，实现畜禽养殖与农田种植直接对接。一是粪污直接还田。将畜禽粪污收集于贮粪池中堆沤发酵，于施肥季节作有机肥施于农田。二是"畜—沼—种"种养循环。通过沼气工程对粪污进行厌氧发酵，沼气作能源用于照明、发电，沼渣用于生产有机肥，沼液用于农田施肥。

养驴家庭农场根据本场实际情况选择适合于本场的粪污处理模式后，再根据所选择模式的要求，设计和建设与生产能力相配套、相适应的粪污无害化处理设施。当然，如果家庭农场所在地有专门从事畜禽粪便处置的处理中心，也可将本场的畜禽粪便和（或）粪水交由处理中心实行专业化收集和运输，进行集中处理和综合利用。

总之，养驴家庭农场要按照《畜禽规模养殖污染防治条例》《环境保护法》《水十条》等法规的要求，在驴场建设时严格执行环保"三同时"制度（防治环境污染和生态破坏的设施，必须与主体工程同时设计、同时施工、同时投产使用的制度，简称“三同时”制度)。

3. 保障环保设施良好运行的机制

家庭农场在生产中要保障粪污处理设施的良好运行，除了制定严格的生产制度和落实责任制外，还要在兽药和饲料及饲料添加剂的使用上做好工作。如在生产过程中不滥用兽药和添加剂，有效控制微量元素添加剂的使用量，严格禁止使用对人体有害的兽药和添加剂，提倡使用益生素、酶制剂、天然中草药等。严格执行兽药和添加剂停药期的规定。使用高效、低毒、广谱的消毒药物，尽可能少用或不用对环境易造成污染的消毒药物，如强酸、强碱等。在配制饲料时要综合考虑驴的生产性能、环境污染和资源利用情况，以实现养殖过程清洁化、粪污处理资源化、产品利用生态化的总要求。

小贴士：

规模化养驴在环境保护方面，要按照畜禽养殖有关环保方面的规定，进行选址、规划、建设和生产运行，做到驴养殖场的生产不对周围环境造成污染，同时也不受到周围环境污染的侵害和威胁。只有做到这样，家庭农场才能够得以建设和长期发展，而不符合环保要求的驴养殖场是没有生存空间的。

专家认为，基于我国畜禽养殖小规模、大群体与工厂化养殖并存的特点，坚持能源化利用和肥料化利用相结合，以肥料化利用为基础、能源化利用为补充，同步推进畜禽养殖废弃物资源化利用，是解决畜禽养殖污染问题的根本途径。

二、家庭农场的认定与登记

目前，我国家庭农场的认定与登记尚没有统一的标准，均是按照《农业部关于促进家庭农场发展的指导意见》（农经发〔2014〕1号）的要求，由各省、自治区、直辖市及所属地区自行出台相应的登记管理办法。因此，兴办家庭农场前，要充分了解所在地区的家庭农场认定条件。图2-5为家庭农场资格认定书。

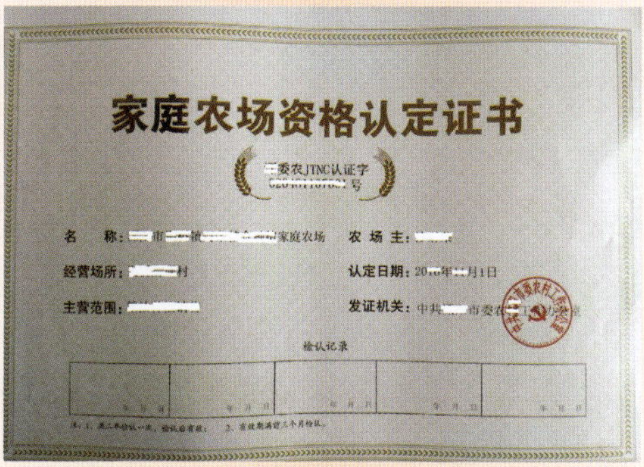

图2-5 家庭农场资格认定证书

（一）认定条件

申请家庭农场认定，各地区对具备条件的要求大体相同，如必须是农民户籍、以家庭成员为主要劳动力、依法获得的土地、适度规模、生产经营活动有完整的财务收支核算等条件。但是，因各地地域条件及经济发展状况的差异，认定的条件也略有不同，需要根据本地要求的条件办理。

（二）认定程序

各地对家庭农场认定的一般程序基本一致，经过申报、初审、审核、评审、公示、颁证和备案等七个步骤（图 2-6）。

图2-6 家庭农场认定一般程序

1. 申报

农户向所在乡镇人民政府（街道办事处）提出家庭农场认定申请，并提供以下材料原件和复印件。

（1）认定申请书

附：家庭农场认定申请书（仅供参考）

申 请

县农业农村局：

我叫 ×××，家住 ×× 镇 ×× 村 × 组，家有 × 口人，有劳动能力 × 人，全家人一直以畜禽养殖为主，取得了很可观的经济收入。同时也掌握了科学养驴的技术和积累了丰富的驴场经营管理经验。

我本人现有驴舍 × 栋，面积 ××× 平方米，年出栏肉驴 1000 头。驴场用地 ××× 亩（其中自有承包村集体土地 ×× 亩，流转期限在 10

年的土地 ×× 亩），具有正规合法的农村土地承包经营权证和《农村土地承包经营权流转合同》等经营土地证明。用于种植的土地相对集中连片，土壤肥沃，适合种植有机饲料原料，生产的有机饲料原料可满足本场有机驴的生产需要。因此我决定申办养驴家庭农场，扩大生产规模，并对周边其他养驴户起示范带动作用。

　　此致

敬礼

申请人：××

20×× 年 ×× 月 ×× 日

（2）申请人身份证

（3）农户基本情况（从业人员情况、生产类别、规模、技术装备、经营情况等）

附：家庭农场认定申请表（仅供参考）

家庭农场认定申请表

填报日期：　年　月　日

申请人姓名		详细地址			
性别		身份证号码		年龄	
籍贯			学历 / 技能 / 特长		
家庭从业人数			联系电话		
生产规模			其中连片面积		
年产值			纯收入		
产业类型			主要产品		
基本经营情况					
村（居）民委员会意见			乡镇（街道）审核意见		
县级农业行政主管部门评审意见					
备案情况					

（4）《土地承包合同》、《土地流转合同》或承包经营权证书等证明材料

附：土地流转合同范本

土地流转合同范本

甲方（流出方）：____________

乙方（流入方）：____________

双方同意对甲方享有承包经营权、使用权的土地在有效期限内进行流转，根据《中华人民共和国合同法》《中华人民共和国农村土地承包法》《农村土地承包经营权流转管理办法》及其他有关法律法规的规定，本着公正、平等、自愿、互利、有偿的原则，经充分协商，订立本合同。

一、流转标的

甲方同意将其承包经营的位于__________县（市）__________乡（镇）__________村______组______亩土地的承包经营权流转给乙方从事__________________生产经营。

二、流转土地方式、用途

甲方采用以下土地转包、出租的方式将其承包经营的土地流转给乙方经营。

乙方不得改变流转土地用途，用于非农生产，合同双方约定__________________。

三、土地承包经营权流转的期限和起止日期

双方约定土地承包经营权流转期限为____年，从______年_____月_____日起，至_________年______月_____日止，期限不得超过承包土地的期限。

四、流转土地的种类、面积、等级、位置

甲方将承包的耕地______亩、流转给乙方，该土地位于___________________________________。

五、流转价款、补偿费用及支付方式、时间

合同双方约定，土地流转费用以现金（实物）支付。乙方同意每年____月_____日前分_____次，按______元/亩或实物_____公斤/亩，合计________元流转价款支付给甲方。

六、土地交付、交回的时间与方式

甲方应于 ________ 年 _____ 月 ______ 日前将流转土地交付乙方。乙方应于 ________ 年 _____ 月 _____ 日前将流转土地交回甲方。

交付、交回方式为 ____________。并由双方指定的第三人 __________ 予以监证。

七、甲方的权利和义务

（一）按照合同规定收取土地流转费和补偿费用，按照合同约定的期限交付、收回流转的土地。

（二）协助和督促乙方按合同行使土地经营权，合理、环保、正常使用土地，协助解决该土地在使用中产生的用水、用电、道路、边界及其他方面的纠纷，不得干预乙方正常的生产经营活动。

（三）不得将该土地在合同规定的期限内再流转。

八、乙方的权利和义务

（一）按合同约定流转的土地具有在国家法律、法规和政策允许范围内，从事生产经营活动的自主生产经营权，经营决策权，产品收益、处置权。

（二）按照合同规定按时足额交纳土地流转费用及补偿费用，不得擅自改变流转土地用途，不得使其荒芜，不得对土地、水源进行毁灭性、破坏性、伤害性的操作和生产。履约期间不能依法保护，造成损失的，乙方自行承担责任。

（三）未经甲方同意或终止合同，土地不得擅自流转。

九、合同的变更和解除

有下列情况之一者，本合同可以变更或解除。

（一）经当事人双方协商一致，又不损害国家、集体和个人利益的；

（二）订立合同所依据的国家政策发生重大调整和变化的；

（三）一方违约，使合同无法履行的；

（四）乙方丧失经营能力使合同不能履行的；

（五）因不可抗力使合同无法履行的。

十、违约责任

（一）甲方不按合同规定时间向乙方交付流转土地，或不完全交付流转土地，应向乙方支付违约金 ________ 元。

（二）甲方违约干预乙方生产经营，擅自变更或解除合同，给乙方造成损失的，由甲方承担赔偿责任，应支付乙方赔偿金 ________ 元。

（三）乙方不按合同规定时间向甲方交回流转土地、或不完全交回流转土地，应向甲方支付违约金 ________ 元。

（四）乙方违背合同规定，给甲方造成损失的，由乙方承担赔偿责任，向甲方支付赔偿金 ________ 元。

（五）乙方有下列情况之一者，甲方有权收回土地经营权。

1. 不按合同规定用途使用土地的；

2. 对土地、水源进行毁灭性、破坏性、伤害性的操作和生产，荒芜土地的，破坏地上附着物的；

3. 不按时交纳土地流转费的。

十一、特别约定

（一）本合同在土地流转过程中，如遇国家征用或农业基础设施使用该土地时，双方应无条件服从，并约定按以下第 ________ 种方式获取国家征用土地补偿费和地上种苗、构筑物补偿费。

1. 甲方收取；

2. 乙方收取；

3. 双方各自收取 ________%；

4. 甲方收取土地补偿费，乙方收取地上种苗、构筑物补偿费。

（二）本合同履约期间，不因集体经济组织的分立、合并，负责人变更，双方法定代表人变更而变更或解除。

（三）本合同终止，原土地上新建附着构筑物，双方同意按以下第 ________ 种方式处理。

1. 归甲方所有，甲方不作补偿；

2. 归甲方所有，甲方合理补偿乙方 ________ 元；

3. 由乙方按时拆除，恢复原貌，甲方不作补偿。

（四）国家征用土地，乡（镇）土地流转管理部门、村集体经济组织、村委会收回原土地重新分配使用，本合同终止。土地收回重新分配给甲方或新承包经营人使用后，乙方应重新签订土地流转合同。

十二、争议的解决方式

在履行本合同过程中发生的争议，由双方协商解决，也可由辖区的市场监督管理部门调解；协商或调解不成的，按下列第 ________ 种方式解决。

（一）提交仲裁委员会仲裁；

（二）依法向 ____________ 人民法院起诉。

十三、其他约定

本合同一式四份，甲方、乙方各一份，乡（镇）土地流转管理部门、村集体经济组织或村委会（原发包人）各一份，自双方签字或盖章之日起生效。

如果是转让土地合同，应以原发包人同意之日起生效。

本合同未尽事宜，由双方共同协商，达成一致意见，形成书面补充协议。补充协议与本合同具有同等法律效力。

双方约定的其他事项 ________________________________。

甲方：

乙方：

年　月　日

（5）从事养殖业的须提供动物防疫条件合格证

（6）其他有关证明材料

2. 初审

乡镇人民政府（街道办事处）负责初审有关凭证材料原件与复印件的真实性，签署意见，报送县级农业行政主管部门。

3. 审核

县级农业行政主管部门负责对申报材料的真实性进行审核，并组织人员进行实地考察，形成审核意见。

4. 评审

县级农业行政主管部门组织评审，按照认定条件，进行审查，综合评价，提出认定意见。

5. 公示

经认定的家庭农场，在县级农业信息网等公开媒体上进行公示，公示期不少于7天。

6. 颁证

公示期满后，如无异议，由县级农业行政主管部门发文公布名单，并颁发证书（图2-5）。

7. 备案

县级农业行政主管部门对认定的家庭农场申请、考察、审核等资料存档备查。由农民专业合作社审核申报的家庭农场要到乡镇人民政府（街道办事处）备案。

（三）注册

申办家庭农场应当依法注册登记，领取营业执照，取得市场主体资格。市场监督管理部门是家庭农场的登记机关，按照登记权限分工，负责本辖区内家庭农场的注册登记。

① 家庭农场可以根据生产规模和经营需要，申请设立为个体工商户、个人独资企业、普通合伙企业或者公司。

② 家庭农场申请工商登记的，其企业名称中可以使用“家庭农场”字样。以公司形式设立的家庭农场的名称依次由行政区划＋商号＋“家庭农场”＋“有限公司（或股份有限公司）”字样四个部分组成。以其他形式设立的家庭农场的名称依次由行政区划＋商号＋“家庭农场”字样三个部分组成。其中，普通合伙企业应当在名称后标注“普通合伙”字样。

③ 家庭农场的经营范围应当根据其申请核定为“××（农作物名称）的种植、销售；××（家畜、禽或水产品）的养殖、

销售；种植、养殖技术服务”。

④ 法律、行政法规或者国务院决定规定属于企业登记前置审批项目的，应当向登记机关提交有关许可证件。

⑤ 家庭农场申请工商登记的，应当根据其申请的主体类型向市场监督管理部门提交国家市场监督管理总局规定的申请材料。

⑥ 家庭农场无法提交住所或者经营场所使用证明的，可以持乡镇、村委会出具的同意在该场所从事经营活动的相关证明办理注册登记。

第三章

驴场建设与环境控制

为了给驴创造适宜的生活环境，保障驴的健康和生产的正常运行，规划建设时要符合生产工艺要求，驴场场址的选择要进行周密考虑、统筹安排和长远规划。驴舍建筑要根据当地的气温变化特点和驴场生产、用途等因素确定。保证生产的顺利进行和畜牧兽医技术措施的实施，要做到经济合理、技术可行。此外，驴舍修建还应尽量降低工程造价和设备投资，以降低生产成本，加快资金周转。

一、驴场选址

驴场场址的选择要周密考虑，更要符合防疫规范要求，统筹安排，要有发展的余地和长远的规划，适应于规模化养驴业的需要。因此，必须与当地农牧业发展规划、农田基本建设规划以及今后修建住宅等规划结合起来，节约用地，不占或少占耕地。驴场场址的选择要求如下：

（一）地势高燥，地形开阔

驴场应建在地势高燥、背风向阳、空气流通、土质坚实、地下水位较低（3 米以下），场地宽阔，有足够的面积，总体平坦的地方。缓坡应北高南低，适宜坡度为 1%～3%，最大不超过 25%。地形开阔整齐，理想正方形、长方形，避免狭长和多边角。切不可建在低凹处、风口处，驴场地势过低，地下水位太高，极易造成排水困难，引起环境潮湿，影响驴的健康，同时蚊蝇也多。汛期积水以及冬季防寒困难。而地势过高，又容易招致寒风的侵袭，同样有害于驴的健康，且增加交通运输困难。

（二）土质良好

沙壤土土质最理想，沙土较适宜，黏土最不适。沙壤土土质松软，抗压性和透水性强，吸湿性、导热性小，毛细管作用弱。雨水、尿液不易积聚，雨后没有硬结，有利于驴舍及运动场的清洁与卫生干燥，有利于防止蹄病及其他疾病的发生。

（三）水源充足，水质良好

驴必须每天饮水，100 千克体重需饮水 5～10 千克。驴场要有充足的、符合卫生标准的、不含毒物、确保人畜安全和健康的水源，以满足驴、人员生活、生产场区绿化等用水。饮用水以深井水为宜，勿使用污染的沟塘水。在有自来水供应的地方，设计规划好自来水管线网和水管口径。自建供水源时，应建设驴场专用水塔或蓄水池，位置设在场部管理区附近，做好安全和防污染措施。打深井取水是最好的封闭性水源，要求地下水源充足，还要对水源进行物理、化学及生物学分析，特别要注意水中微量元素成分与含量是否符合 NY 5027—2008《无公害食品　畜禽饮用水水质》的要求。

（四）草料资源丰富，运输距离短

驴饲养所需的饲料特别是粗饲料需要量大，不宜远距离运输。驴场应距秸秆、青贮和干草饲料资源较近，以保证草料供应，同时可减少运费，降低成本。尽量避开周围同等规模的饲养场，以避免原料竞争。

（五）交通便捷

由于饲料运进、粪肥的销售，运输量很大，来往频繁，有些运输要求风雨无阻。因此，在满足防疫要求的情况下，驴场应兼顾距离饲料生产基地、放牧地、离公路或铁路较近，并符合防疫安全的地方。但又不能太靠近交通要道与工厂、住宅区，以利防疫和环境卫生。

（六）符合防疫要求

符合兽医卫生和环境卫生的要求，周围无传染源。远离主要交通要道、村镇工厂1000米以外，一般交通道路500米以外。还要避开对驴场污染的屠宰、化工和工矿企业、垃圾处理厂、污水处理厂等场所1500米以外，特别是化工类企业。

对于较大型驴场，为防止畜群粪尿对环境的污染，粪尿处理要离开人的活动区，选择较开阔的地带建场，以利于对人类环境的保护和畜群防疫。

禁止在饮用水水源保护区、风景名胜区、自然保护区的核心区和缓冲区、城镇居民区、文化教育科学研究区等人口集中区域，法律、法规规定的其他禁止养殖区域建设畜禽养殖场、养殖小区。

（七）电力供应充足

规模化养驴场的饲料加工、通风、饲喂以及清粪等都需要电。因此，驴场要设在供电方便的地方。

（八）有利于防止自然灾害

要综合考虑当地的气象因素，如最高温度、最低温度、湿度、年降雨量、主风向、风力等，以选择有利地势。场区的小气候要相对稳定，但要通风。消除由于地势、地形造成的场区空气污浊、潮湿、闷热等。所以，不宜在谷地或山坳里建驴场。

小贴士：

驴场一旦建成位置将不可更改，如果位置非常糟糕的话，几乎不可能维持驴群的长期健康。可以说，场址选择的好坏，直接影响着驴场将来生产是否顺利以及经济效益。

因此，驴场选址应根据驴场的性质、规模、地形、地势、水源，当地气候条件及能源供应、交通运输、产品销售，与周围工厂、居民点及其他畜禽场的距离，当地农业生产、驴场粪污消纳能力等条件，进行全面调查，周密计划，综合分析后才能选择好场址。

二、规划布局

（一）规划布局原则

① 充分利用场区原有地形、地势，在满足采光通风要求的前提下，合理安排建筑物的朝向，宜南北朝向，向阳或向阴角度不超过15º。尽量使建筑物长轴平行排列，以减少建设费用。

② 建筑模式类型要与当地气候、场区地势和驴生理阶段相匹配，因势利导、节约成本。

③ 根据驴场生产工艺要求，按功能分区，合理布置各个建筑物的位置，使驴场工作流程顺畅，可参考图 3-1 和视频 3-1。

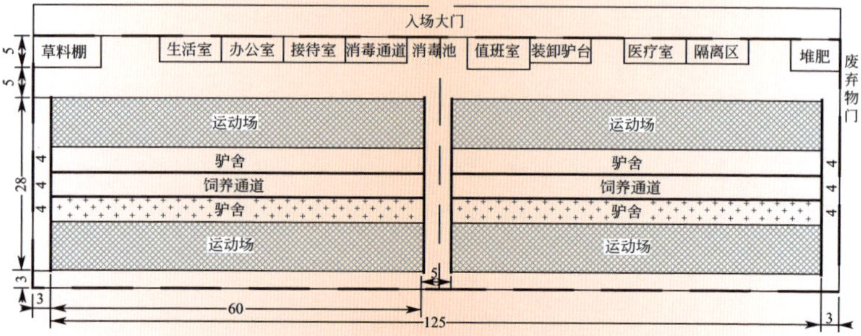

图3-1 驴场功能区和建筑［摘自《规模化育肥驴场建设规程》(T/CAAA 023—2019)］

④ 驴场一般分为生活管理区、辅助生产区、生产区、粪污处理及病驴隔离区。

⑤ 人员、动物和物质转运应采取单一流向，以防交叉污染和疫病传播。

⑥ 种驴和商品驴宜分场饲养。

视频 3-1 新疆和田某肉驴养殖场

小贴士：

驴场建设可分期进行，但总体规划设计要一次完成。切忌边建设边设计边生产，导致布局零乱，特别是如果附属设施资源各生产区不能共享，不仅造成浪费，还给生产管理带来麻烦。驴场规划设计涉及气候环境，地质土壤，驴的生物学特性、生理习性，建筑知识等各个方面，要多参考借鉴正在运行驴场的成功经验，请教经验丰富的实战专家，或请专业设计团队来设计，少走弯路，不花冤枉钱，确保一次成功。

（二）各功能区布局

肉驴养殖场功能区具体布局如下（图 3-2）：

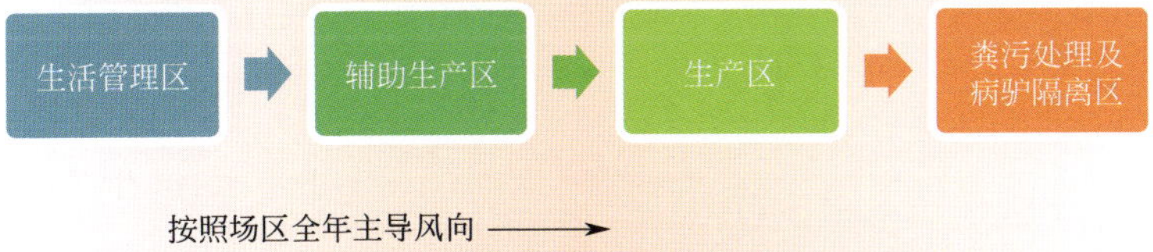

图3-2 各功能区布局示意图

1. 生活管理区

生活管理区主要布置管理人员的办公用房、技术人员的业务用房、员工生活用房、人员和车辆消毒设施及门卫、大门和场区景观，生活管理区应位于场区全年主导风向的上风处或侧风处，并紧邻场区大门内侧集中布置。

生活管理区建筑模式宜选择楼房。办公可选择一层，二层以上为员工宿舍。办公楼前配置景观花园、篮球场等活动场所和群众健身设施。绿化以乔、灌木为主，点缀花草，以保证生活区良好的卫生环境。生活管理区其他用房为平房即可。

生活管理区应建设在驴场上风头和地势较高地段，并与生产区保持 100 米以上的距离。

2. 辅助生产区

驴场的辅助生产区主要布置水塔、变压器、锅炉房、车库、设备仓库及维修车间、青贮窖、干草棚或粗饲料库、精料库以及饲料加工区等。该区应靠近驴舍布置，便于车辆运送草料，降低劳动强度。建筑模式在满足使用功能的同时满足生产流程的需要。

粗饲料库设在生产区下风口地势较高处，与其他建筑物保持 60 米防火距离。兼顾由场外运入，再运到驴舍两个环节。但必须防止驴舍和运动场因污水渗入而污染草料。

3. 生产区

生产区主要布置驴各阶段驴舍及运动场。生产区驴舍要合理布局，以便于防疫和防火。但也要适当集中，节约水电线路管道，缩短饲草饲料及粪便运输距离，便于科学管理。一般按主导风向驴舍排列顺序依次为产房、驴驹舍、育成驴舍、种驴舍、挤奶间、育肥驴舍和隔离舍。驴舍一般采用南北朝向，并以其长轴由北向南平行排列。驴舍之间至少相距 30 米。

生产区与其他功能区之间要用绿化隔离带分开，在生产区入口处设人员更衣消毒室及车辆消毒池。其应设在场区的较下风位置，并控制场外人员和车辆，使之不能直接进入生产区，以保证其最安静、最安全。

4. 粪污处理及病驴隔离区

位于生产区常年主风向的下风处和场区地势最低处，主要布置兽医室、隔离驴舍、驴场废弃物的处理设施。该处与生产区间距应满足兽医卫生防疫要求，至少与生产区保持 300 米卫生间距，并设专用大门与场外相通，而且应设置绿化隔离带。

5. 场区配套

（1）场区道路　场区道路一般与建筑物平行或垂直布置，路面标高应低于驴舍地面标高 0.2 ～ 0.3 米。

净道与污道不交叉。无论净道或污道，凡与驴行走通道垂直交叉，则应设 1.2 ～ 1.4 米宽、与过道同长、深度 0.8 ～ 1.0 米漏缝井，井上覆盖直径 4.4 厘米的厚壁钢管篦子，以便驴顺利通过。

净道路面宜用混凝土，也可采用条石。一般宽 3.5 ～ 6 米，横坡 1%～ 1.5%。污道路面材质可与净道相同，也可用碎石或工程土路面，宽度为 3 ～ 4 米，横坡 2%～ 3%。

（2）运动场　运动场每头驴应占面积：成驴 15 ～ 20 平方米、育成驴 10 ～ 15 平方米、幼驴 5 ～ 10 平方米。

（3）场区绿化　选择适合当地气候条件，对人畜无害的花草树木进行场区绿化。树木与建筑物外墙、围墙、运动场、道路和排水沟边缘的距离不小于 1.5 米。乔木不可过于密植，以成年树冠不相交为宜，灌木丛不宜高过 80 厘米。专用隔离带或小区景观绿化要经园艺工程技术人员专门设计后，方可按图施工。

（4）供水　水源采用地下水或民用自来水，要求每小时供水能力大于 60 立方米。供水管线安装时应考虑到寒冷地区冬季不被冻坏，并与排污管线保持一定的距离。管材一般采用聚乙烯（PE）或硬聚氯乙烯（UPVC）系列塑料管。

（5）供电　根据驴场用电负荷配置相应供电系统，并确保驴场用电安全。电力负荷一般按照民用建筑供电等级二级标准，自备发电机组，供电容量不低于全场电力负荷的 1/40。

（6）供暖　办公区、宿舍及生活辅助区需要冬季供暖的，采用环保锅炉、电热、沼气等提供热源。

（7）饲草料区　饲草料区设在生产区下风口地势较高处，

与其他建筑物保持50米防火距离。饲草料库要靠近饲料加工车间，且距离驴舍近一些，位置适中一些，车辆可以直接到达饲草料库门口，以便于加工取用饲料。

① 饲料加工车间。饲料加工车间应设在距驴舍20～30米以外，在驴场边上靠近公路的地方，可在围墙一侧另开一侧门，便于原料运入，又可防止噪声影响驴场并减少粉尘污染。库房应宽敞、干燥、通风良好。室内地面应高出室外30～50厘米，地面以水泥地面为宜，下衬垫防水层；房顶要具有良好的隔热、防水性能，窗户要高，门、窗和屋顶均能防鼠、防鸟；库内墙壁、顶棚和地面要便于清扫和消毒；整体建筑注意防火等。饲料库和加工车间一般都应建在地势较高的地方，防止污水渗入而污染草料。

饲料库应满足贮存1～2个月的需要量。

② 干草棚（粗饲料库）。干草棚主要是起到防雨、通风、防潮、防日晒的功能，选址应建在地势较高的地方，或周边排水条件较好的地方，同时棚内地面要高于周边地面防止雨水灌入，一般要高于周边地面50厘米左右。通常采用钢结构，棚顶铺彩板挖（图3-3）。高度应在5～6米为宜，上下均留有通风口。草棚建筑一定要牢固，能够防大风、强降雨、强降雪等恶劣天气。干草棚与其他房舍之间要保持适当的防火间隔，配置消防栓和消防器材。

建筑面积应根据驴群数量而定，按每头驴每天4千克计算，通常干草储备为6个月的量，按照1立方米体积的干草为380千克的数据确定干草棚的面积。

③ 青贮窖（池）。青贮窖（池）一般分为地下式（图3-4）、半地下式和地上式三种。可设在驴舍附近，便于运输和取用的地方。地上式青贮窖适用于地下水位较低和土质坚实的地区，底面与地下水位至少要保持0.5米的距离，以防止水渗入窖。地下水位高的地方宜采用半地下式青贮窖。通常根据地下水位高低、当地习惯及操作是否方便决定采用哪种，以装料快、易

压实、好管理、易取用、排水好为确定标准。

图3-3 干草棚

图3-4 分段式青贮池

青贮窖（池）容积大小应根据驴群规模而定，以保证容纳的草料足够本场驴只利用一年为准。一般按照每立方米容积装青贮料 500 ～ 600 千克。以长方形为好，宽 15 ～ 20 米，深 2.5 ～ 4 米，长度根据驴头数和饲料多少决定。青贮窖必须坚固耐用，防止驴舍和运动场的污水及阴雨天积水渗（流）入窖内，造成饲草污染或青贮窖坍塌。窖壁砖砌、水泥挂面，或把窖的四周边缘拍打涂抹，使其坚实平滑，窖底预留排水口。

（8）装卸驴台　宽 3 米、高 1.3 米、底长 5 米，坡面用石粉、石灰、土压实。

小贴士：

家庭农场主对驴场建设缺乏专业知识、不重视、随意性大，导致建成后的设施不规范、不科学。驴场投入运营后，不合理的地方就会陆续暴露出来，不但造成资金的浪费，而且会影响驴场正常的生产运营，最终影响驴场效益！

三、驴舍建筑形式

驴舍根据墙面不同分为封闭式、半开放式和开放式驴舍，也可以按照驴舍屋顶造型和结构的不同分为单列式、双列式、钟楼式、半钟楼式等样式。

（一）封闭式驴舍

封闭式驴舍的四面有墙和窗户，顶棚全部覆盖，舍顶可修成平顶（单列式）也可修成脊形顶（双列式）。分单列式封闭舍和双列式封闭舍（视频 3-2）。

视频 3-2 封闭式驴舍

单列封闭式驴舍只有一排驴床（图 3-5），舍宽 6 米，高 2.6 ～ 2.8 米，这种驴舍跨度小，易建造，通风好，但散热面积相对较大。单列封闭式驴舍适用于小型驴场。

双列封闭式驴舍舍内设有两排驴床，两排驴床多采取头对头式饲养（图 3-6、图 3-7）。中间为饲喂通道。舍宽 12 米，双列式驴舍一般脊高 3.5 米，前后檐高 2.6 米。门高 2.1 ～ 2.2 米、宽 2.0 ～ 2.5 米，窗高 1.5 米、宽 1.5 米，窗台距地面 1.2 米。双列封闭式驴舍适用于规模较大的驴场，以每栋舍饲养 100 头驴为宜。

图3-5 单列封闭式驴舍

图3-6 双列封闭式驴舍（一）

图3-7 双列封闭式驴舍（二）

（二）半开放式驴舍

半开放式驴舍有单列式（图 3-8）、双列式（图 3-9）和有部分围墙的驴舍三种。

图3-8 单列半开放式驴舍

图3-9 双列半开放式驴舍

半开放式驴舍可建成三面有墙，向阳一面敞开，有部分顶棚，在敞开一侧设有围栏，敞开一侧直接与运动场相连，在北面墙壁上设有小窗的形式。也可以建成四周有 1.5 米左右高的围墙的形式，夏季围墙以上部分无任何遮挡，冬季用棉帘或塑料布封闭。

饲喂通道、水槽、料槽设在舍内，有驴床或硬化地面，驴散放或拴系饲养均可。这种驴舍采光好，空气流通，造价相对于封闭式驴舍低廉，但保暖性较封闭式差，适合气候不十分寒冷的中部地区采用。

（三）塑膜暖棚驴舍

塑料暖棚驴舍（图 3-10）属于半开放式驴舍的一种，是北方寒冷地区推出的一种较保温的半开放式驴舍。与一般半开放式驴舍比，保温效果较好。塑料暖棚驴舍三面全墙，向阳一面有半截墙，有 1/2 ～ 2/3 的顶棚。

图3-10 塑料暖棚驴舍

塑料暖棚驴舍要注意选择合适的朝向，驴舍宜坐北朝南，南偏东或西角度最多不要超过 15°，舍南至少 10 米应无高大建筑物及树木遮蔽。棚舍的入射角应大于或等于当地冬至时太阳高度角。塑膜与地面的夹角应在 55°～ 65° 为宜。

向阳的一面在温暖季节露天开放，寒季在露天一面用木杆、竹片、钢筋、钢管等材料做支架，上覆单层或双层塑料薄膜，两层塑料薄膜间留有间隙。塑料薄膜应选择对太阳光透过率高，而对地面长波辐射透过率低的聚氯乙烯（PVC）棚膜、聚乙烯（PE）棚膜、乙烯 - 醋酸乙烯酯共聚物棚膜和调光性农膜等无滴塑膜，其厚度以 80 ～ 100 微米为宜。塑料薄膜使驴舍呈封闭的状态，借助太阳能和驴体自身散发热量，使驴舍温度升高，防止热量散失。薄膜覆盖时间从 11 月到翌年 3 月，依各地气候条件适时进行。暖棚塑料膜要拉紧绷平，不通风，北方在天气过冷时还要加盖草帘等保温。

合理设置通风换气口，棚舍的进气口应设在南墙，其距地面高度以略高于驴体高为宜，排气口应设在棚舍顶部的背风面，上设防风帽，排气口的面积为20厘米×20厘米为宜，进气口的面积是排气口面积的一半，每隔3米远设置一个排气口。冬季白天利用设在南墙上的进气孔和顶部的排气孔进行1～2次通风换气，以排出棚内湿气和有毒气体。

（四）棚式驴舍

棚式驴舍（图3-11和视频3-3、视频3-4）属于开放式驴舍，结构简单，四面无墙，是靠柱子或钢架支撑而建成的驴棚。坡屋顶的结构与常规驴舍相近，顶棚起到遮挡阳光和雨雪的作用，有固定食槽和护栏，地面用水泥、红砖、三合土等硬化处理，一般采用双列头对头饲养，中间为饲料通道，通道两侧皆为饲槽，可实行拴系饲养。这种驴舍设计、建筑都简单，造价低廉，采光、通风均好，但保暖性差，夏热冬凉，只是可以减轻光照及风雨侵袭，适合于冬季不太寒冷的地区。

视频3-3 棚式驴舍

视频3-4 棚式驴舍及运动场实例

图3-11 棚式驴舍

（五）驴舍建设要求

1. 因地制宜

驴场的规划设计要根据当地的气候条件、地理条件、养殖方式、投资情况综合考虑确定，采取“量身定做”的方式。根据驴场生产实际和不同驴群特点，因地制宜，分类别建设驴舍。

根据当地自然气候条件，南方重点考虑防暑问题，北方重点考虑防寒问题。经济条件好的驴场，可以采用轻钢结构或砖混结构，采用半开放式或有窗式封闭驴舍。舍内必须有相应的采食、饮水、通风、降温和取暖等设施设备，有条件的驴场要增加圈顶喷淋降温设施。

2. 地基

通常驴舍地基南方深度在 0.5 ～ 1 米，北方寒区地基深要超过驴场所在地的冻层深度，一般在 1.5 米左右。

3. 墙壁

封闭式驴舍和半开放式驴舍的墙体砖墙厚 0.24 米，北方可在外墙用苯板做 10 厘米厚保温层。驴舍内墙设水泥墙围，防止水体渗入墙体，提高墙的坚固性，也便于冲刷消毒。墙体主体也可以采用轻钢彩瓦结构。

4. 屋顶

房盖采用彩板瓦，要求能够保温隔热、防暑、防雨并通风良好。双列式驴舍房脊高 3.2 ～ 3.5 米，前后墙高 2.4 米；单列式驴舍前墙高 2.4 米，后墙高 2 米；平顶式驴舍墙高 2.4 ～ 2.5 米。屋檐和屋脊太高，不利于保温，过低则影响舍内光线和通风。

5. 窗户

窗户面积与舍内面积之比为 1∶12，窗台距地面 1.1 米，南窗宜多，采光面积要大，通常为1米×1.5米，每隔2.8米置1扇，北侧窗户宜少宜小，通常为0.8米×1米。南北窗户数量的比例为2∶1。

6. 地面及驴床

驴舍地面应保温、平整，便于清粪和冲洗消毒，达到不透水，不打滑，不积污水，粪尿易于排出舍外的要求。舍内地面比舍外地面高10～15厘米，铺成缓坡形。驴舍内地面可采用砖地面、三合土地面或水泥地面。

要铺设供驴休息的驴床，一般驴床的长度为1.8～2.2米，宽1.6～1.8米，驴床应高出地面5厘米。驴床坡度为1.5%，前高后低，用粗糙水泥地面或用竖砖铺设，水泥抹缝。隔栏高90厘米，用钢管制成，前端与拴驴架连在一起，后端固定在驴床的前2/3处。饲料通道宽1.3～1.5米。

7. 食槽和水槽

驴舍食槽一般有地面食槽和有槽邦食槽两种形式。实行机械饲喂的驴舍一般采用地面食槽。人工饲喂而无其他饮水设备的采用有槽邦食槽兼作水槽。放牧饲养一般设补饲食槽。

双列式驴舍的地面料槽一般在中间通道的两侧，预留宽0.3～0.4米、深0.15米与地面平齐的一弧形结构作为料槽；单列驴舍在驴床侧预留宽0.3～0.4米、深0.15米与地面平齐的弧形斜槽。

独立料槽：近驴侧槽高0.5～0.6米，远驴侧高0.7～0.8米，底面高出驴床与驴床宽相同，地面食槽设计时食槽底部0.3～0.4米，底面呈弧形。驴槽后设置栏杆，防止驴采食时将蹄子伸到食槽内。

水槽可采用金属自动饮水器或料槽隔一段作水槽，也可单独设置，置于驴舍一侧。冬季水槽安装自动加温装置。

8.粪尿沟

一般粪尿沟宽 0.25 ～ 0.30 米、深 0.15 ～ 0.30 米，粪尿沟应不渗漏，表面光滑。为便于冲洗，沟底向流出方向倾斜，坡度 0.6%。粪尿沟通至舍外污水池，应距驴舍 6 ～ 8 米，其容积根据驴的数量而定。

9. 大门

驴舍大门为 2.2 米 ×2.4 米，双开门，向外。

10. 照明

每幢驴舍内安装 3 排白炽灯，间隔 3 米，排与排之间错开。

11. 运动场

运动场四周用栅栏围起，并按照每 50 ～ 100 头的规模用围栏分割，围栏高度 1.4 ～ 1.5 米，距离地面 0.5 米和 1 米处各设置中间隔栏，将驴拴系或散放其内。

运动场的地面以三合土为宜，中间高，四周呈 15° 坡度，围栏外一面挖明沟排水。在运动场内设置补饲槽和水槽，加盖防雨罩。补饲槽和水槽应设置在运动场一侧，其数量要充足，布局要合理，以免驴争食、争饮、顶撞。

小贴士：

为了给驴创造一个最佳的生活环境，驴舍的结构样式要合理，就要求有适应不同地区条件的驴舍。由于地区气候、自然资源、经济条件等差异较大，驴舍的结构样式、通风方式、饲喂方式、粪污处理等各不相同。没有一个能够适用于所有地区的驴舍模式，如果千篇一律，都是一种模式的话，就达不到高投入高产出的目标。

四、养驴设备

驴场设备主要包括饲喂、饮水、除粪尿及污水处理、饲料加工、青贮、消防、消毒和诊疗设备等。

（一）饲喂设备

1. 饲槽

饲槽建成固定式的、活动式的均可。水泥槽、铁槽、木槽均可用作驴的饲槽。以固定式水泥槽最适宜。食槽外抹水泥砂浆保证坚固，防止驴长期舔舐对食槽表面造成损害。槽底做成圆弧形，也可用水磨石或瓷砖作为食槽表面。食槽上宽0.6～0.8米、底宽0.35～0.40米，呈弧形。槽内缘高0.35米（靠驴床一侧），外缘高0.6～0.8米（靠通道一侧）。

2. 喂饲车

大型驴场饲喂量大，各驴舍（运动场）离饲料库太远，采用固定喂饲设备投资太大，可采用机动喂饲车。将粗饲料库卸出的饲料，用喂饲车运送到各驴舍饲槽中，喂饲方便，设备利用率高。但冬季喂饲车频繁进入驴舍，不利于保暖，要设双排门、双门帘等保暖措施。

（二）饮水设备

饮水设备多采用阀门式自动饮水器，它由饮水杯、阀门、顶杆和压板等组成。驴饮水时，触动饮水杯内的压板，推动顶杆将阀门开启，水即通过出水孔流入饮水杯内。饮水完毕驴抬起头后，阀门靠弹力回位，停止流水。

拴养每2头驴合用1个饮水器，散放8～10头驴合用1个饮水器。图3-12～图3-14是几种常用的饮水设备。

图3-12 饮水碗

图3-13 饮水器

图3-14 饮水槽

（三）除粪设备

除粪设备有机械除粪和水冲除粪两种。机械除粪有连杆刮板式、环形刮板式、双翼形推粪板式和运动场上除粪设备等。

连杆刮板式清粪装置用于单列驴床，链条带动带有刮板的连杆，在粪沟内往复运动，刮板单向刮粪，逐渐把粪刮向一端粪坑内。适合在单列式驴舍的粪沟内除粪。

环形刮板式除粪装置用于双列驴床，将两排驴床粪沟连成环形（类似操场跑道），环形刮板在沟内作水平环形运动，在驴舍一端环形粪沟下方设一粪池（坑）及倾斜链板升运器，粪入粪池后，再提运到舍外装车，运出舍外。适用于双列式驴舍的粪沟内除粪。

双翼形推粪板式（图 3-15）除粪装置用于隔栏散放，电机、减速器、钢丝绳和翼形推粪板往复运动，把粪刮入粪沟内，往复运动由行程开关控制。翼形刮板（推粪板）有双翼板，两板可绕销轴转动，推粪时呈“V”形，返回时两翼合笼“V”形板不推粪。适用于宽粪沟的隔栏散养驴舍的除粪作业。

运动场上除粪设备，同养驴除粪车（铲车）相似，车前方有一刮蒸铲，向一方推成堆状，发酵处理或装车运出场外。

图3-15 机械清粪设备

（四）饲料收割设备与加工机械

1. 青饲料联合收获机

青饲料联合收获机按动力来源分为牵引式、悬挂式和自走式三种。牵引式靠地轮或拖拉机动力输出轴驱动，悬挂式一般都由拖拉机动力输出轴驱动，自走式的动力靠发动机提供。按机械构造不同，青饲料收获机可分为滚筒式青饲料收获机、刀盘式青饲料收获机、甩刀式青饲料收获机和风机式青饲料收获机等。

2. 玉米收获机

玉米收获机专门用于收获玉米，一次可完成摘穗、剥皮、果穗收集、茎叶切碎、装车进行青贮等数项工作。玉米收获机的类型按与拖拉机的挂接方式可分为悬挂式青饲玉米收获机、带有玉米割台的牵引式收获机以及带有玉米割台的自走式收获机。按收割方法又分为对行和不对行，按切割器型式分为复式割刀和立筒式旋转割刀。在选择自走式或牵引式的问题上，首先要根据购买者的使用性质来确定，既要满足青贮玉米和青饲料在最佳收割期时收割，又要考虑充分利用现有的拖拉机动力，更要考虑投资效益和回报率的问题。

3. 青饲料铡草机械

铡草机也称切碎机（图 3-16），主要用于切碎粗饲料，如谷草、稻草、麦秸、玉米秸等。按机型大小可分为小型、中型和大型。小型铡草机适用于广大农户和小规模饲养户，用于铡碎干草、秸秆或青饲料。中型铡草机也可以切碎干秸秆和青饲料，故又称秸秆青贮饲料切碎机。大型铡草机常用于规模较大的饲养场，主要用于切碎青贮原料，故又称青贮饲料切碎机。

图3-16 饲草切碎机

铡草机是农牧场、农户饲养草食家畜必备的机具。在秸秆、青贮料或青饲料的加工利用中，切碎是第一道工序，也是提高粗饲料转化率的基本方法。铡草机按切割部分型式可分为滚筒式和圆盘式两种。大中型铡草机为了便于抛送青贮饲料，一般多为圆盘式，而小型铡草机以滚筒式为多。大中型铡草机，为了便于移动和作业，常装有行走轮，而小型铡草机多为固定式。

4. 粉碎机

粉碎机类型有锤片式、爪式和对辊式三种。锤片式粉碎机（图 3-17）是一种利用高速旋转的锤片击碎饲料的机器，生产率高，适应性广，既能粉碎谷物类精饲料，又能粉碎含纤维、水分较多的青草类、秸秆类饲料，粉碎粒度好。对辊式粉碎机（图 3-18）是由一对回转方向相反，转速不等的带有刀盘的齿辊进行粉碎，主要用于粉碎油料作物加饼粕、豆饼、花生饼等。爪式粉碎机（图 3-19）是利用固定在转子上的齿爪将饲料击碎，这种粉碎机结构紧凑、体积小、重量轻，适用于粉碎含纤维较少的精饲料。

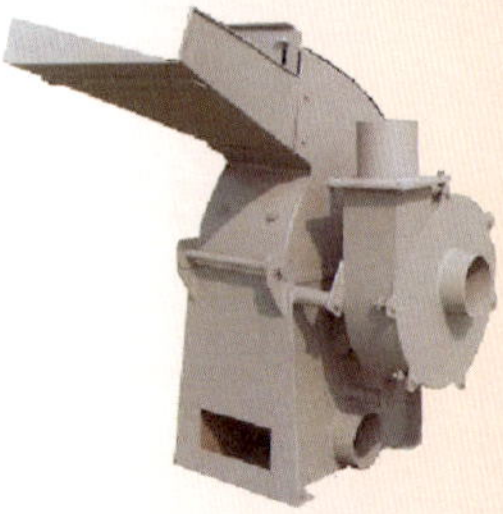

图3-17 锤片式粉碎机

图3-18 对辊式粉碎机

图3-19 爪式粉碎机

5. 饲草切碎机

饲草切碎机（图 3-20）主要用来切断茎秆类饲料，如谷草、稻草、麦秸、干草、各种青饲料和青贮玉米秆等。饲草切碎机采用倾斜式喂入饲草装置和放置式刀轮旋转的结构，利用电动机带动刀轮旋转，在饲草进入喂料口时，饲草在高速旋转的刀片作用下被切断，切断的饲草在刀轮的离心作用和抛送叶片的旋转下被抛出箱体，完成切碎和抛送工作。

图3-20 饲草切碎机

饲草切碎机的种类按机型分小型、中型和大型三种。小型饲草切碎机常称铡草机，农村应用很广，主要用来铡切谷草、稻草和麦秆，也用来铡切青饲料和干草；中型饲草切碎机一般可以铡草和铡青贮料两用；大型饲草切碎机常用在养驴场，主要用来铡切青贮料，故常称为青贮料切碎机。

饲草切碎机按切碎部件型式不同可分为滚刀式、轮刀式。

饲草切碎机按运动方式可分为固定式、移动式。大中型饲草切碎机为了便于青贮作业常为移动式，小型铡草机常为固定式。

① 滚刀式饲草切碎机由上喂入辊、下喂入辊、定刀片和切碎滚筒等组成，有的切碎机还设有风扇。工作时，上下喂入

辊以相反方向转动，草料被拉入两辊之间，并被压紧送入，由滚筒上的动刀片配合定刀片将其切割成碎段，碎段由排出槽排出，或由风扇吹至指定地点。有的滚刀式切碎机在上下喂入辊之前设有链板输送器，使喂入的饲草均匀连续，也提高了安全性。

② 轮刀式饲草切碎机由链板式输送器、上喂入辊、刀片、抛送叶板、刀盘、定刀片和下喂入辊组成。

（五）驴舍通风及防暑降温的机械和设备

驴舍通风设备有电动风机和电风扇。轴流式风机（图3-21）是驴舍常见的通风换气设备。这种风机既可排风，又可送风，而且风量大。电风扇也常用于驴舍通风，一般为吊扇。

无动力风机（图3-22）是利用自然风力及室内外温度差造成空气热对流，推动涡轮旋转，从而利用离心力和负压效应将舍内不新鲜的热空气排出。适合在驴舍的屋顶上使用。无动力风机具有零成本运行、24小时无需人员操作、重量轻、绿色环保、无噪声、寿命长、安装简便迅捷、适用性广泛等特点。

图3-21 轴流式风机

图3-22 无动力风机

喷淋降温系统是目前最实用且有效的降温方法。它是将细水滴喷到驴背上湿润它的皮肤，利用风扇及驴体的热量使水分蒸发以达到降温的目的。这主要是用来降低驴体的温度，而不是驴舍的温度。当仅仅靠开启风扇不能有效消除驴热应激的影响时，可以将机械通风和喷淋结合。喷淋降温系统一般安装在驴舍的采食区和休息区，它主要包括水路管网、水泵、电磁阀、喷嘴、风扇以及含继电器在内的控制设备。喷水与风扇结合使用，会形成强制气流，提高蒸发散热效率，迅速带走驴体多余的热量。喷淋通风结合降温系统时，通风和喷淋要交替进行。

（六）消毒设备

舍内地面、墙面、围栏、料槽、屋顶及空气的消毒多用喷雾消毒、火焰消毒和熏蒸消毒。喷雾消毒采用的喷雾器有背式（图 3-23）和车式高压消毒器（图 3-24），常用的火焰消毒器是煤气罐消毒器（图 3-25）。

熏蒸消毒采用熏蒸盆，熏蒸盆最好采用陶瓷盆或金属盆，切忌用塑料盆，以防火灾发生。

图3-23 背负式喷雾器

图3-24 喷雾消毒推车

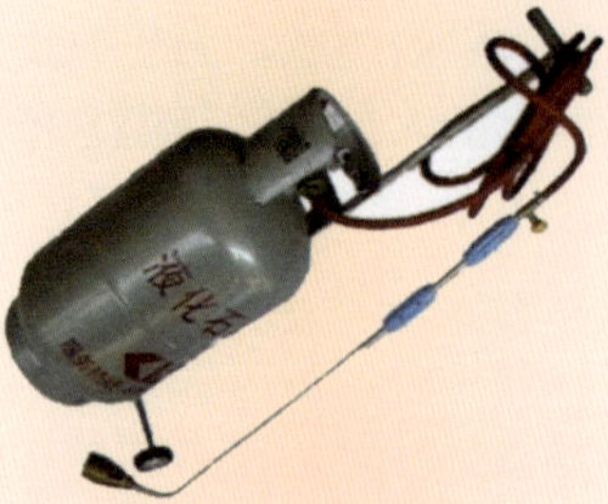

图3-25 火焰消毒器

（七）医疗设备

医疗设备主要有投药器（图 3-26）、开口器（图 3-27）、注射器（图 3-28）、测温器（图 3-29）、导胃管（图 3-30）、洗胃器（图 3-31）等。

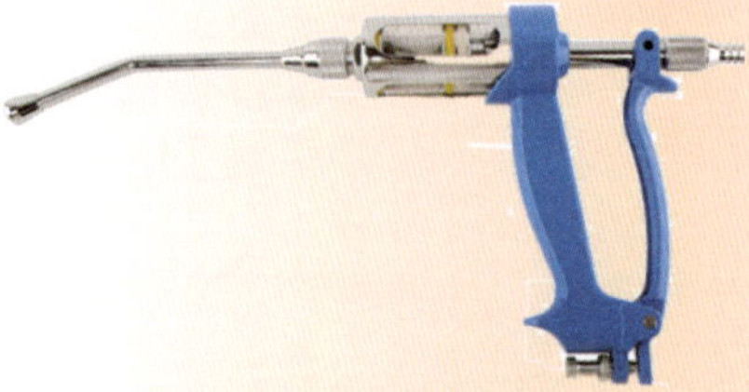

图3-26 可调投药器

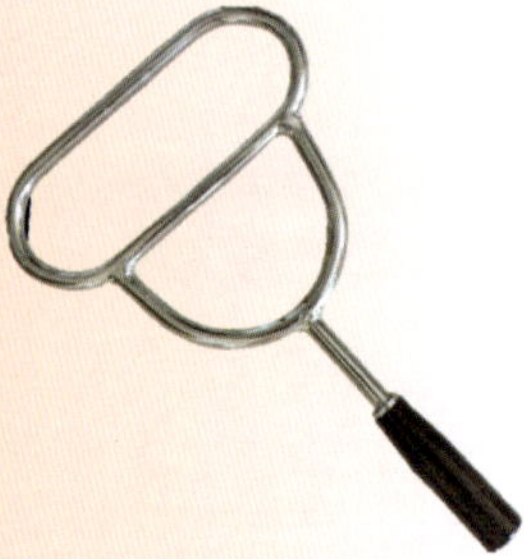

图3-27 开口器

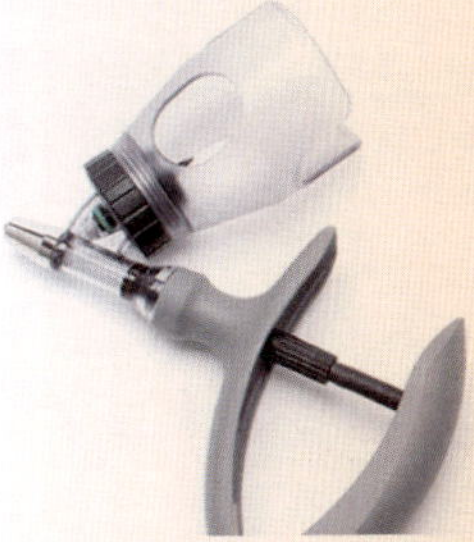

图3-28 连续注射器

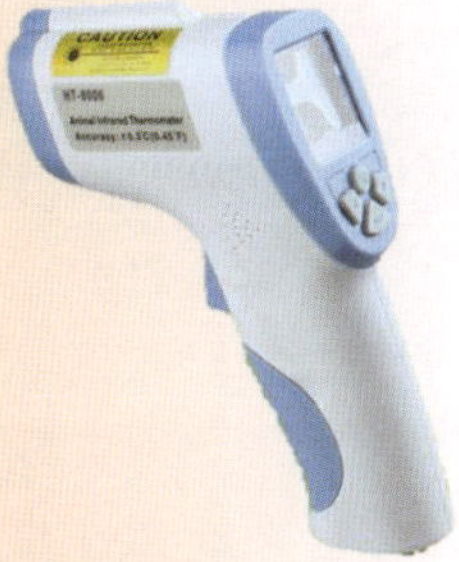

图3-29 兽用测温器

图3-30 导胃管

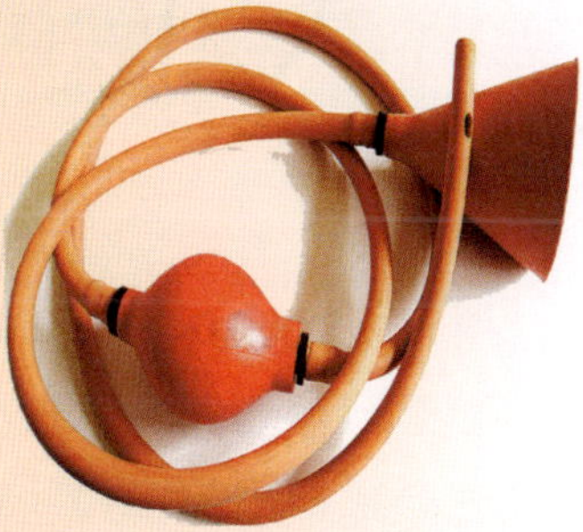

图3-31 洗胃器

马属动物因为饲养管理不当或是其他原因，易发生结症，除要全身治疗之外，可结合胃部给药，以促进胃内容物的下行及消化。目前，马属动物胃部给药主要是通过硅胶管或是乳胶管插入鼻腔，依次经过咽喉、食管直至胃部，然后外接输液器注入药物。

（八）其他设备

主要是修蹄工具（图 3-32）。

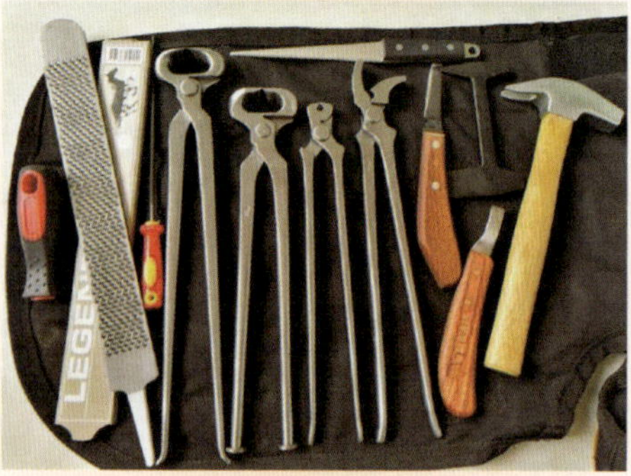

图3-32 修蹄工具

五、驴舍环境控制

驴舍环境控制是驴养殖的重要环节。为给驴创造适宜的环境条件，驴舍应在科学合理设计建设的基础上，采用保暖、降温、通风、光照等措施，加强对驴舍环境的控制，通过科学的管理有效地减弱舍内环境因子对驴个体造成的不良影响，获得养驴生产的最佳效益。

（一）温度和湿度控制

气温对驴机体的影响最大，主要影响驴体健康及其生产力。成年驴舍适宜温度为10～20℃，驴驹舍适宜为18～24℃，育肥舍适宜为16～21℃。而环境温度在5～21℃时，驴的增重最快。温度过高，驴增重缓慢；温度过低，降低饲料消化率，同时又提高代谢率，以增加产热量来维持体温，显著增加饲料消耗。因此夏季要做好防暑降温工作，冬季要注意防寒保暖，提供适宜的环境温度。

空气湿度对驴体机能的影响，主要是通过水分蒸发影响驴体散热，干扰驴体调节。在一般温度环境中，湿度对驴体的调节没有影响，但在高温和低温环境中，湿度高低对驴体热调节产生作用。湿度越大，体温调节范围越小。高温高湿会导致牛的体表水分蒸发受阻，体热散发受阻，体温很快上升，机体机能失调，呼吸困难，最后致死。低温高湿会增加驴体热散发，使体温下降，生长发育受阻，饲料报酬率降低。另外，高湿环境容易滋生各类病原微生物和各种寄生虫。一般空气湿度以55%～75%为宜。

消除或缓和高温对驴的有害影响，必须做好驴舍的防暑、降温工作。在养殖生产管理上，采取保护驴免受太阳辐射、增强驴的传导散热（借与冷物体表面接触）和对流散热（充分利用天然气流和借强制通风）等行之有效的办法来加以解决。首先要从驴舍的设计及建设上能抵御高温，其次是采用通风降温设备。

对驴舍的防暑降温可以采取搭凉棚，设计隔热屋顶加强通风、遮阳，增强驴舍维护结构对太阳辐射热的反射能力等措施。遮阳棚可减少30%以上的热辐射，缺点是仅采取遮阳措施无法避免极端高温对驴增重的影响。驴舍朝向对通风降温有一定影响，在炎热地区除考虑减少太阳辐射和防暴风雨外，必须同时考虑夏季主风向。由于我国所处地理位置的关系，东西朝向的驴舍太阳辐射强度远大于南北向，因此，东西向驴舍的防暑性能很差。为了改善温度过高的情况，夏季可以在东、西两个朝向的纵墙位置（对于开放式牛舍无墙）增加遮阳网或者悬挂草帘遮阳。

驴场建筑物布局和驴舍间距除考虑防疫、采光等外，还应注意考虑通风，间距不可过小，一般不低于 10 米。驴舍跨度也影响通风效果，跨度小的驴舍通风路线短而直，气流顺畅；跨度超过 10 米，通风效果差，较难形成穿堂风。为了有利于通风，驴舍内不宜设隔山墙、各圈间隔墙，尤其是圈舍与通道间的隔墙最好用铁栅栏代替。为加大舍内气流速度，保证气流均匀并能通过驴体周围，应合理安排通风口位置。进风口应设在正压区内，排气口设在负压区内，以保证驴舍有穿堂风，进风口应均匀布置，以保证舍内通风均匀，使驴舍内各处的驴都能感受到凉爽的气流。为使气流经驴体周围通过，可设地脚窗通风。

驴舍失热最多的是屋顶、天棚、墙壁和地面。因此，要求屋顶、天棚结构严密，不透气，天棚铺设保温层、锯木灰等，也可采用隔热性能好的合成材料，如聚氨酯板、玻璃棉等。墙壁是驴舍主要外围结构，要求墙体隔热、防潮，寒冷地区选择导热系数较小的材料，如选用空心砖（外抹灰）、铝箔波形纸板等作墙体。驴舍朝向上长轴呈东西方向配置，北墙不设门，墙上设双层窗，冬季加塑料薄膜、草帘等。地面是驴活动直接接触的场所，地面冷热情况直接影响驴体。石板、水泥地面坚固耐用，防水，但冷、硬，寒冷地区作驴床时应铺垫草、厩草、木板。规模化养驴场可采用三层地面，首先将地面自然土层夯实，上面铺混凝土，最上层再铺空心砖，既防潮又保温。另外，还要加强饲养管理，如寒冷季节适当加大驴的饲养密度，依靠驴体散发热量相互取暖。勤换垫草也是一种简单易行的防寒措施，既保温又防潮。及时清除驴舍内的粪便，防止贼风等都可以达到保暖的目的。

目前，我国养殖业夏季防暑降温的方法除了遮阳棚以外，主要有风机、喷雾、喷淋或喷淋结合风扇降温、湿帘负压通风降温等方法。

风机通风可促进家畜体表对流散热，但当环境温度接近或高于家畜体表温度时，对流散热非常有限或完全失效。喷淋降温一般降低的是驴体温度，采用将水直接喷在驴体上，适用于高湿地区。但会导致舍内地面潮湿，不利于驴躺卧。喷雾降温是通过喷雾时雾滴在空气中汽化而达到降温目的（一般可降低舍温 1 ～ 3℃），但同时也增加舍内湿度，故降温的效果很可能被湿度的增加所抵消，因而该法仅适用于干热地区。

我国的中原地区和西南地区的驴舍多采用开放式、半开放式或少量的有窗式驴舍，驴舍的围护结构隔热性能较差，驴舍通风方式为自然通风。因此，这些地区的驴舍舍内环境温度和湿度直接受舍外自然气象条件的影响。在现有驴舍的条件下，为驴舍降温的适宜方法主要有通风降温和蒸发降温，还可辅助遮阳降温和降低饲养密度。气温高于 25℃ 时通风降温效果递减，气温达 30℃ 以上时就应考虑采用蒸发降温。

西南地区一般夏季相对湿度较高，某些地区在超过 30℃ 以上的时间段内相对湿度大于 70% 的概率较大，不适合采用整舍降温，可以采用喷淋降温。还有一些地区温度超过 30℃ 的时间段较少而湿度较高的时段较长，不适合采用整舍降温，采用喷淋降温的经济效益也不一定合算，可以选用强制机械通风设备如风扇风机等。

绿化是成本最低、效果最好、最直接的降温方式。绿化可以美化环境，改善驴场的小气候。在盛夏，驴在强烈的直射日光和高温下，不仅生产能力降低，而且容易发生中暑。有绿化的驴场，场内树木可起到良好的遮阴作用。当温度高时，植物茎叶表面的水分蒸发，吸收空气中大量的热，使局部温度降低，同时提高了空气中的湿度，使驴感觉更舒适。树干、树叶还能阻挡风沙的侵袭，对空气中携带的病原微生物具有过滤作用，有利于防止疾病的传播。驴舍运动场可以设置凉棚以减少驴的热负荷。凉棚宜长轴为东西向，一般高 3.5 米，面积按每头驴约 4 平方米计算。棚下地面应大于凉棚投影面积，一般东西两端应各长出 3 ～ 4 米，南北两侧应各宽出 1.0 ～ 1.5 米。绿化驴舍常用的乔木品种有大青杨、洋槐、垂柳等，灌木可选用紫穗槐、刺枚、丁香等。空闲地带还可种一些草坪和牧草，如紫羊茅、三叶草、苜蓿草等。

（二）气流控制

气流（又称风）通过对流作用，使驴体散发热量。驴体周围的冷热空气不断对流，带走驴体所散发的热量，起到降温作用。适当空气流动可以保持驴舍空气清新，维持驴体正常的体温。

一般来说，风速越大，降温效果越明显。寒冷季节，若受大风侵袭，会加重低温效应，使驴的抗病力减弱，尤其对于幼驴，易患呼吸道、消化道疾病，如肺炎、肠炎等，因而对育成驴的生长发育有不利影响。炎热季节，加强通风换气，有助于防暑降温，并排出驴舍中的有害气体，改善驴舍环境卫生状况，有利于肉驴增重和提高饲料转化率。

驴舍气流的控制及调节，除受驴舍朝向与主风向的自然调节以外，还可人为进行控制。例如夏季通过安装电风扇等设备改变气流速度，冬季寒风侵袭时，可适当关闭门窗，驴舍四周用篷布遮挡，使驴舍空气温度保持相对稳定，减少驴的呼吸道、消化道疾病。一般舍内气流速度以 0.2 ～ 0.3 米 / 秒为宜，气温超过 30℃的酷热天气，气流速度可提高到 0.9 ～ 1 米 / 秒，以加快降温速度。

（三）光照（日照、光辐射）控制

光照包括日照和光辐射，阳光中的紫外线在太阳辐射总能量中占 50%，其对动物起的作用是热效应，即照射部位因受热而温度升高。冬季驴体受日光照射有利于防寒，对驴的健康有好处；夏季高温下受日光照射会使驴体体温升高，导致中暑。因此，夏季应采取遮阴措施，加强防护。

一般条件下，驴舍常采用自然光照，为了生产需要也采用人工光照。采用 16 小时光照 8 小时黑暗，可使育肥驴采食量增加，日增重明显改善。一般情况下，驴舍的采光系数为 1∶16，驴驹舍为（1∶10）～（1∶14）。窗户面积应接近于墙壁面积的 1/4，以大些为佳。

（四）尘埃、有害气体和噪声控制

新鲜的空气是促进驴体新陈代谢的必需条件，并可减少疾病的传播。空气中浮游的灰尘和水滴是微生物附着和生存的好地方。为防止疾病的传播，驴舍和运动场一定要避免粉尘飞扬，保持圈舍通风换气良好，尽量减少空气中的灰尘。

在敞棚、开放式或半开放式驴舍中，空气流动性大，所以驴舍中的空气成分与大气差异很小。而封闭式驴舍，如设计不当或使用管理不善，会由于驴的呼吸、排泄物的腐败分解，使空气中的氨气、硫化氢、二氧化碳等增多，影响驴的生产力。驴舍中以二氧化碳含量不超过 0.25%，硫化氢不超过 0.001%，氨气不超过 0.0026 毫克 / 升为宜。

强烈的噪声可使驴受到惊吓，烦躁不安，出现应激等不良现象，从而导致驴休息不好，食欲下降，进而抑制驴的增重，降低生长速度，繁殖性能不良。因此驴舍应远离噪声源，驴场内保持安静。一般要求驴舍内的噪声水平白天不能超过 90 分贝，夜间不超过 50 分贝。生产中，噪声总是不可避免的，当噪声不大时，一般不必多虑；当噪声过大，如达到 75 分贝以上时，如果无法避开，可通过设置绿化带和音障等隔离噪声。

小贴士：

驴舍环境控制就是克服不良因素对驴产生的不良影响，建立有利于驴生存和生产的环境。

驴舍环境调控应以驴体周围局部空间的环境状况为调控的重点。充分利用舍外适宜环境，自然与人工调控结合。

舍内环境调控不要盲目追求单因素达标，必须考虑诸因素相互影响、制约，以及多因素的综合作用。

采取多因素综合调控措施，且应侧重驴的体感（行为、福利、健康）调控效果。

第四章

驴饲养品种的确定与繁殖

我国驴种资源丰富、分布广泛、品质优良，产量位居世界首位。我国毛驴还具有耐粗饲、抗逆性好等优点。由于我国驴种分布广，产驴地区辽阔，在自然条件、生态环境和社会经济条件等方面存在差异，用驴方式和饲养条件都不同。所以，驴的体型、体尺、外形结构和生产性能等方面也有显著差异。

一、驴的品种

我国驴种资源比较丰富，驴品种有30余种，优良驴种有关中驴、德州驴、广灵驴、泌阳驴和新疆驴等5个品种。我国驴按体型大小可分大、中、小三种类型（视频4-1）。

视频4-1 不同肉驴品种

（一）大型品种

大型驴体高一般在130厘米以上，主要分布在农业发达、饲料条件优越的中部平原、丘陵地区，如黄河中下游的山东、河北、山西、陕西的平原地区。主要品种有德州驴、关中驴、晋南驴和广灵驴等。

1. 德州驴

德州驴又称渤海驴、无棣驴（图 4-1 和视频 4-2），具有体型高大、生长速度快、适应能力强、耐粗饲、抗病力强等特点，具有良好的役用性能和肉用价值。它是我国大型驴种之一，也是优秀的地方品种，目前已被国家列入地方品种保护名录。德州驴可分为轻型和重型两种类群。

视频 4-2 德州驴

图4-1 德州驴

【产地分布】原产于以山东无棣县、庆云县、沾化区、阳信县、盐山县为中心的鲁北平原沿渤海各地。

【体型外貌】体质结实紧凑，皮薄毛细，体格高大，体型多呈正方形。头部中等大小，眼大，耳立，上下唇闭合良好。颈长适中，颈肌发达。鬐甲明显，肋拱圆，背腰平直，腹部充实，尻稍斜。四肢坚实，关节明显，蹄质坚实。主要分为两类毛色。绝大多数驴的鼻、嘴、眼周围和腹下被毛为白色，其他部分纯黑，俗称黑三粉。少数驴的全身被毛为纯黑，无杂色，俗称乌头。

除上述共有体质外貌特征外，轻型和重型两类群还具备的其他特点如下：轻型类群体质干燥，头清秀，四肢较细，肌腱明显，体重较轻，动作灵敏，毛色为黑三粉；重型类群体型显粗重，头较重，鬐甲宽厚，四肢较粗壮，关节较大，动作较迟钝，毛色为乌头。

【生产性能】成年体尺：成年公驴的平均体高、体长、胸围、管围分别为 140.2 厘米、138.8 厘米、149.2 厘米、17.4 厘米。成年母驴的平均体高、体长、胸围、管围分别为 135.0 厘米、134.2 厘米、145.0 厘米、16.2 厘米。

产肉性能：产肉性能优良，成年驴体重一般可达 268 千克，屠宰率可达到 53%。

役用性能：载重 750 千克，日行 40 公里；最大挽力一般为体重的 75%左右。

生长性能：生长发育快。在良好饲养管理条件下，驴驹一岁时的体重和体长最高分别可达到成年驴的 90%、85%以上。

繁殖性能：一般 15 月龄时达到性成熟，母驴 2.5 岁、公驴 3 岁以后开始配种。母驴一生可产驹 10 头左右。

【利用】德州驴适用于各种农田作业，役用和食用性能良好。同时可用于改良各地种驴和繁殖马骡。作为肉用驴饲养屠宰率可达 53%，出肉率较高，为小型毛驴改良的优良父代品种。

2. 关中驴

关中驴属于大型驴种（图 4-2 和视频 4-3），为肉役兼用品种，是中国著名的大型驴品种之一。

视频 4-3 关中驴

图4-2 关中驴

【产地分布】关中驴原产于陕西省关中平原。曾被输出到朝鲜、越南等国。

【体形外貌】关中驴体格高大，结构匀称，体躯呈长方形。成年公驴平均体高 133 厘米，母驴 130 厘米。全身被毛短而细致，有光泽。毛色以黑色为主，少数为栗色，嘴头、眼圈、腹下白色（俗称粉鼻、亮眼、白肚皮）。公驴头稍粗重，母驴多清秀。前胸广深，肋骨开张，背腰平直，唯尻斜偏短；四肢端正，运步灵活轻快。

【生产性能】肉用性能：在正常饲养条件下，1 ～ 6 月龄日增重 0.42 千克，7 ～ 18 月龄日增重 0.23 千克；24 月龄公驴体重 270 千克以上，母驴 240 千克以上；48 月龄公驴体重 310 千克以上，母驴 270 千克以上。24 月龄中等膘度驴在良好的育肥条件下短期育肥，日增重 0.50 千克以上，屠宰率 46% 以上，净肉率 36% 以上。

繁殖性能：母驴 18 月龄性成熟，24 ～ 30 月龄开始配种。发情周期平均为 20.3 天，发情持续期平均为 6.1 天，驴驹出生重 27 千克以上。公驴 30 月龄开始配种，一次平均射精量 64

毫升，精子活力 0.75，平均每毫升含精子数 1.6×10^9 个。

役用性能：公驴最大挽力为 247 千克，母驴最大挽力为 231 千克。

【利用】多年来关中驴一直是小型驴改良的重要父本驴种，特别对庆阳驴种的形成起了重大作用。现已广泛用来改良其他地区的驴品种。

3. 晋南驴

晋南驴属大型驴（图 4-3、图 4-4），体型较美，细致结实，性情温驯，产肉性能较好，为我国的地方良种驴。

图4-3 晋南驴（公）

图4-4 晋南驴（母）

【产地分布】产于山西南部运城市和临汾市南部，以夏县、闻喜县为中心产区，包括平陆、芮城、永济、临猗等地及临汾南部各县市。

【体型外貌】头部清秀，头中等大，耳竖立。颈部宽厚而高昂。鬐甲高而明显。胸部宽深，背腰平直，尻略高而稍斜。四肢端正，关节明显，蹄小而紧，附蝉呈典型口袋状，尾细而长，尾毛长而垂于飞节以下。毛色以黑色有“三白”特征为主，占90%以上，少数为灰色、栗色。体型长方形，体质紧凑，外貌清秀细致，是有别于其他驴种的特点。

【生产性能】晋南驴成年公驴平均体高、体长、胸围、管围和体重分别为：134.3厘米、132.7厘米、142.5厘米、16.2厘米、249.4千克。成年母驴分别为：130.7厘米、131.5厘米、143.4厘米、14.9厘米、256.3千克。

据测定，老龄淘汰驴平均屠宰率为52.7%，净肉率39%。晋南驴母驹8～12个月有发情表现，初配年龄为2.5～3岁。种公驴3岁时开始配种，平均一次采精量为70.5毫升，活力0.80以上，精子密度平均每毫升1.54亿～2亿个。

4. 广灵驴

广灵驴属大型驴（图4-5和视频4-4），为中国优种驴之一。其具有体格高大、骨骼粗壮、体质结实、结构匀称、耐寒性强、容易饲养、发病率低、适应性强、寿命长等特点。

视频4-4 广灵驴

图4-5 广灵驴

【产地分布】产地为山西省东北部的广灵、灵丘两县，分布于广灵、灵丘及其周围各县的边缘地带。

【体型外貌】体格高大、骨骼粗壮、体质结实、结构匀称、耐寒性强。驴头较大、鼻梁直、眼大、耳立、颈粗壮，背部宽广平直，前胸宽广，尻宽而短，尾巴粗长，四肢粗壮，肌腱明显，关节发育良好，管骨较长，蹄较小而圆，质地坚硬，被毛粗密。被毛黑色，但眼圈、嘴头、前胸口和两耳内侧为粉白色，当地群众叫“五白一黑”，又称黑化眉。还有全身黑白毛混生，并有“五白”特征的，群众叫作“青化眉”，这两种毛色的驴均属上等。

【生产性能】其繁殖性能与其他品种近似，多在 2 ～ 9 月发情，3 ～ 5 月为发情旺季。终生可产驹 10 胎。经屠宰测定，平均屠宰率为 45.15%，净肉率 30.6%。

结实有劲，公驴最大挽力平均为 258 千克，相当于体重的 84.6%。拉胶轮车，载重极限为 2889 ～ 3469 千克，驮重 163 千克，行走 1 千米不发汗。

【利用】广灵驴有良好的种用价值。作为种畜，同种交配可改良小型驴；异种交配，所生骡子，高大体壮。作为役畜，能挽善驮，力大持久。曾推广到全国 13 个省区，以耐寒闻名，对黑龙江省的气候适应也较好。

（二）中型品种

中型驴体高大，多在 115 ～ 125 厘米之间，主要分布在陕西、甘肃、山西及河北的高原地区。主要品种有佳米驴、泌阳驴、庆阳驴和淮阳驴等。

1. 佳米驴

佳米驴也叫绥米驴，属中型驴（图 4-6）。佳米驴耐粗饲、耐劳苦，性情温驯，行动敏捷，持久力强，既有使役价值又有肉用价值。

图4-6 佳米驴

【产地分布】主要产于陕西省佳县、米脂县和绥德三县，而以佳县乌镇、米脂桃花镇所产驴最佳，分布于附近各县和山西省的临县。

【体型外貌】佳米驴体型中等，略呈方形，体质结实，结构匀称，眼大有神，耳薄而立；颈肩结合良好，背腰平直，四肢端正，关节强大，肌腱明显，蹄质坚实。公驴颈粗壮，胸部宽，富有悍威。母驴腹部稍大，后躯发育良好。毛为粉黑色，因白色部分大小不同，又分为两种，一种是黑燕皮，全身被毛似燕子，仅嘴头、鼻孔、眼周以及腹部为白色；一种是黑四眉，除具有黑燕皮特征外，腹下的白色面积较大，甚至扩展到四肢内侧、胸前、额下及耳根处。体高1.24～1.27米，体重250千克左右。

【生产性能】佳米驴2岁左右性成熟，3岁开始配种，每年5～7月为配种旺季。母驴多为3年2胎，终生产驹10头左右。公驴每次平均射精量为78.7毫升，精子密度平均每毫升为2亿～3亿个，活力为0.8～0.9。据对8匹未经育肥的驴屠宰测定，屠宰率为49.2%，净肉率达35%。

【利用】佳米驴对干旱和寒冷气候的适应性强，耐粗饲，抗病力强，消化器官疾病极少，也能适应黑龙江、青海等地的寒冷气候。除役用性能强外，其产肉性能亦好。

2. 泌阳驴

泌阳驴属中型驴（图 4-7 和视频 4-5）。使役、肉食兼用。

图4-7 泌阳驴

视频 4-5 泌阳驴

【产地分布】主要产于河南省西南部的泌阳、唐河、社旗、方城等地，以泌阳、唐河两县为中心产区。

【体型外貌】公驴富有悍威，母驴性温驯。体型中等，呈方形或高方形。结构紧凑、匀称，灵俊清秀，肌肉丰满，多双脊双背。背腰平直，头干燥、清秀，口方正；耳大适中，耳内中部有一簇白毛；头颈结合良好，腰短而坚，尻高宽而斜，四肢直，系短而立，蹄质坚实。眼圈、咀头和腹下皆粉白色，故又称“三白驴”。体高 1.25 米左右，体重 220 ～ 250 公斤。被毛细密，毛色主要为黑色。

【生产性能】公驴 8 月龄产生性欲，1.5 岁性成熟，2.5 岁开始配种，种公驴利用年限 7 ～ 10 年。母驴 9 ～ 12 月龄性成熟，适配年龄在 2 岁，妊娠期平均为 357 天，一般母驴 3 年产 2 胎，终生产驹 14 ～ 15 头。

成年公驴平均体高、体长、胸围、管围和体重分别为：119.48 厘米、117.96 厘米、129.75 厘米、15.01 厘米、189.57 公斤。成年母驴分别为：119.2 厘米、119.8 厘米、129.6 厘米、14.30 厘米、188.90 公斤。泌阳驴公驴最大挽力平均 205.0 公斤，母驴为 185.1 公斤，公、母驴最大挽力分别占体重的 104.4% 和 77.83%。

【利用】泌阳驴的役用性能强，且持久。泌阳驴遗传性能稳定，耐粗饲，抗病力和适应性强，便于喂养。可用于改良小毛驴与配殖马骡。

3. 庆阳驴

庆阳驴属中型驴（图 4-8），庆阳驴体格壮实，性情温驯，行动灵敏，耐劳持久，使役性能良好，能担负拉、驮等各种工作，且耐粗饲，疾病少。

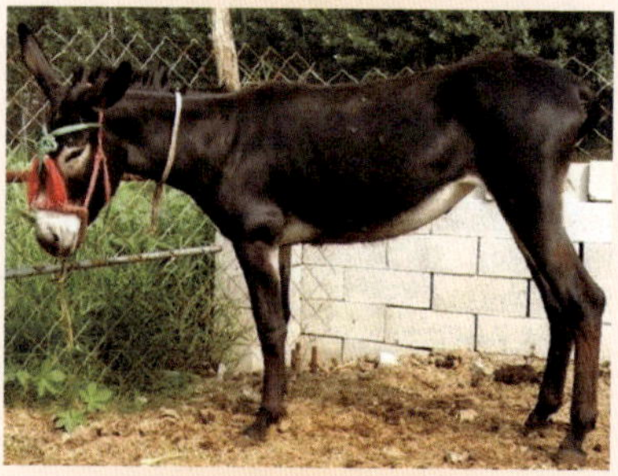

图4-8 庆阳驴

【产地分布】主要产于甘肃省庆阳市的西峰区、庆城县、宁县、正宁县、镇原县、合水县、华池县及陕西的吴起、定边等县区，以庆阳市为中心产区。

【体型外貌】体格粗壮结实，体长稍大于体高，结构匀称，头中等大小，耳不太长，颈肌肥大，鬃毛短稀，胸部发育良好，腹部较大，四肢端正，关节明显，蹄大小适中而坚实，性情温驯，行动灵活，毛色以三粉为主，还有少量青色和灰色。

【生产性能】庆阳驴成年公驴平均体高、体长、胸围、管围分别为：127 厘米、129 厘米、134 厘米、15.5 厘米。成年母驴分别为：122 厘米、121 厘米、130 厘米、14.5 厘米。1 岁时就表现性成熟；公驴 1.5 岁配种，就可使母驴受孕；母驴不到 2 岁就可产驹。驴驹初生时，公驹重 27.5 千克，母驹重 26.7 千克。公驴以 2.5 ～ 3 岁、母驴以 2 岁开始配种为宜。公驴饲养得当，可利用到 20 岁。母驴一般终生可产 10 胎左右。屠宰率可达 50%以上，净肉率 35.7%。

【利用】在做好本品种选育提纯的保种工作基础上，逐步向肉用型转化。

4. 淮阳驴

淮阳驴属中型驴（图 4-9）。

【产地分布】主要产于河南沙河及其支流两岸的豫东平原东南部，即淮阳、郸城西部，沈丘西北部，项城和商水北部，西华东部，太康南部和周口市，以淮阳县为中心产区。

【体型外貌】体高略大于体长，体幅较宽，头略显重，肩较宽，鬐甲高，前胸发达，中躯显短呈圆桶形，四肢粗大结实，尾帚大。红褐毛色驴还有体格较大、鬐甲高、单脊单背和四肢高长的特点。毛以粉黑色为主，灰色少，纯黑更少，红褐色最少。

【生产性能】平均体尺：公驴体高 124.4 厘米、体长 126.1

厘米、胸围 135.4 厘米、管围 15.5 厘米，体重 230 千克。母驴体高 123.1 厘米、体长 125.2 厘米、胸围 133.6 厘米、管围 14.8 厘米，体重 225 千克。

图4-9 淮阳驴

役用性能：淮阳驴挽、驮、拉、乘均可，公驴最大挽力为 280 千克，母驴为 174 千克。

繁殖性能：母驴 1.5 岁开始发情，2.5 岁开始配种，母驴一生可繁殖到 15 ～ 18 岁。公驴 3 岁以后开始种用，至 18 ～ 20 岁性欲仍然很旺盛。屠宰率可达 50%左右，净肉率为 32.3%。

（三）小型品种

小型驴体高在 110 厘米以下，分布广，以华北、甘肃、新疆、云南等地居多，数量多，民间统称为小毛驴。按产区生态条件、各地驴品种的形成历史、体尺和外貌特点，加以比较分析，将各主产区的小型驴，划分为新疆驴、华北驴和西南驴等。

视频 4-6 新疆驴

1. 新疆驴

新疆驴属于小型驴（图 4-10、图 4-11 和视频 4-6）。

图4-10 新疆驴（公）

图4-11 新疆驴（母）

【产地分布】主要产于新疆南疆喀什、和田地区。分布在甘肃河南走廊，青海的农区、半农半牧区，以及宁夏的一些地区。在固原、西吉一带被称为西吉驴。在甘肃河西走廊的武威、张掖和酒泉等地被称为凉州驴。另外在北疆各地也有分布。

【体型外貌】新疆驴体型矮小，体质干燥结实，头略偏大，耳直立，额宽，鼻短，耳壳内生满短毛；颈薄，鬐甲低平，背平腰短，尻短斜，胸宽深不足，肋扁平；四肢较短，关节干燥结实，蹄小质坚；毛多为灰色、黑色。

【生产性能】新疆驴 1 周岁就有性欲，公驴 2 ～ 3 岁，母驴 2 岁就开始配种，在粗放的饲养和重役情况下很少发生营养不良和流产。驴驹成活率在 90% 以上。

【利用】新疆生产建设兵团农八师 150 团曾引种关中驴与当地小毛驴杂交，其后代的体高达到 120 ～ 125 厘米。吐鲁番改良驴体高可达到 125 ～ 130 厘米。由此可引入大型驴种对新疆驴进行杂交改良，提高当地驴的体尺、体重，是肉驴饲养提高肉产量的重要途径。

2. 华北驴

华北驴属小型驴（图 4-12、图 4-13）。华北驴是中国北方农业区除牛以外的第二大役畜。华北驴体小，适应性强，数量大，分布广。这些驴虽都有其地方名称，如陕西的滚沙驴、内蒙古的库仑驴、河北的太行驴、山东的小型驴、淮北的灰驴。但体质外形基本相同，毛色多以灰色为主，遗传性能稳定，故统称华北驴。

图4-12 华北驴（公）

图4-13 华北驴（母）

【产地分布】华北驴主要产于陕北黄土高原以东、长城以内至华北平原，并分布在东北三省。

【体型外貌】各地的驴因产区不同，各有特点，但其共同点为：体高在 110 厘米以下，体重 130 ～ 170 千克；结构良好，体躯短小，腹部稍大，被毛粗刚。滚沙驴体高 107 厘米，体重 140 ～ 190 千克；太行驴体高 102.4 厘米，内蒙古库仑驴体高 110 厘米，沂蒙、苏北、淮北的驴体高 108 厘米。

【生产性能】公驴 18 ～ 24 月龄、母驴 12 ～ 18 月龄时达性成熟，母驴 2.5 岁、公驴 3 ～ 3.5 岁时开始配种。发情季节多集中在春、秋两季，发情周期 21 ～ 28 天，发情持续期 5 ～ 6 天。公、母驴繁殖年限一般为 13 ～ 15 年，母驴终生产驹 8 ～ 10 头。

【利用】为适应畜牧业商品生产的需要，应通过选育改善其体型结构，提高早熟性和产肉性能。

3. 西南驴

西南驴属于小型驴（图 4-14、图 4-15），是我国特有的山地小型驴种，也是我国体格最小的驴种。西南驴体小精悍，体质粗糙结实，性温驯，易管理，耐粗饲，抗病力强。在高原干燥、贫瘠的环境中有特殊的使役价值。

图4-14 西南驴（公）

图4-15 西南驴（母）

【产地分布】西南驴包括云南省各地的云南驴，四川甘孜、阿坝、凉山等地的川驴，西藏日喀则、山南等地的藏驴。

【体型外貌】体质结实。头较粗重，额宽且隆，耳大而长。鬐甲稍低。胸部较窄，背腰平直、结实，腰部稍大，尻短稍斜。前肢端正，后肢多外向，蹄小而坚。被毛厚密。毛色以灰毛为主，黑色次之。一般灰驴均具有背线、鹰膀、斑纹；毛色为黑色的多有粉鼻、粉眼、白肚皮等特征。

【生产性能】西南驴成年公驴平均体高、体长、胸围、管围分别为：89.5 厘米、92.5 厘米、98.2 厘米、11.8 厘米。成年母驴分别为：97.3 厘米、94.4 厘米、104.96 厘米、11.96 厘米。西南驴用于驮乘，挽用较少，富持久力。成年驴可驮载 50 ～ 70 千克，日行 25 ～ 30 千米。单驴挽胶轮板车，载重 300 ～ 500 千克，日行 30 千米，速度为 4 千米 / 时。使役年限可达 20 年左右。

云南驴性成熟早，2 ～ 3 岁即可配种繁殖，一般 3 年 2 胎，如专门作肉驴饲养也可 1 年 1 胎。屠宰率 45%～ 50%，净肉率 30%～ 34%，每头净肉量为 35 千克左右。

【利用】西南驴的产肉性能较好，色较深，质细嫩，肉味鲜美。西南驴在海拔为 800 ～ 3500 米的地区，均能适应，既能抵御高山严寒，又能耐酷暑潮湿。

二、饲养品种的确定

目前我国的驴按其体格大小分大型驴、中型驴和小型驴三类，其中大型驴种主要有陕西关中驴、山东德州驴（渤海驴）、山西晋南驴、广灵驴等。中型驴种主要有佳米驴、泌阳驴、淮阳驴、庆阳驴等。小型驴种主要有新疆驴、华北驴和西南驴等。家庭农场在确定饲养哪一个品种时，应从品种的适应性、饲养的目的、市场需求等方面综合考虑，最后确定饲养的品种。

（一）以品种适应性确定驴的品种

适应性是指生物体与环境表现相适合的现象。适应性是通过长期的自然选择形成的。虽然生物对环境的适应是多种多样的，但究其根本，都是由遗传物质决定的。而遗传物质具有稳定性，它是不能随着环境条件的变化而迅速改变的。所以一个生物体有它最适合的生长环境的要求，而且这个最佳生长环境要变化最小，在它的承受范围之内，该生物体就能正常地生长发育、生存繁衍。否则，如果生存的环境变化过大，超出该生物体的承受范围，该生物体就会表现出各种不适应，严重的不适应甚至可以致死。

驴的适应性是指驴适应饲养地的水土、气候、饲养管理方式、驴舍环境、放牧场地、饲料等条件。养殖者要对自己所在地区的自然条件、物产、气候以及适合于自己的饲养方式等因素有较深入的了解。每个品种都是在特定环境条件下形成的，对原产地有特殊的适应能力。当被引到新的地区后，如果新地区的环境条件与原产地差异过大，引种就不易成功。所以选择品种时既要考虑引进品种的生产性能，又要考虑当地条件与原产地条件不能差异太大。否则，容易造成养殖失败。

驴的体格较小，但体质结实，对于贫瘠环境条件的适应能力很强，对草料的利用率高，不易得病，容易喂养等。尽管驴具有这些优良的生物学特性，但是，因驴具有喜干燥温暖气候的特性，所以在我国的黄河中下游、渭河、淮河、海河流域，新疆、甘肃的河西走廊和庆阳地区等分布最多。经风土驯化，驴对吉林、黑龙江的严寒气候也逐渐适应。而我国江南各省由于地势低，湿热多雨，虽也有驴，但数量很少。西南地区的川西北和滇西等部分地区，尽管海拔较高，但干湿季节明显，也适宜养驴，而阴湿多雾的贵州省养驴要慎重。

从各个驴品种的形成上我们也不难看出，驴的适应性是其能在一个地区长期生存的基础条件。如德州驴食性广、适应性和抗病力强、好管理、繁殖快、费用低、易饲养、耐粗饲，既可舍饲又可放牧饲养。德州驴属节粮型牲畜，各种野草、树叶、农作物秸秆都是养驴的好饲料，每天 5 千克粗饲料就足够。佳米驴对干旱寒冷的气候和狭窄山路适应能力极强。新疆驴在粗放的饲养和重役情况下很少发生营养不良和流产。关中驴适宜于干燥温和的气候，而耐寒性较差。广灵驴则以耐寒闻名，对黑龙江省的气候适应也较好。西南驴在海拔为 800 ～ 3500 米的地区，均能适应，既能抵御高山严寒，又能耐酷暑潮湿。

因此，在确定驴的品种时，要保证生态效应的充分发挥。让引进品种迅速发挥生产潜能，必须保持所引进的驴与环境统一。宜在生态条件基本相似的区域内引种。

（二）以饲养目的确定驴的品种

家庭农场的饲养驴，一般有饲养种驴繁殖驴驹的专业繁育和饲养育肥驴的集中育肥两种。另外，饲养种驴，除了用于繁殖驴驹在断奶后出售或自繁自育以外，具备种畜禽资质和技术能力的家庭农场也可以进行纯种驴的保种和扩繁。

根据生产目的的不同，所选择的品种也不一样。如饲养种驴繁殖驴驹，在驴驹断奶后出售或自行育肥的，应根据品种适应性选择适合家庭农场所在地区的种驴，以关中驴、德州驴、广灵驴、泌阳驴和新疆驴五大优良驴种为主。也可以利用杂交优势，用本地品种与这五大优良品种驴进行杂交，繁殖杂交驴。如利用引入的以五大优良驴种为主的驴种，与本地品种的母驴进行杂交改良。

家庭农场实行自繁自养的，以自繁的驴驹进行一贯制育肥，利用幼驴在12月龄前生长发育最为迅速、增重快的特点，直接育肥出售。选择的驴种以当地品种或当地品种与优良品种杂交为主。

饲养育肥驴的，实行集中育肥的家庭农场，从驴源广的地区异地收购架子驴，进行集中舍饲强度育肥，育肥期2～3个月。应选择适应本地自然资源的驴种。

专业繁育的家庭农场，以培育出售种驴为目的，应组建良种基本母驴群，选种选配，以放牧为主，加强补饲，以培育出优良的种用后备驴。

进行纯种驴的保种和扩繁的家庭农场，应建立育种群，严格按照《品种标准》，开展本品种选育，加强驴驹的培育，提纯复壮，选种选配，不断提高品种质量，为各地养驴业提供优良的驴种。

目前，养驴最终主要是为了销售驴皮、驴肉和驴奶等，因此，在采取以上饲养方式的同时，选择驴种，应以生长发育迅速、屠宰率利用率高、抗病力强和遗传性好为主要特征。如饲养肉驴最好选择中型驴，次之为大型驴，而小型驴多为制阿胶用，其肉也可投放市场。一般以良种驴改良本地驴，用其杂交后代培养的肉驴是最佳选择。

小贴士：

选择品种时，除了以上三个方面，还有一个方法，就是到当地养殖大户那里取经和咨询畜牧兽医部门。

养殖大户会通过自身养殖实践告诉你，他们饲养驴的成功经验和失败教训，畜牧兽医部门视野宽，掌握的信息全面，这些信息对家庭农场有很好的借鉴意义。

三、驴的引进

确定了要饲养的品种，接下来的工作就是如何引进种驴了。驴的引进包括制订引种计划、种驴（精液）的挑选、种驴运输、驴舍准备、种驴引进后隔离等一系列工作。

（一）制订引进计划

制订引种计划主要是确定从哪里引进种驴、什么时间引进、引进的数量和结构等问题。

种驴要从种驴质量和信誉都良好的种驴养殖场引进。制订计划要充分考虑驴源地与家庭农场当地的气温、饲草料质量、气候等条件，选择适合当地饲养条件的优良品种。禁止从疫区采购。

引进的时间原则上只要家庭农场做好了养殖前的准备工作，什么时候都可以。但从安全调运的角度看，以气温适宜的春秋季为佳，冬季运输做好防寒工作，夏季尽量选择夜间运输。

初次引进的新场，引进的数量根据本场生产目的、驴舍及场地容纳量，结合资金实力来确定。建议初次养驴的家庭农场，第一次引进种驴的数量不宜过大，应分批引进。

视频 4-7 肉驴优良品种的选择方法

（二）驴的挑选

种驴挑选的总体要求是，符合本品种特征、来源清晰、健康，被毛整齐、有光泽，步态稳健，体温、呼吸、心率正常（视频 4-7）。

本品种特征要参照该品种的相关数据。其他指标要通过有经验者的实际观察和实际测量。如德州驴种驴要求体质结实紧凑，皮薄毛细，体格高大，体型多呈正方形。头部中等大小，眼大，耳立，上下唇闭合良好。颈长适中，颈肌发达。鬐甲明显，肋拱圆，背腰平直，腹部充实，尻稍斜。四肢坚实，关节明显，蹄质坚实。俗称“黑三粉”的德州驴，鼻、嘴、眼周围和腹下被毛为白色，其他部分纯黑；俗称“乌头”的德州驴全身被毛为纯黑，无杂色。

除上述共有体质外貌特征外，轻型和重型两类群还具备的其他特点如下：轻型类群体质干燥，头清秀，四肢较细，肌腱明显，体重较轻，动作灵敏，毛色为黑三粉；重型类群体型显粗重，头较重，鬐甲宽厚，四肢较粗壮，关节较大，动作较迟钝，毛色为乌头。

佳米驴种驴要求体型中等，略呈方形，体质结实，结构匀称，眼大有神，耳薄而立；颈肩结合良好，背腰平直，四肢端正，关节强大，肌腱明显，蹄质坚实。公驴颈粗壮，胸部宽，富有悍威。母驴腹部稍大，后躯发育良好。

毛为粉黑色，因白色部分大小不同，又分为两种：一种是黑燕皮，全身被毛似燕子，仅嘴头、鼻孔、眼周以及腹部为白色；一种是黑四眉，除具有黑燕皮特征外，腹下的白色面积较大，甚至扩展到四肢内侧，胸前、颔下及耳根处。体高 1.24 ～ 1.27 米，体重 250 千克左右。

新疆驴的体型矮小，体质干燥结实，头略偏大，耳直立，额宽，鼻短，耳壳内生满短毛；颈薄，鬐甲低平，背平腰短，尻短斜，胸宽深不足，肋扁平；四肢较短，关节干燥结实，蹄小质坚；毛多为灰色、黑色。

选购时注意无论我们选择什么品种的驴，必须要保证其健康，发现有病驴、弱驴、残驴、僵驴，坚决不选。还要注意选大驴不选小驴，小驴即未断奶的驴，自身免疫系统尚未发育成熟，体重越小适应能力越差，抵抗能力越差。选好后不要急于装车，最好在原地继续观察 3 ～ 5 天，其间，如果发现有问题的驴可及时退回。

（三）运输

1. 运输前准备

（1）场地准备　做好驴饲养场地环境设施、清扫卫生、清洗消毒、饲料等准备工作。饮水质量应符合《无公害食品 畜禽饮用水水质》（NY 5027—2008）的要求，卫生防疫应符合《规模化驴场卫生防疫技术规程》（T/CAAA 047—2020）和《驴运输技术规程》（T/CAAA 022—2019）的要求，污染物排放应符合《畜禽养殖业污染物排放标准》（GB 18596—2001）的要求。

（2）检疫与检查　采购地动物卫生监督机构开具《动物检疫合格证明》。待运输驴群在周转驴舍内观察 3 ～ 5 天，每天测量体温，观察采食、粪便、精神状态等。如果出现体温超过 39℃、腹泻、咳嗽、饮食下降、精神沉郁等现象，应及时隔离治疗，禁止运输。

（3）饲喂　待运输驴群，统一调整饲料，统一饲喂。运输前 6 ～ 8 小时停止饲喂具轻泻性的青贮饲料、麸皮、鲜草和易发酵饲料。减少精料喂量，半饱，饮水适量。

运前 2 小时饮饲喂补液盐（氯化钠 3.5 克、氯化钾 1.5 克、维生素 C 5 克、葡萄糖 20 克 / 升）和电解多维，或肌内注射盐酸氯丙嗪（0.5 ～ 0.8 毫克 / 千克体重）或长效抗生素。

（4）车辆与人员准备　运输车辆加装侧棚、顶棚，车辆护栏高度不低于 1.4 米（图 4-16）。车厢内铺垫沙土 15 ～ 20 厘米或干草 20 ～ 30 厘米。

做好车辆消毒。用高压水枪将车厢内外冲洗干净，再用 1% 火碱溶液消毒，空置干燥 12 小时以上。

运输过程中随行兽医和押运人员各 1 名。

图4-16 高护栏运输车

2. 装车与运输途中

用装卸台装车，装车密度以一半的驴可以自由躺卧为宜，在装车过程中切忌鞭打。装车密度为驴驹 0.76 平方米 / 头，后备驴 1.10 平方米 / 头，成年驴 1.15 平方米 / 头。

运输过程中车速不应超过 80 千米 / 小时，转弯和停车均应先减速，避免急刹车。

运输过程中每隔 2 ～ 3 小时检查一次驴群状况，将卧倒驴及时赶起。应保证每天 3 ～ 4 次饮水，每次每头 2 ～ 3 升，饲喂适量优质青干草。

途中如有扭伤、踩伤等情况，以消炎、解热、镇痛为原则进行适当治疗，到达目的地后，隔离给予针对性治疗。

（四）到场后的饲养管理

到达目的地以后，应用装卸台卸车，让驴自行下车，切忌粗暴鞭打驱赶。卸车后打耳标和称重一次完成，同时注射一次长效抗生素或饲喂清热解毒、抗感冒、健胃类中草药。

驴群落地 2 ～ 3 小时后给予适量饮水（每头 2 ～ 3 升），水中加入葡萄糖、口服补液盐和电解多维，必要时可加黄芪多糖，6

小时后饲喂少量优质干草，禁止一次性过量饲喂，冬季饮温水。

实行过渡期饲养制度，即在养殖场内设立隔离区，单独饲养管理，隔离 15 天后，如无疫病，转入大群饲养。拴系舍饲按大小、强弱分群，同一产地或同一批次集中饲养。

引种后第 1 ～ 2 周以饲喂优质干草为主，添加少量精料，第 3 周逐渐增加至正常饲喂量。驴舍要保持通风、阴凉、干燥。过渡期结束，驱虫保健后，转入大群饲养，发现病驴，立即隔离治疗。

小贴士：

驴的运输，是养驴的重要环节，也是家庭农场养好驴的一项重要工作。因为长途运输管理不当，导致驴在运输过程中温度过冷过热，遭到大风、雨淋、饥渴、挤压、惊吓、颠簸、合群等不良刺激，加上驴进场后会受到饲料调换、体力消耗过大、环境改变较大、潜在疾病等因素影响，这会造成驴不同程度的运输应激，直接影响到家庭农场的经济效益。因此，尽量减少运输途中的应激，显得尤为重要。

四、驴的繁殖

（一）驴繁殖机能的基本常识

1. 初情期

公驴初情期是指其初次能够释放出精子的时期，一般晚于母驴；母驴初情期是指其初次发情或排卵的年龄，一般为 8 ～ 12 月龄。

2. 性成熟

驴的性成熟是指驴驹长到 12 ～ 15 月龄，生殖器官生长发育基本完成，开始产生具有生殖能力的性细胞（精子和卵子）并分泌性激素。也就是从这个时候开始驴具备了繁殖后代的能力。驴的性成熟受许多因素影响，如品种、自然环境条件、营养和饲养管理等。

3. 初配年龄

驴的初配年龄指适于初次配种的年龄。驴驹性成熟时，身体尚未成熟，还要继续发育，待到一定年龄和体重时方能配种。过早交配会影响驴体本身的发育及胎儿发育，故驴的初配年龄要在基本达到体成熟时，至少配种时的体重应为其成年体重的 70%左右。母驴初配年龄一般为 2.5 ～ 3 岁。种公驴到 3 ～ 3.5 岁时开始配种繁殖较为适宜。

4. 发情

发情指母驴性成熟后直至老年性机能衰退以前，凡不在妊娠期间，由于生殖器官的变化和雌性激素的作用，出现的一种周期性的性活动现象，如求配表现和生殖器官变化等。与其他家畜相比，母驴发情的外部变化尤为明显，主要发情表现有吧嗒嘴、流唾液、抿耳弯腰、闪阴排尿、阴门肿胀等。

5. 发情季节

驴是季节性多次发情动物。母驴发情较集中的季节，称为发情季节。发情季节与气候变化和营养状况有很大关系，在酷暑期减弱，发情期较长，至深秋季节停止，进入乏情期。在气候适宜和良好的饲养管理条件下，母驴可常年发情。关中地区驴发情在春、秋季最为明显，3 月、4 月、5 月是发情旺季；6 月、7 月天气炎热，发情及受胎率下降；9 月天气变凉，发情又增多。高寒地区母驴发情以 5 月、6 月、7 月较多。

但是，秋季配种所产的驴驹在初生重、断奶重、生长发育速度和成活率、胴体品质等方面，较春季配种所产的驴驹差。这与春天所产的驴驹处于一年之中气候和饲料条件最好的季节有关。因此，宜采取春季配种。当然，秋季配种的，在驴驹出生后，有良好的接生条件和饲料条件，同样能取得不错的效果。

6. 发情周期

母驴到了初情期以后，其生殖器官整个机能便发生一系列周期性的变化，这种变化周而复始（非繁殖季节及怀孕母驴除外），一直到停止性机能活动的年龄为止。这种周期性的性活动，称之为发情周期。其是指从一次发情期的开始到下一次发情开始的间隔时间，或由一次排卵至下一次排卵的间隔时间。发情周期是母驴一种正常的繁殖生理现象。母驴伴随生殖道的变化，身体内外发生一系列的生理变化。一般分为 4 个时期：发情前期、发情期、发情后期（排卵期）及间情期（静止期）。由于发情周期是一个渐次变化的复杂生理过程，因此这 4 个时期前后之间并不能截然分开。驴的发情周期平均为 21 天，其变化范围为 10 ～ 33 天。品种、气候及饲养管理条件等可影响发情周期的长短。

7. 发情持续期

发情持续期指从发情开始到完全结束，中间相隔的天数。驴的发情持续期为 3 ～ 14 天，平均为 5 ～ 8 天。这些时期上的差异，与母驴所处的自然环境、营养状况及年龄有关。一般在良好的生活条件下，卵泡的生长较快，发情持续期偏短；反之生活环境差、年龄小、使役较重的母驴，其发情持续期较长。在气温较低的北方，每年母驴 2 ～ 3 月份就开始发情，即所谓的“冷驴热马”。但早春发情持续期较长，卵泡发育缓慢，常出现多卵泡发育和两侧卵巢卵泡交替发育的现象，长者可达 20 天或更长。一般从 4 月份转为正常。

8.产后发情

母驴在产后短期内出现的首次发情，称为产后发情。与母马相似，母驴产后半月左右即可发情配种，而且容易受胎，俗称“配血驹”或“配热驹”。一般发情表现不明显甚至无发情表现，但经直肠检查，则有卵泡发育而且可以排卵。关中驴母驴多于产后第 12 ～ 14 天首次排卵。

9. 妊娠和妊娠期

母驴发情接受配种后，卵子受精后合子发育、胎儿生长和准备分娩所发生的生理过程，即从受精开始，直到分娩完成，称为妊娠。从卵子受精至正常分娩所经历的时间，称为妊娠期。驴是单胎妊娠，偶尔也有双胎。

俗话说：驴年马月。驴的妊娠期 350 ～ 370 天，平均 360 天。另外不同品种间还有一定差异。而且随母驴年龄、胎儿性别和膘情好坏，妊娠期长短不一，但差异都不超过 1 个月。一般前后相差 10 天左右。如头胎驴易推迟，胎次越多越易提前。怀双驹时比怀单驹时短 3 ～ 6 天。怀公驹的妊娠期比怀母驹的长 1 ～ 2 天。

小贴士：

驴的配种繁殖是养殖中最重要的问题，主要是驴的妊娠期和生长周期较长，基础母驴一年一胎或三年两胎，一般受孕后妊娠期平均 360 天，将近一年的时间。如果错过了配种或者配种不成功，就要白白浪费掉一年时间，还有人工、饲料、资金占用等也一同浪费了。

（二）杂种优势的利用

杂种优势，遗传学中指杂交子代在生长、成活、繁殖能力或生产性能等方面均优于双亲均值的现象。杂交产生优势是生物界普遍存在的现象。

驴的杂交，就是充分利用这种杂种优势进行驴的生产，通常采用本地驴种与引进驴种进行杂交，杂交改良后代兼有本地驴和引进驴的双重优点，表现出比上一代更优越的生长势头和适应能力。它既适应粗放管理，又具有生长发育快、抗病力强的特点。

如德州驴经过严格的自然选择和人工选育，身上汇集了体型大、挽力强、产肉多等特有的基因。良种性能突出，是培育优质高产低耗畜种和利用杂交优势的宝贵原始材料。除可进行纯种繁殖外，可作为优良品种对各地方驴进行杂交改良。各地可作为良种引入，对当地驴进行杂交改良，用其杂交的后代进行育肥。目前，云南、广西、海南、黑龙江、辽宁、陕西等地都有采用德州驴对当地驴进行改良的，取得了良好的经济效益。

杂交不仅是肉用生产的手段，也是驴种改良的手段。如吕长鹏等用关中驴和新疆驴杂交选育形成了优良杂交品种疆岳驴，对 60 匹疆岳驴成年母驴和 40 匹新疆驴成年母驴的生长发育指标进行了对比分析，并对 10 匹疆岳驴（公母各半）的和 10 匹新疆驴（公母各半）的肉用性能指标进行了对比分析。结果表明，疆岳驴成年母驴体重、体高、体长、胸围、管围各项指标均高于新疆驴成年母驴，差异均极显著（$P < 0.01$）。疆岳驴成年公驴和成年母驴屠前活重、胴体重、屠宰率、净肉重、净肉率、眼肌面积各项指标也均高于新疆驴成年公驴和成年母驴，差异均极显著（$P < 0.01$）。疆岳驴杂交优势明显，经济效益显著。

还有以德州驴为父本与内蒙古、新疆等地方品种的母马进行杂交，可产生质量很好的骡子。

在杂交亲本的选择上，可选择大中型驴种，对分布在大、中型驴产区的小型驴实施，即用大、中型公驴配小型母驴。通代累代杂交，品质提高很快。

小贴士：

在肉驴的生产中，杂交具有非常明显的优势，可缩短出栏时间、降低饲养成本、增加经济效益，是提高养驴经济效益的重要措施之一。

实践证明，杂交改良的后代，初生重大、生长发育快、体躯高大，产肉能力有很大提高。为避免杂交怀孕的母驴在分娩时“难产”，应以大型驴种（公）杂交中型驴种（母）、中型驴种（公）杂交小型驴种（母）为宜。

（三）人工授精

1. 发情鉴定

母驴的发情鉴定有外部观察法、B 超检查法、直肠检查法和试情法等四种方法。

（1）外部观察法　根据阴唇肿胀、扳耳、吧嗒嘴等表现判断发情程度，确定配种时间。

（2）B 超检查　母驴保定后，手戴上涂有润滑剂的长臂手套，掏净直肠内的粪便，携带 B 超探头进入直肠。使用探头扫描子宫、卵巢，观察并记录卵泡大小、子宫环境和妊娠情况。

（3）直肠检查法　直肠检查法又分为下滑法和托底法两种方法。

① 下滑法。一只手伸进直肠狭窄部，于第 3、4 腰椎处触摸到卵巢韧带，顺卵巢韧带向下触摸卵巢，经卵巢向下触摸子宫角、子宫体。

② 托底法。右手进入直肠狭窄部，四指向前下方摸触子宫底部，顺子宫底向左、右上方移动触摸子宫角，经子宫角上部触摸左、右侧卵巢。触摸卵巢时，应注意卵巢形状、质地，卵泡大小、弹力、波动。

检查完毕后，清水冲洗阴部和外阴部粪污，最后用无菌毛巾或无菌纸巾擦干。

（4）试情法　将试情公驴放入母驴圈内。发情的母驴表现出愿意接近试情公驴，弓腰举尾、后肢开张等动作；未发情的母驴则远离、躲避试情公驴，甚至有踢咬等抗拒行为。

试情公驴要选用性成熟后体格健壮、性情温驯、无恶癖的非种用公驴。

2. 激素处理

B 超检查卵泡直径以及子宫情况，卵泡直径发育到 30 ～ 35 毫米时，肌内注射促性腺激素释放激素（GnRH）缓释液。采用鲜精人工授精的，在激素处理后当天输精。采用冻精人工授精的，在激素处理后的次日晚 8 点和第三天凌晨 4 点，分别进行子宫体深部输精。

3. 输精

（1）器材、药品准备　输精枪、塑料外套、长臂手套、显微镜、5.0MHz B 超机、载玻片、解冻容器、温水和温度计、注射器、消毒防腐药、生理盐水、生殖激素、子宫炎治疗药物以及 GnRH 缓释液（在 4℃冰箱储存）。

（2）清洗消毒　保定栏内固定母驴，将驴尾包裹并向上直垂吊起，露出肛门部和外阴部。用干净温水自上而下清洗肛门及外阴粪污 2 次。用洗洁精清洗外阴部 1 次，温水洗净。用酒精喷洒消毒外阴部 1 次，温水洗净。用无菌毛巾或无菌纸将肛门及外阴部擦干，等待输精。

（3）冷冻精液的解冻与镜检　从液氮罐中随机取出冻精管一支（0.5 毫升 / 支，解冻后有效精子数大于 4500 万个 / 支），放入（38±1）℃的水中解冻，30 ～ 45 秒后取出、擦干。取 10 微升精液放置于预先加热至 38 ～ 40℃的载玻片上镜检精子活力。精子活力大于 0.35，才可用于输精。

（4）输精　输精员站在母驴的后方偏左侧，右手握输精管，五指形成锥形，缓慢插入阴道内，快速握住子宫颈，将输精管轻插子宫颈口内 7 ～ 10 厘米处，左手握住注射器缓慢推入精液，每次输精量 3 ～ 5 支（0.5 毫升 / 支）。

4. 输精后检查

发现输精后有精液逆流应及时补输。

5. 患有子宫炎的处理方法

对患有子宫炎的发情母驴，应根据患病程度区别对待。患轻度子宫炎的，可在输精 3 小时前或输精后 1 ～ 12 小时用抗生素子宫内灌药治疗。患重度子宫炎的，不能输精，需要在子宫内注射子宫专用消炎药治疗，待下次发情后，确认是否可以输精。

6. 妊娠诊断

妊娠诊断有 B 超诊断法和直肠诊断法两种方法。

① B 超诊断法。排卵 14 天后，用 B 超扫描子宫与卵巢，检查黄体及胚胎发育情况。

② 直肠检查法。排卵后 25 天，采用直肠检查法，触摸子宫角、卵巢、黄体情况，依据黄体有无，子宫质地、大小、弹性、位置等断定是否妊娠。

7. 档案管理

将母驴的检查时间、检查方法、检查结果、处置方法、发情时间、输精时间、操作人等内容做详细记录。

第五章

驴的饲料保障

饲草料占驴饲养成本的70%，是饲养驴日常的主要开支。家庭农场要根据本场驴种类的不同，分别配制营养均衡的饲料，根据饲养的数量做好饲料储备和供应。

一、驴的营养需要

驴的营养需要是指每头驴每天在生长、繁殖和生产过程中，对营养物质需要的数量，一般是指每头驴每天需要的能量、蛋白质、矿物质和维生素等营养指标数量。可分为维持营养需要和生产营养需要两部分。

维持营养需要，是指驴在不生产乳、肉，又不从事劳役的情况下，保持机体健康和体重不变，所需要的能量、蛋白质、矿物质和维生素等营养的最低量。这种需要仅维持驴生命活动中基本的代谢，即弥补代谢损失，满足驴必要的活动。

生产营养需要，是指生长、繁殖、增重、使役等的营养需要。在驴生产过程中的不同阶段，营养物质在体内的沉积随着驴的年龄、性别、体重及育肥程度等因素而变化。因此，也直接影响驴的生产性能。所以，要提高驴的生产性能，也应随上述不同情况，在不同的生长阶段提供不同数量的营养需求量，使驴在营养需要中得到满足。

（一）水分

水分本身虽不含营养要素，但它是生命和一切生理活动的基础。水分是驴体中最多、最重要的成分。水对驴体正常代谢有特殊作用，营养物质的消化、吸收一系列复杂过程，都是以水为媒介，在水中进行的。各种营养物质在驴体内的溶解、吸收、运输，代谢过程所产生的废物的排泄，体温的调节等均需要水。水还能润滑关节和保持体型。缺水比缺饲料更难维持生命。缺水可引起代谢紊乱，消化吸收发生障碍，蛋白质和非蛋白质含氯物的代谢产物排泄困难，血液循环受阻，体温上升，从而导致驴发病，甚至死亡。水对幼驴和产奶母驴更为重要，产奶母驴因缺水而引起的疾病要比缺乏其他任何营养物质来得快，而且严重。驴利用的水分主要来自饮水及饲料中水分和代谢水。因此，水分应作为一种营养物质，加以供给。

驴必须每天饮水，每100千克体重需饮水5～10千克，饮水量是风干饲草摄入量的2～3倍。多饮水有利于减少消化道疾病，有利于肉驴育肥。妊娠后期和哺乳期母驴的需水量和饮水量明显增加，这时应不限制饮水供应，任其自由饮用。

（二）能量

不论是维持生命活动还是生长、繁殖、生产等均需要一定的能量。驴需要的能量，因种类、年龄、性别、体重、生产目的、生产水平的不同而有所不同。

未成年种公驴的日粮中能量供应不足时，会导致睾丸和其他性器官发育不正常，因而推迟性成熟。成年种公驴的日粮中能量供应不足时，由于睾丸和其他性器官的机能减弱，导致性欲降低，但给种公驴日粮增加能量水平后，即可促进种公驴性机能恢复正常。然而营养水平过高也会降低种公驴的性欲。

（三）蛋白质

蛋白质是唯一大量含氮的营养物质，包括纯蛋白质和氮化物。饲料中的蛋白质是由25种以上氨基酸按不同的顺序和构型构成的。蛋白质是饲料营养成分中最重要的一种，它是驴生命和生产所必需的营养物质，驴的皮、肌肉、内脏、乳汁、蹄、角、血液、神经、各种酶、激素等，主要是由蛋白质构成的。驴身体的1/5构成来自蛋白质，蛋白质是构成驴皮、驴毛、肌肉、内脏器官的重要物质。因此，需要进食相当数量的蛋白质才能满足生产的需求。不论幼驴、青年驴、成年驴均需要一定量的蛋白质。蛋白质不足会使驴消瘦、衰弱，甚至死亡。

饲料中蛋白质不足，驴体内的蛋白质代谢变为负平衡，结果是驴体重减轻，产乳量及生长率均降低。蛋白质不足还会影响到驴的正常繁殖，导致公驴的体质减弱，性欲降低，精子数量下降，品质降低，从而使母驴受胎率降低。母驴发情及性周期异常，不易受孕，即使是受孕胎儿也发育不良，甚至产生怪胎、死胎及弱胎，甚至流产。配种季节，种公驴需经常采精。因而代谢旺盛，体力和营养物质大量消耗，需要补充数量多、质量好的蛋白质。在饲养肉驴时，由于日增重较高，其增重部分大多来自肌肉的生长，而肌肉的形成要靠蛋白质。日粮中能量不足常会增大体内蛋白质的分解，以补足肉驴对能量的需要。所以，肉驴育肥日粮中必须含有规定量的能量，避免因能量不足而动用体蛋白，影响育肥效果。

而蛋白质过多则会造成浪费，且有损于驴的健康。故蛋白质的给量既不能太少，也不宜过多，应该根据其需要喂给必要的量。

（四）矿物质

矿物质是一类无机的营养物质，占家畜体重的3%～4%，是驴机体组织和细胞不可缺少的成分。除形成骨骼外，主要维持体液酸碱平衡，调节渗透压和参与酶、激素和某些维生素的合成等。其中钙、磷、钾、钠、氯、镁和硫等称为常量元素；铁、锌、铜、锰、钴、碘、钼和铬等称为微量元素。尽管矿物质占驴体重的比例很小，但它参与机体所有的生理过程，而且也是驴体骨骼的组成成分。这些物质只能从饲料中摄取，不会在体内合成，供给不足或比例失调，就会发生矿物质缺乏症或中毒症。

钙和磷：80%～90%的钙、磷以羟基磷灰石的形式存在于骨骼和牙齿中，其余10%～20%分布于软组织和体液中。钙除了是组成骨和牙齿的主要成分外，其主要功能是维持神经、肌肉的兴奋性及参与凝血酶的形成等。磷则主要以磷酸根的形式参与代谢，在高能磷酸键中贮存能量，参与许多酶和辅酶的合成，在脂类代谢中起重要作用。长期饲喂缺乏钙、磷或钙、磷比例不当的日粮，驴会出现钙、磷缺乏症，引起代谢障碍，发生软骨症，出现营养性骨纤维增生。幼驴易患佝偻病，成年驴易患骨质疏松症。血钙过低引起驴痉挛、抽搐、肌肉和心肌强烈收缩。缺乏钙、磷最初表现为异食，如啃泥土、石块、破布等，或相互舔食皮毛，尤其是缺磷时特别明显。

镁：约有70%的镁存在于骨骼中，多以磷酸盐和碳酸盐的形式存在，其余的分布于软组织细胞和体液中。镁是构成骨骼和牙齿的成分，也是体内许多酶系统中所必需的催化剂，在糖和蛋白质代谢中起重要作用。一定浓度的镁维持神经肌肉的兴奋性，当血镁浓度低时，神经肌肉兴奋性提高；浓度高时，兴奋性则被抑制。一般植物性饲料中含镁较丰富，如棉籽饼、亚麻饼等，青饲料、糠麸类也是镁的良好来源。一般不另加，缺镁时可用硫酸镁、氧化镁、碳酸镁等补给。

钾、钠、氯：这三种元素绝大部分存在于软组织及体液中。氯主要存在于细胞液中。钾、钠、氯作为电解质共同维持渗透压和机体的酸碱平衡，控制水的代谢。钠可调节正常肌肉、神经的兴奋性和心脏的活动。钾可维持心、肾、肌肉的正常活动，促进细胞对葡萄糖的吸收，影响蛋白质和糖的代谢。氯是胃酸的组成部分，保证胃蛋白酶作用所必需的酸碱度，氯和钠组成食盐，还具有调味和刺激唾液分泌的作用。植物性饲料中钾含量丰富，无需补充。钠和氯在植物性饲料中含量很少，在日粮中应补加食盐。

硫：硫约占体重的0.15%，主要以有机形态组成甲硫氨酸和胱氨酸，广泛存在于驴体的每个细胞内，在角蛋白中最集中。硫是能量代谢中起重要作用的辅酶A的成分，是碳水化合物代谢中起重要作用的硫胺素的成分，是蛋白质合成过程中所必需的含硫氨基酸的成分，是脂类代谢中起重要作用的生物素的成分，也是某些激素的成分。一般日粮中含硫量能满足硫的需要，很少出现缺乏症。在缺硫情况下，可补充无机硫酸盐。

铁：铁作为氧的载体以保证机体组织内氧的正常输送，并与细胞内生物氧化过程有密切关系。缺铁主要导致低色素小红细胞性贫血，临床表现为可视黏膜苍白、呼吸困难、皮肤粗糙、食欲不振和生长受阻。铁进食过量会中毒。为防止缺铁，一般用硫酸亚铁、氧化亚铁和硫酸铁等补充。

铜：主要分布于肝、脑、心、肾及被毛中。作为金属酶的组成成分，铜直接参与体内代谢。铜能维持铁的正常代谢，生成血红蛋白和红细胞成熟均需铜的参与。日粮缺铜时影响造血功能，还使母驴繁殖性能下降。各种饲料中铜含量较多，一般情况下很少出现铜的缺乏。缺铜地区的牧草和饲料中可能发生缺铜现象，可直接给放牧驴补饲硫酸铜，或将硫酸铜液喷洒在草上，舍饲日粮中也可补饲硫酸铜。

钴：钴分布于驴的所有器官中。主要作为维生素B_{12}的成分，占其体重的4.5%。驴的缺钴症实际是维生素B_{12}缺乏症，表现为贫血，消化功能紊乱。

锌：骨骼是锌的主要贮存器官，皮毛中含锌量也较多。锌参与体内酶的组成，对激素的形成、贮存和分泌均具有作用。缺锌造成食欲减退，生长缓慢。公驴长期缺锌，会使睾丸发育不良，精子生长完全停止；母驴缺锌受胎率降低。

硒：硒分布于全身所有组织器官中，以肝、肾和肌肉中含量最高。硒参与谷胱甘肽过氧化物酶的组成，和维生素 E 具有相似的抗氧化作用，能分解脂类氧化产生的过氧化物，保护细胞膜结构完整和功能正常，从而保证肠道脂酶活性，促进脂类及脂溶性物质消化吸收。缺硒具有明显的地区性。一般缺硒时用亚硒酸钠补充。

锰：锰分布于所有体组织中，主要存在于骨骼、肝、肾、脾、胰脏和脑垂体中。锰在碳水化合物、脂类、蛋白质和胆固醇代谢中作为酶活化因子或组成部分，参与形成骨骼基质中的硫酸软骨素，是维持大脑正常代谢功能必不可少的物质。缺锰幼驹生长缓慢，采食量下降，骨异常，共济失调。缺锰还会影响驴的繁殖，使母驴发情不明显，妊娠初期易流产。植物性饲料锰的含量差异较大，青绿饲料、糠麸类含锰丰富。禾本科籽实及块根、块茎含量较少，动物性饲料含锰很少。生产上常以硫酸锰、碳酸锰和氧化锰来补充。

（五）维生素

维生素是机体维持生命代谢不可缺少的物质，是维持生命和健康的营养要素，它也是酶的组成成分，在生理活动中起“催化剂”的作用，以保证驴正常的生长、繁殖和生产，对驴的健康、生长和生殖都有重要的作用。

维生素分维生素 A、维生素 C、维生素 D、维生素 E、维生素 K 和 B 族维生素等多种，如果缺乏会引起各种维生素缺乏症。其中维生素 A 的缺乏对公驴的影响较大。维生素 A 与种公驴的性成熟和配种能力有密切关系。维生素 A 在体内有一定贮备，一般不致缺乏。维生素 A 缺乏，首先引起种公驴夜盲症，长期缺乏会引起精子数下降，畸形精子比率增高，精细管生殖上皮变性。维生素 E（也称抗不育维生素）缺乏时，上皮细胞迅速退化和萎缩，甚至不能恢复，精子数量减少，活力下降，种公驴性欲减退，以致完全消失。

植物性饲料中维生素含量较多，有的在体内还可以合成。如各种青绿多汁饲料，都含有较多的胡萝卜素（它可以在身体内转化成维生素 A）和维生素 E。谷实类饲料维生素 E 的含量较高，所以在青草季节，一般维生素不致缺乏，特别是散养放牧的驴。驴晒太阳可以将体内的 7- 脱氢胆固醇转化为维生素 D，良好的干草也含较多的维生素 D，因此，在正常的饲养管理条件下，不用特别补给维生素 D，一般也不会发生维生素缺乏症。但在集约化密集饲养的情况下，以及在冬季和早春容易缺乏，需要注意日粮中维生素的补充。

小贴士：

饲养标准规定的营养数量是驴的最低需求量附加安全系数后的计算值，即所谓的营养需要供给量，是高于营养需求量的。

在一定限度内喂给驴的饲料营养超过维持需要的部分越多，其生产效果就越好。当喂给的饲料不能满足生产需要时只能消耗自身营养来维持生产的营养，而使驴膘下降，身体消瘦。所以，生产的营养需要，通常是按生产目的和生产水平分别计算而定的，如根据驴的配种、妊娠、哺乳、育肥期和使役强度等分别计算来确定营养需要。

二、驴的常用饲料原料

通常驴的饲料分为青绿饲料、青贮饲料、粗饲料、能量饲料、蛋白质饲料、矿物质饲料和饲料添加剂七大类。

（一）青绿饲料

按饲料分类原则，这类饲料主要指天然水分含量高达60%的青绿多汁饲料。青绿饲料以富含叶绿素而得名，种类繁多，有天然草地或人工栽培的牧草，如黑麦草、紫云英、紫花苜蓿、象草、羊草、大米草和沙打旺草等；叶菜类和藤蔓类，其中不少属于农副产品，如甘薯蔓、甜菜叶、白菜帮、萝卜缨、南瓜藤等；水生饲料，如绿萍、水浮莲、水葫芦、水花生等；野生饲料，如各类野生藤蔓、树叶、野草等；块根块茎类饲料，如胡萝卜、山芋、马铃薯、甜菜和南瓜等。不同种类的青绿饲料营养特性差别很大，同一类青绿饲料在不同生长阶段，其营养价值也有很大的不同。

青绿饲料具有以下特点：一是含水量高，适口性好。鲜嫩的青绿饲料水分含量一般比较高，陆生植物牧草的水分含量为75%～90%，而水生植物约为95%。二是维生素含量丰富。青绿饲料是家畜维生素营养的主要来源。三是蛋白质含量较高。禾本科牧草和蔬菜类饲料的粗蛋白含量一般可达到1.5%～3%；豆科青绿饲料略高，为3.2%～4.4%。四是粗纤维含量较低。青绿饲料含粗纤维较少，木质素低，无氮浸出物较高。青绿饲料干物质中粗纤维不超过30%，叶菜类不超过15%，无氮浸出物在40%～50%之间。五是钙、磷比例适宜。青绿饲料中矿物质占鲜重的1.5%～2.5%，是矿物质营养的较好来源。六是青绿饲料是一种营养相对平衡的饲料，是反刍动物的重要能量来源，青绿饲料与由它调制的干草可以长期单独组成草食动物日粮，并能维持较高的生产水平，为养驴的基本饲料，且较经济。六是容积大，消化能含量较低，限制了其潜在的其他方面的营养优势。

青绿饲料喂驴要注意：一是不要一次喂过多的幼嫩豆科牧草。因为豆科牧草蛋白质品质好，富含维生素和微量元素，适口性好。特别是幼嫩阶段，驴吃得过多，易使肉驴发生肠臌气。二是不要用堆积时间过长的菜叶类饲料（如萝卜叶、白菜叶等）。因它们含有硝酸盐，腐败菌能把硝酸盐还原为亚硝酸盐，驴吃了后会导致中毒。三是不要喂玉米苗、高粱苗、亚麻叶。因为它们含有氰苷，驴吃了之后胃内会生成氢氰酸，导致肉驴中毒。四是不要用单一的青绿饲料育肥肉驴。青绿饲料是育肥肉驴不可缺少的优质饲料，但它含水分过多，含干物质少。如果只用青绿饲料喂肉驴（特别是育肥后期的肉驴），它虽然吃得很饱，但其机体吸取的干物质能量不能满足长肉和沉积脂肪的需要。所以，在用青绿饲料育肥肉驴时，一定要掺入适量干青草、谷物饲料（玉米、高粱等）和蛋白质饲料（豆饼、花生饼等），这样，育肥效果才能更加显著。

1. 常见的牧草

（1）黑麦草　黑麦草（图 5-1）属禾本科，黑麦草属，一年生或多年生草本。黑麦草高 0.3 ～ 1 米，叶坚韧、深绿色，小穗长在“之”字形花轴上，是重要的栽培牧草和绿肥作物。其本属约有 10 种，我国有 7 种，其中多年生黑麦草和多花黑麦草是具有经济价值的栽培牧草。

黑麦草粗蛋白 4.93%，粗脂肪 1.06%，无氮浸出物 4.57%，钙 0.075%，磷 0.07%。其中粗蛋白、粗脂肪比本地杂草含量高出 3 倍。在春、秋季生长繁茂，草质柔嫩多汁，适口性好，是驴羊的好饲料。供草期为 10 月至次年 5 月，夏天不能生长。

图5-1 黑麦草

（2）紫花苜蓿　紫花苜蓿（图 5-2）别名紫苜蓿、苜蓿、苜蓿花，是豆科蝶形花亚科苜蓿属，多年生草本植物，有“牧草之王”的称号，是当今世界种植面积最大、分布国家最广的优良栽培牧草。

图5-2 紫花苜蓿

紫花苜蓿具有产草量高、适口性强、茎叶柔嫩鲜美的特点。青饲、青贮、调制青干草、加工草粉、用于配合饲料或混合饲料，各类畜禽都最喜食，是养驴首选青绿饲料。苜蓿营养丰富，干物质中粗蛋白18.6%，粗脂肪2.4%，粗纤维35.7%，无氮浸出物34.4%，粗灰分8.9%。茎叶中含有丰富的蛋白质、矿物质、多种维生素及胡萝卜素，特别是叶片中含量更高。紫花苜蓿鲜嫩状态时，叶片重量占全株的50%左右，叶片中粗蛋白含量比茎秆高1～1.5倍，粗纤维含量比茎秆少一半以上。苜蓿干草喂畜禽可以替代部分粮食，据美国研究，按能量计算其替代率为1.6∶1，即1.6千克苜蓿干草相当于1千克粮食的能量。苜蓿富含蛋白质，如按能量和蛋白质综合效能，苜蓿的代粮率可达1.2∶1。

紫花苜蓿的利用

① 放牧利用：紫花苜蓿用于放牧时，以猪、鸡、马属家畜最适宜。用于放牧的草地要划区轮牧，以保持苜蓿的旺盛生机，一般放牧利用4～5天，间隔35～40天的恢复生长时间。应避免家畜在饥饿状态时采食苜蓿，放牧前要先喂以燕麦、苏丹草等禾本科干草，还能防止家畜腹泻。为了防止膨胀，可在放牧前口服普鲁卡因青霉素钾盐，成年畜每次量50～75毫克。

② 青刈舍饲：青饲是饲喂畜禽最为普通的一种方法，但应注意苜蓿的最佳收割时间，不同生长阶段影响紫花苜蓿的营养价值。青刈利用以在株高30～40厘米时开始为宜，早春掐芽和细嫩期刈割减产明显。紫花苜蓿的营养成分与收获时期关系很大，苜蓿在生长阶段含水量较高，但随着生长阶段的延长，干物质含量逐渐增加，蛋白质含量逐渐减少，粗纤维则显著增加，纤维的木质化加重。收割过晚，茎的总量增加，叶茎比变小，尽管收获量最大，但营养成分明显改变，饲用价值下降。由于苜蓿含水量大，畜禽青饲时应注意补充能量和蛋白质饲料，反刍家畜多食后易产生膨胀病，一般与禾本科牧草搭配使用。

③ 青贮利用：苜蓿青贮或半干青贮，养分损失小，具有青绿饲料的营养特点，适口性好，消化率高，能长期保存，畜牧业发达国家大都由以干草为重点的调制方式向青贮利用方式转变。主要采用半干青贮、包膜青贮和加添加剂青贮方式。

④ 制备干草：调制干草的方法很多，主要有自然干燥法、人工干燥法等。自然干燥法制得的苜蓿干草的营养价值和晾晒时间关系很大，其中粗蛋白、粗灰分、钙的含量和消化率随晾晒天数的增加而减少，粗纤维含量随晾晒天数延长而增加。米脂（1994）对苜蓿干物质消化率与其化学成分关系的统计分析结果表明，提高苜蓿消化利用率的关键是控制苜蓿纤维木质化程度和减少粗蛋白损失。由此看来适时收割和减少运输和干燥过程的叶片损失非常重要，因为苜蓿叶片的蛋白质含量占整体株的 80%以上。

人工干燥主要有 3 种形式。第一种方法是常温通风干燥。利用高速风力，将半干苜蓿所含水分迅速风干。第二种方法是低温烘干法。采用 50 ～ 70℃或 120 ～ 150℃温度将苜蓿水分烘干。第三种方法是高温快速干燥法。利用高温气流（可达 1100℃），将苜蓿在数分钟甚至数秒钟内水分含量降到 10%～ 12%。利用高温干燥，主要是制取高质量的草粉、草块或颗粒饲料，作为畜禽蛋白质和维生素补充料，便于运输、保存和饲料工业上的应用。

（3）紫云英　紫云英（图 5-3）又称红花草、翘摇，豆科黄芪属，黄芪属一年生或越年生草本植物，是重要的绿肥、饲料兼用作物。分布于中国的长江地区，生长于海拔 400 ～ 3000 米的地区，多生长在溪边、山坡及潮湿处，农村家庭的农田里常有种植。

紫云英养分含量和饲料价值均较高。紫云英植株中氮（N）、磷（P）、钾（K）的含量因生育期、组织器官、土壤及施肥的不同而异。一般花蕾期和初花期养分含量高于盛花期和结荚期。随着生育期的变化，鲜草产量增加，氮、磷、钾养分总量亦相应增加。紫云英各组织器官的养分平均含量（以干物质计）为N（氮）2.18％～5.50％，P_2O_5（五氧化二磷）0.56％～1.42％，K_2O（氧化钾）2.83％～4.30％，CaO（氧化钙）0.60％～1.86％，MgO（氧化镁）0.40％～0.93％。其中以叶和花中的氮、磷含量较高，茎秆中钾的含量较高。紫云英含有较多的蛋白质、脂肪、胡萝卜素及维生素C等，且纤维素、半纤维素、木质素较低，是一种优良牧草。

图5-3 紫云英

（4）羊草 羊草（图5-4）又名碱草，禾本科赖草属植物。羊草为禾本科多年生草本植物，是广泛分布的禾草，它是欧亚大陆草原区东部草甸草原及干旱草原上的重要建群种之一。我国东北部松嫩平原及内蒙古东部为其分布中心，在河北、山西、河南、陕西、宁夏、甘肃、青海、新疆等省（自治区）亦有分布。羊草最适合在我国东北、华北诸省（自治区）种植，在寒冷、干燥地区生长良好。春季返青早，秋季枯黄晚，能在较长的时间内提供较多的青饲料。

图5-4 羊草

羊草叶量多、营养丰富、适口性好，各类家畜一年四季均喜食，有“牲口的细粮”之美称。牧民形容说：“羊草有油性，用羊草喂牲口，就是不喂料也上膘。”羊草花期前粗蛋白含量一般占干物质的11%以上，分蘖期高达18.53%，且矿物质、胡萝卜素含量丰富。每千克干物质中含胡萝卜素49.5～85.87毫克。羊草调制成干草后，粗蛋白含量仍能保持在10%左右，且气味芳香、适口性好、耐贮藏。羊草产量高，增产潜力大，在良好的管理条件下，一般每公顷产干草3000～7500千克，产种子150～375千克。

（5）大米草　大米草（图5-5）又名食人草，禾本科米草属，多年生草本宿根植物。大米草原产于英国南海岸，是欧洲海岸米草和美洲米草的天然杂交种。在我国分布于辽宁、河北、天津、山东、江苏、上海、浙江、福建、广东、广西等地区的海滩上。

图5-5 大米草

嫩叶和地下茎有甜味，草粉清香，马、驴、骡、黄牛、水牛、山羊、绵羊、奶山羊、猪、兔皆喜食。根据7个月地上部分营养成分的分析，大米草粗蛋白含量在旺盛生长抽穗之前最高，可达13%，盛花期下降到9%左右；胡萝卜素含量变化大体和粗蛋白含量变化一致；粗灰分和钙的含量在秋末冬初比春夏高1倍。18种氨基酸5个月含量分析结果以谷氨酸和亮氨酸最高，天冬氨酸、丙氨酸次之，组氨酸与色氨酸及精氨酸最低。10种必需氨基酸和国外有代表性禾本科牧草的平均含量相比，6种（苯丙氨酸与亮氨酸及异亮氨酸、甲硫氨酸、苏氨酸、缬氨酸）超过，4种（赖氨酸和色氨酸、组氨酸、精氨酸）不及。

国外曾做过两个样品营养成分测定，其营养成分分别为：粗脂肪39%、40.5%，粗蛋白39.3%、45.5%，粗纤维63.6%、66%，无氮浸出物46%、48.5%。大米草对于反刍动物消化率也较高，是一种优良牧草。草场一般亩产鲜草1000～2000千克。茎叶比1∶(2.1～3.5)，较低滩面为1∶1.5左右（89次测重，启东）。

（6）皇竹草　皇竹草（图5-6），又称粮竹草、王草、皇竹、巨象草、甘蔗草，为多年生禾本科植物。皇竹草由象草和美洲狼尾草杂交选育而成，属四碳植物，是一种新型高效经济作物。竹草的优点为产量高，竞争力强，收获期青割适口性良好。适宜热带与亚热带气候栽培，喜温暖湿润气候。全国大部分地区都可栽种，特别是长江中上游地区的荒山和江河流域更佳。在新疆、北京、河南、山东等地也已成功种植。

图5-6 皇竹草

皇竹草叶量较多，叶质柔软，茎叶表面刚毛少，脆嫩多汁，适口性和饲料转化率都比象草高。皇竹草营养成分含量高，不同生长阶段，粗蛋白含量差别大。生长1个月高50厘米时粗蛋白含量10.8%，而生长3个月高150厘米时只含粗蛋白5.9%，幼嫩时含粗蛋白54.8%。皇竹草、象草植株各茎段的含糖量不同，皇竹草的平均锤度为5.2，比象草高8.3%，说明其可溶性含糖量较高，这对提高家畜的适口性有良好作用。

皇竹草的产草量和蛋白质含量都较象草高，使冬季缺草期缩短。每亩产草量15000～30000千克，是牛、马、羊、兔、鱼、鹅、鸭、鸵鸟等一切草食动物的良好饲料。

（7）象草　象草（图5-7）因大象爱吃而得名，象草又名紫狼尾草，禾本科狼尾草属。原产于非洲，是热带和亚热带地区广泛栽培的一种多年生高产牧草。我国在20世纪30年代从印度、缅甸等国引入广东、四川等试种，80年代已推广到广东、广西、湖南、四川、贵州、云南、福建、江西、台湾等省（自治区）栽培。其具有品质优质、适口性极好、利用年限长、用途较广等特点，有很高的经济价值，是热带和亚热带地区良好饲用植物之一，是我国南方饲养畜禽重要的青绿饲料。

图5-7 象草

象草具有较高的营养价值，风干物质粗蛋白10.58％，粗脂肪1.9％，粗纤维33.14％，无氮浸出物44.7％，粗灰分9.61％。象草内蛋白质含量和消化率均较高。如果按每亩年产鲜草 5000 ～ 30000 千克计算，每亩则可年产蛋白质 64.5 ～ 387 千克，这是其他热带禾本科牧草所不及的。

象草柔软多汁，适口性很好，利用率高，牛、马、羊、兔、鸭、鹅等喜食，幼嫩期也是养驴、养鱼的好饲料，一般多用作青饲，除四季给畜禽提供青饲料外，也可晒制成干草或青贮。

2. 多汁饲料

（1）根茎瓜类饲料　这类饲料具有总能高、粗纤维含量低、产量高、耐贮藏的特点，其副产品蔓秧也可作饲料。可分为以下几种：

① 胡萝卜：胡萝卜产量高，易栽培，耐贮藏，营养丰富，是驴重要的青绿饲料。其营养价值很高，大部分营养物质是无氮浸出物，并含有蔗糖和果糖，故具有甜味，蛋白质含量也较其他块根多。胡萝卜素含量尤为丰富，每千克胡萝卜中含胡萝卜素 36 毫克以上，一般胡萝卜的颜色越深，胡萝卜素的含量越高，一般每天喂给 1 ～ 2 千克即可满足需要。胡萝卜还含有多量的钾盐、铁盐、磷盐。胡萝卜的适口性好，驴喜食，喂给足量的胡萝卜对维持泌乳母驴的泌乳量及怀孕母驴保胎起到非常重要的作用。因熟喂会使胡萝卜素、维生素 C、维生素 E 遭到破坏，所以胡萝卜生喂。此外，胡萝卜叶青绿多汁，也是驴的良好饲料。

② 菊芋：菊芋又名洋姜、鬼子姜、姜不辣。在我国南北各地广泛分布，块茎和茎叶都是良好的饲料。菊芋的营养价值较高，块茎中富含蛋白质、脂肪和碳水化合物，菊芋糖的含量在 13% 以上。其茎叶的饲用价值也高于马铃薯和向日葵。菊芋块茎脆嫩多汁，营养丰富，适口性好，适合作泌乳驴的多汁饲料。

③ 萝卜：萝卜在我国南北各地均有栽培，其产量高，耐贮藏，粗蛋白含量较高，是有价值的多汁饲料，可作为驴冬春的贮备饲料。萝卜生、熟喂皆宜。由于略带辣味，适口性稍差，宜与其他饲料混喂。萝卜叶营养丰富，风干萝卜叶粗蛋白

含量在20%以上，其中一半是纯蛋白质，因而是驴优良的青绿多汁饲料。

④ 南瓜：南瓜又名倭瓜，营养丰富，耐贮藏，运输又方便。藤蔓也是良好的饲料，青饲、青贮皆宜。南瓜中无氮浸出物含量高，其中多为糖类。南瓜中还含有很多的胡萝卜素，适合喂各生长阶段的驴，尤其适合饲喂繁殖驴和泌乳驴。但早期收获的南瓜含水量较大，干物质少，适口性差，不耐贮藏。茎叶类饲料收获后，一般采用在室内堆藏或窖藏，也可制成青贮。贮藏前可稍加风干，除去表面水分，不同的种类应分开贮藏。根茎、瓜果喂前应洗净泥土、切碎（1～2厘米方块）后单独补饲或与精饲料拌和后饲喂，切忌用整块的根茎饲料喂驴，以免造成食管阻塞。根茎类饲料的茎叶和藤蔓切碎后生喂，也可干制或青贮，不宜单喂。

（2）菜叶、蔓秧和饲用蔬菜　菜叶是指菜用瓜果、豆类的叶子。种类多，来源广，数量大。按干物质计算，其能量高，易消化，尤其是豆类叶子，能量和蛋白质均较高。蔓秧是作物的藤蔓和幼苗，一般含粗纤维较多，幼嫩时营养价值较高。饲用蔬菜如白菜、甘蓝等，既可食用，又可当饲料。另外，在蔬菜旺季，大量剩余的蔬菜、次菜及菜帮均可作为青饲料喂驴。应新鲜饲喂，如一时不能喂完，应妥善贮存，防止一些硝酸盐含量较高的菜叶如白菜、萝卜、甜菜叶等由于堆放发热而致硝酸盐还原为亚硝酸盐，从而发生亚硝酸盐中毒现象。已经还原变质的饲草不得喂驴，以防中毒。

3. 水生饲料

其被称为“三水一萍”，“三水”即水浮莲、水葫芦、水花生，“一萍”即为绿萍。水生饲料具有生长快、产量高、不占耕地、利用时间长的优点。水生饲料质地柔软，细嫩多汁，营养价值较高，但生喂易感染蛔虫、姜片虫、肝片吸虫等寄生虫病。又因水生饲料含水率高达90%～95%，相对干物质含量低，不宜单独生喂，宜与其他饲料混合饲喂并注意消毒。

（二）青贮饲料

青贮饲料是将含水率为65%～75%的青绿饲料切碎后，利用青贮袋（见图5-8）、青贮池（见图5-9）、青贮壕等设施，在密闭缺氧的条件下，通过厌氧乳酸菌的发酵作用，抑制各种杂菌的繁殖，而得到的一种粗饲料。青贮饲料气味酸香、柔软多汁、适口性好、营养丰富、利于长期保存，是家畜优良饲料来源（视频5-1）。

视频5-1 青贮饲料的制作

图5-8 青贮袋

图5-9 青贮池

青贮饲料可以最大限度地保持青绿饲料的营养物质。一般青绿饲料在成熟和晒干之后，营养价值降低30%～50%。但在青贮过程中，由于密封厌氧，物质的氧化分解作用微弱，养分损失仅为3%～10%，从而使绝大部分养分被保存下来，特别是在保存蛋白质和维生素（胡萝卜素）方面要远远优于其他保存方法。

适口性好，消化率高。青绿饲料鲜嫩多汁，青贮使水分得以保存。青贮料含水量可达70%。同时在青贮过程中由于微生物发酵作用，产生大量乳酸和芳香物质，更增强了其适口性和消化率。此外，青贮饲料对提高家畜日粮内其他饲料的消化性也有良好作用。

可调剂青绿饲料供应的不平衡。由于青绿饲料生长期短，老化快，受季节影响较大，很难做到一年四季均衡供应。而青贮饲料一旦做成则可长期保存，保存年限可达2～3年或更长，因而可以弥补青绿饲料利用的时差之缺，做到营养物质的全年均衡供应。

可净化饲料，保护环境。青贮能杀死青绿饲料中的病菌、虫卵，破坏杂草种子的再生能力，从而减少对畜、禽和农作物的危害。另外，秸秆青贮已使长期以来焚烧秸秆的现象大为改观，使这一资源变废为宝，减少了对环境的污染。

但需注意，母驴妊娠期间不能饲喂青贮饲料。育肥驴可以饲喂，但饲喂量不宜过大，饲喂量过大易造成酸中毒，应与干草一起饲喂，干草占2/3，青贮饲料占1/3。

1. 青贮的类型

（1）青贮饲料　将含水率65%～75%的青绿粗饲料切碎后，在密闭缺氧的条件下，通过厌氧乳酸菌的发酵作用而获得的一类粗饲料产品。产品名称应标明粗饲料的品种，青贮好的饲料必须标明粗灰分、中性洗涤纤维、水分、青贮添加剂品种及用量。如玉米青贮饲料。

（2）黄贮饲料　以收获籽实后的农作物秸秆为原料，通过添加微生物菌剂、酸化剂、酶制剂等添加剂，有可能添加适量水，在密闭缺氧的条件下，通过厌氧乳酸菌的发酵作用而获得的一类粗饲料产品，包括压袋装产品。产品名称应标明农作物的品种，如玉米黄贮饲料。

（3）半干青贮（低水分青贮）　半干青贮也称作低水分青贮，它是指将青贮原料风干到含水率为45%～55%进行贮存的技术。主要用于豆科牧草。

原料含水率在45%～55%时，半风干的植物对腐败菌、酪酸菌及乳酸菌造成生理干燥状态，使其生长繁殖受到限制。因此，在青贮过程中，微生物发酵微弱，蛋白质不被分解，有机酸形成数量少。虽然霉菌在风干植物体上仍可大量繁殖，但在切碎紧实的厌氧环境下，其活动很快停止。低水分青贮因含水量较低，干物质相对较多，具有较多的营养物质。如1千克豆科和禾本科半干青贮饲料中含有45～55克可消化蛋白，40～50微克胡萝卜素。

微酸，有果香味，不含酪酸，pH为4.8～5.2，有机酸含量5.5%左右。优质的半干青贮呈湿润状态，深绿色，有清香味，结构完好。

半干青贮的调制方法与普通青贮基本相同，区别在于含水率在45%～55%。原料主要为牧草，当牧草收割后，平铺在地面上，在田间晾晒1～2天后，豆科牧草含水量应在50%，禾本科为45%，二者在切碎时充分混合，装填入窖必须踩实或压实。如用塑料袋作青贮容器，要防止鼠、虫咬破袋子，造成漏气而腐烂。

半干青贮适于人工种植牧草和草食家畜饲养水平较高的地方应用。近年来，有一些畜牧业比较发达的国家如美国、俄罗斯、加拿大、日本等广泛采用。我国的新疆、黑龙江一些地区也在推广应用。

（4）混合青贮　所谓混合青贮，是指2种或2种以上青贮原料混合在一起制作的青贮。混合青贮的优点是营养成分含量丰富，有利于乳酸菌的繁殖生长，提高青贮质量。混合青贮的种类及其特点如下：

① 与牧草混合青贮：多为禾本科与豆科牧草混合青贮。

② 高水分青贮原料与干饲料混合青贮：一些蔬菜废弃物（甘蓝苞叶、甜菜叶、白菜）、水生饲料（水葫芦、水浮莲）、秧蔓（如甘薯秧）等含水量较高的原料，与适量的干饲料（如

糠麸、秸秆粉）混合青贮。

③ 糟渣饲料与干饲料混合青贮：食品和轻工业生产的副产品如甜菜渣、啤酒糟、淀粉渣、豆腐渣、酱油渣等糟渣饲料有较高的营养价值，可与适量的糠麸、草粉、秸秆粉等干饲料混合贮存。

（5）秸秆微贮　秸秆微贮与青贮、氨化相比，更简单易学。只要把微生物秸秆发酵剂活化，然后均匀地喷洒在秸秆上，在一定的温度和湿度下，压实封严，在密闭厌氧条件下，就可以制作优质微贮秸秆饲料。微贮饲料安全可靠，微贮饲料菌种均对人畜无害，不论饲料中有无发酵剂存在，均不会对动物产生毒害作用，可以长期饲喂。用微贮秸秆饲料作驴的基础饲料可随取随喂，不需晾晒，也不需加水，很方便。

2. 青贮原料及青贮难易程度

适合制作青贮饲料的原料范围十分广泛。玉米、高粱、黑麦、燕麦等禾谷类饲料作物，野生及栽培牧草，甘薯、甜菜、芜菁等茎叶及甘蓝、牛皮菜、苦荬菜、猪苋菜、聚合草类等叶菜类饲料作物，树叶和小灌木的嫩枝等均可用于调制青贮饲料。

青贮原料因植物种类不同，含糖量的差异很大。根据含糖量的多少，青贮原料可分为以下三类。

（1）易青贮的原料　玉米、高粱、禾本科牧草、芜菁、甘蓝等，这些饲料中含有适量或较多的可溶性碳水化合物，青贮比较容易成功。

（2）不容易青贮的原料　苜蓿草、三叶草、草木樨、大豆、紫云英等豆科牧草和饲料作物含可溶性碳水化合物较少，需与易青贮的原料混贮才能成功。

（3）不能单独青贮的原料　南瓜蔓、甘薯藤等含糖量低，单独青贮不易成功，只有和其他易于青贮的原料混贮或者添加富含碳水化合物或者加酸青贮才能成功。常见作物的青贮难易程度见表 5-1。

表 5-1 常见饲用作物青贮含糖需要量和贮存难度

饲草品种	生长期	实际含糖量 /%	最低需糖量 /%	相差 /%	贮存难度
玉米全株	乳熟期	4.35	1.49	+2.86	易
玉米全株	蜡熟期	2.41	1.09	+1.32	易
高粱	乳熟期	3.13	0.95	+2.18	易
燕麦	—	3.85	2.03	+1.82	易
燕麦 + 毛苕子	开花期	2.0	2.0	0	易
红三叶再生草	开花期	1.90	1.37	+0.53	易
红三叶再生草	营养期	1.44	0.94	+0.50	易
蚕豆	荚成熟期	4.35	1.49	+2.86	易
豌豆	开花期	1.93	1.62	+0.31	易
紫花豌豆	开花期	1.47	1.26	0.21	易
向日葵	开花期	4.35	2.75	+1.60	易
甘蓝	—	3.36	0.63	+2.73	易
饲用甜菜	全生长期	3.09	1.35	+1.74	易
胡萝卜	成熟期	3.32	0.67	+2.65	易
油菜茎叶	—	5.35	1.39	+3.96	易
毛苕子	—	1.41	2.0	–0.59	难
白花草木樨	—	2.17	3.09	–0.92	难
苜蓿	—	3.73	9.50	–5.77	难
苋菜	—	1.44	1.85	–0.41	难
马铃薯茎叶	开花后	1.46	2.12	–0.66	难
直立蒿	花蕾期	1.31	1.36	–0.05	难

3. 常见的青贮饲料

（1）玉米青贮　青贮玉米饲料是指专门用于青贮的玉米品种。在蜡熟期收割，茎、叶、果穗一起切碎调制的青贮饲料。这种青贮饲料营养价值高，每千克相当于 0.4 千克优质干草。

青贮玉米的特点：

① 产量高：每公顷青物质产量一般为 5 万～6 万千克，个

别高产地块可达 8 万～ 10 万千克。在青贮饲料作物中，青贮玉米产量一般高于其他作物（指北方地区）。

② 营养丰富：每千克青贮玉米中，含粗蛋白 20 克，其中可消化蛋白质 12.04 克。维生素含量丰富，其中胡萝卜素 11 毫克，尼克酸 10.4 毫克，维生素 C 75.7 毫克，维生素 A 18.4 国际单位。矿物质元素含量也很丰富，其中钙 7.8、铜 9.4 毫克 / 千克、钴 11.7 毫克 / 千克、锰 25.1 毫克 / 千克、锌 110.4 毫克 / 千克、铁 227.1 毫克 / 千克。

③ 适口性强：青贮玉米含糖量高，制成的优质青贮饲料，具有酸甜、清香味，且酸度适中（pH 4.2），家畜习惯采食后都很喜食。

调制玉米青贮饲料的技术要点：

① 适时收割：专用青贮玉米的适宜收割期在蜡熟期，即籽粒剖面呈蜂蜡状，没有乳浆汁液，籽粒尚未变硬。此时收割不仅茎叶水分充足（70%左右），而且单位面积土地上营养物质产量最高。

② 收割、运输、切碎、装贮等要连续作业：青贮玉米柔嫩多汁，收割后必须及时切碎、装贮，否则，营养物质将损失。最理想的方法是采用青贮联合收割机，将收割、切碎、运输、装贮等多项作业连续进行。

③ 采用砖、石、水泥结构的永久窖装贮：因青贮玉米水分充足，营养丰富，为防止汁液流失，必须用永久窖装贮。如果用土窖装贮，窖的四周要用塑料薄膜铺垫，绝不能使青贮饲料与土壤接触，防止土壤吸收水分而造成霉变。

（2）玉米秸秆青贮饲料　玉米籽实成熟后先将籽实收获，再将秸秆进行青贮的饲料，称为玉米秸秆青贮饲料。在华北、华中地区，玉米收获后，叶片仍保持绿色，茎叶水分含量较高。但在东北、内蒙古及西北地区，玉米多为晚熟型杂交种，多数在降霜前后才能成熟。由于秋收与青贮同时进行，人力、运输力矛盾突出，青贮工作经常被推迟到 10 月中、下旬，此时秸秆干枯。若要调制青贮饲料，必须添加大量清水，而加水量又不易掌握，且难以和切碎秸秆拌匀。水分多时，易形成醋酸或酪酸发酵；而水分不足时，易形成好氧高温发酵而霉烂。所以调制玉米秸秆青贮饲料，要掌握以下关键技术环节：

① 选择成熟期适当的品种：其基本原则是籽实成熟而秸秆上又有一定数量绿叶（1/3 ～ 1/2），茎秆中水分较多。要求在当地降霜前 7 ～ 10 天籽实成熟。

② 晚熟玉米品种要适时收获：对晚熟玉米品种要求在籽实基本成熟，不减产或少量减产的最佳时期收获，降霜前进行青贮，使秸秆中保留较多的营养物质和较好的青贮品质。

③ 严格掌握加水量：玉米籽实成熟后，茎秆中水分含量一般在 50%～ 60%，茎下部叶片枯黄，必须添加适量清水，把含水率调整到 70%左右。作业前测定原料的含水率，计算出应加水量。

（3）牧草青贮　牧草不仅可调制干草，而且也可以制作成青贮饲料。在长江流域及以南地区，北方地区的 6 ～ 8 月雨季，可以将一些多年生牧草如苜蓿、草木樨、红豆草、沙打旺、红三叶、白三叶、冰草、无芒雀麦、老芒麦、披碱草等调制成青贮饲料。牧草青贮要注意以下技术环节：

① 正确掌握切碎长度：通常禾本科牧草及一些豆科牧草（苜蓿、三叶草等）茎秆柔软，切碎长度应为 3 ～ 4 厘米。沙打旺、红豆等茎秆较粗硬的牧草，切碎长度应为 1 ～ 2 厘米。

② 豆科牧草不宜单独青贮：豆科牧草蛋白质含量较高而糖分含量较低，满足不了乳酸菌对糖分的需要，单独青贮时容易腐烂变质。为了增加糖分含量，可与禾本科牧草或饲料作物混合青贮。如添加 1/4 ～ 1/3 的水稗草、青割玉米、苏丹草、甜高粱等。当地若有制糖的副产物如甜菜渣（鲜）、糖蜜、甘蔗上梢及叶片等，也可以混在豆科牧草中，进行混合青贮。

③ 禾本科牧草与豆科牧草混合青贮：禾本科牧草有些水分含量偏低（如披碱草、老芒麦）而糖分含量稍高，而豆科牧

草水分含量稍高（如苜蓿、三叶草），二者进行混合青贮，优劣可以互补，营养又能平衡。

（4）秧蔓、叶菜类青贮　这类青贮原料主要有甘薯秧、花生秧、瓜秧、甜菜叶、甘蓝叶、白菜等，其中花生秧、瓜秧含水量较低，其他几种含水量较高。制作青贮饲料时，需注意以下几项关键技术：

① 高水分原料经适当晾晒后青贮：甘薯秧及叶菜类含水率一般在 80%～90%，在条件允许时收割后晾晒 2～3 天，以降低水分。

② 添加低水分原料，实施混合青贮：在雨季或南方多雨地区，对高水分青贮原料，可以和低水分青贮原料（如花生秧、瓜秧）或粉碎的干饲料实行混合青贮。制作时，务必混合均匀，掌握好含水率。

此类原料多数柔软蓬松，填装原料时应尽量踩踏，封窖时窖顶覆盖泥土，以 20～30 厘米厚度为宜。若覆土过厚，压力过大，青贮饲料则会下沉较多，原料中的汁液被挤出，造成营养损失。

4. 青贮饲料饲喂注意事项

原汁原味的青贮饲料原则上不可以喂马、驴、骡等家畜。一方面青贮饲料属于酸性饲料，如果用来饲喂马属动物会使其牙齿周围的神经受到麻痹，直接影响牙齿的咀嚼功能，使其无法采食和咀嚼。另一方面青贮饲料属于通过微生物发酵制成的酸性饲料，它的消化过程仍需要在有益微生物发酵的环境下进行，马属动物不具备这样的消化功能而无法利用它的优势；其次是青贮饲料在消化过程中会产生大量气体，反刍动物通过反刍嗳气的过程可以不断排出，而马属动物没有反刍的功能。所以如果马属动物食用青贮饲料后，在胃肠道内产生大量气体就很容易引起胃扩张和肠道臌气，严重时会在短时间内引起家畜死亡，给养殖户造成不必要的损失。

若需饲喂马属动物青贮饲料，就要把握好青贮饲料的饲喂量及做一些相关处理等，防止有机酸中毒。畜牧专家建议：

① 每次饲喂时，可将青贮饲料与精饲料或干草充分混匀，定时定量。饲喂后，及时清理饲槽中残渣。

② 添加适量的小苏打（可拌入饲料中，也可兑水冲开饮用），以缓冲青贮饲料的酸度。

③ 可以在饲喂前将青贮饲料进行晾晒，降低酸度，但同时也会使青贮饲料价值降低。

④ 饲喂量不宜过多，可按青贮：干草 =1 ：1 的量饲喂，同时要注意精饲料的喂量，把握好其体内酸度，若精饲料量大，就应减少青贮的喂量，且适量增加小苏打喂量。

⑤ 母驴孕期不宜饲喂青贮，避免其流产；因公驴需要碱性体液环境，所以建议尽量少喂或者不喂。

⑥ 若是突然增加青贮饲料饲喂马属动物，要有一个过渡期，一点点添加，使其能较快适应。

（三）粗饲料

粗饲料是指在饲料中天然水分含量在 45% 以下，干物质中粗纤维含量大于或等于 18% 的一类饲料。粗饲料为驴的重要饲料。该类饲料包括干草类、农副产品类（农作物的荚、蔓、藤、壳、秸、秧等）、树叶类、糟渣类。

粗饲料体积大重量轻，粗纤维含量高，其主要的化学成分是木质化和非木质化的纤维素、半纤维素，营养价值通常较其他类别的饲料低，其消化能含量一般不超过 2.5 兆卡 / 千克（1 卡 =4.1868 焦耳）（按干物质计），有机物消化率通常在 65% 以下。粗纤维的含量越高，饲料中能量就越低，有机物的消化率也随之降低。一般干草类含粗纤维 25%～30%，秸秆、秕壳含粗纤维 25%～50%。不同种类的粗饲料蛋白质含量差异很大，豆科干草含蛋白质 10%～20%，禾本科干草 6%～10%，而秸秆科秸秆和秕壳为 3%～4%。维生素 D 含量丰富，其他维生素较少，含磷较少，较难消化。从营养价值比较：干草比秸秆和秕壳类好，豆科比禾本科好。绿色比黄色好，叶多的比叶少的好。

驴是食草家畜，日粮中必须有一定数量的粗饲料。粗饲料应是驴日粮的主体，精料只作高生产性能时的补充，科学合理地选用粗饲料可提高驴的养殖效益。而且这类饲料来源广、资源丰富，但营养品质因来源和种类的不同差异较大。为了充分合理地利用这类粗饲料，必须采用科学合理的加工调制方法，以提高其饲用价值。

1. 干草

干草是指青草（或青绿饲料作物）在未结籽实前刈割，然后经自然晒干或人工干燥调制而成的饲料产品，主要包括豆科干草、禾本科干草和野杂干草等。目前在规模化驴场生产中大量使用的干草除野杂干草外，主要是北方生产的羊草和苜蓿干草，前者属于禾本科，后者属于豆科。

（1）栽培牧草干草　在我国农区和牧区人工栽培牧草已达四五百万公顷。因各地气候、土壤等自然环境条件不同，主要栽培牧草有近 50 个品种。三北地区主要是苜蓿、草木樨、沙打旺、红豆草、羊草、老芒麦、披碱草等，长江流域主要是白三叶、黑麦草，华南亚热带地区主要是柱花草、山蚂蟥、大翼豆等。用这些栽培牧草所调制的干草，质量好、产量高、适口性强，是畜禽常年必需的主要饲料成分。

栽培牧草调制而成的干草其营养价值主要取决于原料饲草的种类、刈割时间和调制方法等因素。一般而言，豆科干草的营养价值优于禾本科干草，特别是前者含有较丰富的蛋白质和钙，其蛋白质含量一般在 15%～24%之间，但在能量价值上二者相似，消化能含量一般在 2.3 兆卡 / 千克左右。人工干燥的优质青干草特别是豆科青干草的营养价值很高，与精饲料相接近，其中可消化粗蛋白含量可达 13%以上，消化能可达 3.0

兆卡 / 千克。阳光下晒制的干草中含有丰富的维生素 D_2，是动物维生素 D 的重要来源，但其他维生素却因日晒而遭受较大的破坏。此外，干燥方法不同，干草养分的损失量差异很大。如地面自然晒干的干草，营养物质损失较多，其中蛋白质损失高达 37%；而人工干燥的优质干草，其维生素和蛋白质的损失则较少，蛋白质的损失仅为 10%左右，且含有较丰富的 β- 胡萝卜素。

（2）野干草　野干草是在天然草地或路边、荒地采集并调制成的干草。由于原料草所处的生态环境、植被类型、牧草种类和收割与调制方法等不同，野干草质量差异很大。一般而言，野干草的质量比栽培牧草干草要差。东北及内蒙古东部生产的羊草，如在 8 月上中旬收割，干燥过程不被雨淋，其质量较好，粗蛋白含量达 6%～8%。而在南方地区农户收集的野（杂）干草，常含有较多泥沙等，其营养价值与秸秆相似。野干草是广大牧区牧民们冬春必备的饲草，尤其是在北方地区。

2. 秸秆

秸秆饲料是指农作物在籽实成熟并收获后的残余副产品，即茎秆和枯叶。我国各种秸秆年产量为 5 亿～ 6 亿吨，约有 50%用作燃料和肥料，30%左右用作饲料，另外 20%用作其他，其中不少在收割季节被焚烧于田间。秸秆饲料包括禾本科、豆科和其他，禾本科秸秆包括稻草、大麦秸、小麦秸、玉米秸、燕麦秸和粟秸（谷草）等，豆科秸秆主要有大豆秸、蚕豆秸、豌豆秸、花生秸等，其他秸秆有油菜秆、枯老苋菜秆等。稻草、麦秸、玉米秸是我国主要的三大秸秆饲料。其优劣顺序为：花生秸、豌豆秸、大豆秸、高粱秸、荞麦秸、谷草、稻草、小麦秸。

秸秆饲料一般营养成分含量较低，表现为蛋白质、脂肪和糖类含量较少，能量价值较低，消化能含量低于 2.0 兆卡 / 千克；除了维生素 D 外，其他维生素都很贫乏，钙、磷含量低且利用率低；而纤维含量很高，其粗纤维高达30%～45%，且木质化程度较高，木质素比例一般为6.5%～12%。质地坚硬粗糙，适口性较差，可消化性低。因此，秸秆饲料不宜单独饲喂，而应与优质干草配合饲用，或经过合理的加工调制，提高其适口性和营养价值。

（1）玉米秸秆　玉米是我国的主要粮食作物。玉米秸秆（图5-10）作为玉米生产的副产品，其产量约22400万吨。其产量高、资源丰富，是饲草加工发展的首选品种。作为一种饲料资源，玉米秸秆含有丰富的营养和可利用的化学成分，可用作畜牧业饲料的原料。长期以来，玉米秸秆就是牲畜主要粗饲料的原料之一。

图5-10 玉米秸秆

有关化验结果表明，玉米秸秆含有30%以上的碳水化合物，2%～4%的蛋白质，0.5%～1%的脂肪，粗纤维37.7%，无氮浸出物48.0%，粗灰分9.5%，既可青贮，也可直接饲喂。就食草动物而言，2 千克的玉米秸秆增重净能相当于 1 千克的玉米籽粒，特别是经青贮、黄贮、氨化及糖化等处理后，可提高利用率，效益将更可观。据研究分析，玉米秸秆中所含的消化能为 235.8 兆焦 / 千克，且营养丰富，总能量与牧草相当。玉米秸秆必须粉碎以后饲喂。对玉米秸秆进行精细加工处理，制作成高营养性畜饲料，不仅有利于发展畜牧业，而且通过秸秆过腹还田，更具有良好的生态效益和经济效益。

近年来，随着我国畜牧业的快速发展，秸秆饲料加工新技术也层出不穷。采用机械工程、生物和化学等技术手段，完成玉米秸秆的收获、饲料加工、贮藏、运输、饲喂等过程，实现了集中规模化加工，开拓了饲料利用的新途径。

（2）稻草　水稻，属须根系，是一年生禾本科植物，高约 1.2 米，叶长而扁，圆锥花序由许多小穗组成。稻草（图 5-11），水稻的茎，一般指脱粒后的水稻秆。

图5-11 稻草

干稻草的营养价值比较低，稻草粗糙，适口性差，不利于驴采食，也不利于驴的消化和吸收。驴对稻草的消化率低于50%。据测定，稻草含粗蛋白3%～5%、粗脂肪1%，灰分含量高，但钙、磷所占比例较小。磷含量在0.02%～0.16%之间，低于草食家畜的生长和繁殖的营养需要。稻草中缺钙，因此，在以稻草为主的日粮中应补充钙。不能长期单纯喂稻草，必须与玉米、麦麸、米糠、块根茎类饲料（尤以含胡萝卜素较多的甘薯为优）、豆饼、青贮料、青绿饲料等配合饲喂。为了提高稻草的饲用价值，除了添加矿物质和能量饲料外，常对稻草进行氨化、碱化等适当处理，把稻草变成适口性好、营养丰富、有利于消化吸收的优良饲料。

水稻收获应选择晴天收割，脱去谷粒后，平铺在干爽的稻田中晾晒，尽量摊薄些，每日翻动2～3次，在2～3天内晒干、捆起。贮藏在干燥地方，防止潮湿、雨淋，保持新鲜青绿色彩。若暴晒时间过长，由于阳光破坏和雨露的浸润，品质老化，其营养物质消耗和损失；若遇雨天，常引起发霉，而丧失饲喂价值。

（3）芦苇　芦苇（图5-12）多年生水生或湿生的高大禾草，生长于池沼、河岸、河溪边多水地区，常形成苇塘。世界各地均有生长，在我国则广泛分布，其中以东北地区、内蒙古、新疆、华北平原等为大面积集中分布地区。

芦苇是驴的优质草料，干物质中蛋白质11.4%，粗纤维27.9%，可以做青贮饲料，也可以做风干饲料，耐贮藏。

（4）谷草　谷草（图5-13）是禾本科植物粟收获谷穗后的秸秆等茎叶部分的统称，符合驴对饲草“干、脆、硬”的要求，是喂驴的主要饲草，是一种优质的秸秆类饲草。谷草味甜，适口性好，可消化粗蛋白、可消化总养分较稻草、麦秸高。干物质中蛋白质含量8.8%左右，粗纤维24%，并含有一定量的钙质，适量饲喂对驴无不良影响。但长期喂谷草对驴的肾脏有害，表现为关节肿胀、跛行、骨质疏松。

图5-12 芦苇

图5-13 谷草

（5）大豆秸秆　大豆秸秆（图 5-14）饲料来源广、数量大，可直接节省大量的精饲料粮食，百斤秸秆可代替 3 千克粮食。

饲喂草食动物或作为配制全价饲料的基础日粮，对草食家畜的饲养和增重，提高圈养存栏率，提高饲料报酬和经济效益均有良好的作用。

图5-14 大豆秸秆

我国的大豆秸秆资源有非常大的利用潜能。充分利用这一资源，发展节粮型畜牧业，是农业产业化的重要内容与发展方向。

大豆秸秆所蕴含的高蛋白是牲畜饲料的最佳选择。但豆秸中粗纤维含量高，质地坚硬，需要进行加工调制后才能被驴充分利用。经过加工处理后的大豆秸，可增加适口性、提高消化率、提高营养价值。加工的方法有大豆秸氨化、大豆秸微贮和制作大豆秸颗粒饲料。

（6）花生蔓 花生蔓（图 5-15）也叫花生秧，花生是中国北方地区的主要农作物，每年花生秧的产量为 2700 万～ 3000 万吨。花生秧营养丰富，特别是含有粗蛋白、粗脂肪、各种矿物质及维生素，而且适口性好，质地松软，是畜禽的优质饲料。多年来一直被用作牛、驴、羊、兔等草食动物的粗饲料。用花生蔓喂畜禽是农村广辟饲料资源，减少投入，提高养殖效益，发展节粮型畜牧养殖业的重要途径。

图5-15 花生蔓

花生蔓中的粗蛋白含量相当于豌豆秸的1.6倍，稻草的16倍，麦秸的23倍。花生蔓的能量、粗蛋白、钙含量较高，粗纤维含量适中，各种营养比较均衡。在众多作物秸秆中，花生蔓的综合营养价值仅次于苜蓿草粉，明显高于玉米秸、大豆秸。

需要注意花生蔓易霉变，应及时晾晒，怀孕母驴饲喂霉变的花生蔓可造成流产。还要在收获时去除地膜等杂质。

（7）甘薯蔓　甘薯属一年生或多年生蔓生草本，又名山芋、番薯、红薯、白薯、地瓜、红苕等，因地区不同而有不同的名称。甘薯是一种高产而适应性强的粮食作物，与工农业生产和人民生活关系密切。块根除作主粮外，也是食品加工、淀粉和酒精制造工业的重要原料，根、茎、叶又是优良的饲料。

甘薯蔓（图 5-16）的营养价值高，仅次于苜蓿干草。盛夏至初秋，是甘薯蔓旺长的季节。这段时间的甘薯蔓适口性好，容易消化，饲用价值高，是喂驴的好饲料。鲜甘薯蔓采收后可以直接鲜喂，而半干半湿的时候不可喂驴，驴食用易得“结症”。

图5-16 甘薯蔓

甘薯蔓采收后应去除薄膜及杂质，并及时晒干，可以粉碎制成甘薯蔓粉、青贮、微贮和加工成颗粒饲料等。

3. 秕壳、藤蔓类

（1）秕壳　秕壳是指农作物种子脱粒或清理种子时的残余副产品，包括种子的外壳和颖片等，如砻糠（即稻谷壳）、麦壳，也包括二类糠麸如统糠、清糠、三七糠和糠饼等。与其同种作物的秸秆相比，秕壳的蛋白质和矿物质含量较高，而粗纤维含量较低。禾谷类荚壳中，谷壳含蛋白质和无氮浸出物较多，粗纤维较低，营养价值仅次于豆荚。但秕壳的质地坚硬、粗糙，且含有较多泥沙，甚至有的秕壳还含有芒刺。因此，秕壳的适口性很差，大量饲喂很容易引起动物消化道功能障碍，应该严格限制喂量。

（2）荚壳　荚壳类饲料是指豆科作物种籽的外皮、荚皮，主要有大豆荚皮、蚕豆荚皮、豌豆荚皮和绿豆荚皮等。与秕壳类饲料相比，此类饲料的粗蛋白含量和营养价值相对较高，对驴的适口性也较好，适于养驴利用。棉籽壳、玉米芯等经过适当粉碎，可与其他粗饲料搭配使用，棉籽壳含少量棉酚，饲喂时应与青绿块根饲料配合利用。

（3）藤蔓　主要包括甘薯藤、冬瓜藤、南瓜藤、西瓜藤、黄瓜藤等藤蔓类植物的茎叶。其中甘薯藤是常用的藤蔓饲料，具有相对较高的营养价值，可用作喂驴饲料。

4. 其他非常规粗饲料

其他非常规粗饲料主要包括：风干树叶类、糟渣等。可作为饲料使用的树叶类主要有松针、桑叶、槐树叶等，其中桑叶和松针的营养价值较高。糟渣饲料主要包括啤酒糟、白酒糟、玉米淀粉渣等，此类饲料的营养价值相对较高，是喂驴的良好饲料。

（1）啤酒糟　啤酒糟，是啤酒工业的主要副产品，是以大麦为原料，经发酵提取籽实中可溶性碳水化合物后的残渣。啤酒糟其实并不是真正意义上的酒糟，它是啤酒厂麦芽进行糖化工艺，过滤后直接得到的滤渣，是没有经过酿酒发酵的糟。

啤酒糟主要由麦芽的皮壳、叶芽、不溶性蛋白质、半纤维素、脂肪、灰分及少量未分解的淀粉和未洗出的可溶性浸出物组成。啤酒生产所采用原料的差别以及发酵工艺的不同，使得啤酒糟的成分不同，因此在利用时要对其组成进行必要的分析。总的来说，啤酒糟含有丰富的粗蛋白和微量元素，具有较高的营养价值。谢幼梅等分析指出，啤酒糟干物质中含粗蛋白 25.13%、粗脂肪 7.13%、粗纤维 13.81%、灰分 3.64%、钙 0.4%、磷 0.57%；在氨基酸组成上，赖氨酸占 0.95%、甲硫氨酸 0.51%、胱氨酸 0.30%、精氨酸 1.52%、异亮氨酸 1.40%、亮氨酸 1.67%、苯丙氨酸 1.31%、酪氨酸 1.15%；还含有丰富的锰、铁、铜等微量元素。

啤酒糟含水量大，能量较高，糖分较高，很容易变质酸败。所以，新鲜啤酒糟必须尽快运回养殖场。饲喂啤酒糟时一定要保证新鲜，对一时喂不完的要及时进行发酵和密封处理保存。如需要贮藏，则以窖贮效果好，干晒干贮藏。夏季啤酒糟应当日喂完，同时每日每头可添加 150 ～ 200 克小苏打。注意保持营养平衡。啤酒糟粗蛋白含量虽然丰富，但钙磷含量低且比例不合适，因此饲喂时应提高日粮精料的营养浓度，同时注意补钙。不宜把糟渣类饲料作为日粮的唯一粗料，应和干粗料、青贮饲料搭配。与青贮料搭配时，应在日粮中添加碳酸氢钠。

注意饲喂时期。对产后 1 个月内的泌乳母驴应尽量不喂或喂少量啤酒糟以免加剧营养负平衡状态和延迟生殖系统的恢复，对发情配种产生不利影响。

（2）白酒糟　白酒生产中，以一种或几种谷物或者薯类为原料，以稻壳等为填充辅料，经固态发酵、蒸馏提取白酒后的残渣，称为白酒糟。有湿酒糟和经烘干粉碎的干酒糟两种。

酒糟是蛋白质、脂肪、维生素及矿物质的良好来源，并含未知生长因子。一般而言，甲硫氨酸及胱氨酸稍高，赖氨酸则明显不足。以玉米、高粱等谷类为原料的成分较佳；以薯类为原料的，粗纤维、粗灰分含量均高，因而饲养价值低，且其所含粗蛋白消化率差；以糖蜜为原料者，粗蛋白低，维生素 B_2、泛酸含量高，所含粗灰分特多。

酒糟在鲜重状态下具有含水量高、体表面积大、营养成分含量少、受原辅料变更影响大、不易贮存、适口性好、价值低廉等特点，是肉驴饲养业中粗饲料的一大来源，合理应用，可以大大降低肉驴的生产成本。

饲喂时，酒糟可以占日粮总营养价值的35%～45%。利用酒糟饲喂驴时应当注意逐渐过渡。喂白酒糟时，要采取由少到多、逐渐增加的办法来过渡，一般需要1周的适应期。不宜把酒糟作为日粮的唯一粗饲料，应当和干粗料、青贮料配合。长期使用白酒糟时，日粮中应补充维生素A，每头每日1万～10万国际单位。酒糟与其他饲料要搅拌均匀后饲喂。酒糟应新鲜，若需贮藏，以窖贮效果为好，发霉变质的酒糟不能用于饲喂。

（3）玉米淀粉渣　玉米淀粉渣是以玉米为原料生产淀粉的主要下脚料，玉米淀粉渣中含有约2%的葡萄糖、25%的蛋白质和28%的脂肪。长期以来，玉米淀粉渣一直作为饲料直接进行饲喂，但由于玉米淀粉渣在生产过程中要使用亚硫酸水浸泡，长期大量饲喂含有亚硫酸的玉米淀粉渣，可使末梢神经产生脱鞘性变，导致一系列神经症状，如跛行、截瘫，便血、乳腺炎及流产等中毒症状以及维生素A、维生素D、维生素E的缺乏症。此外，玉米淀粉渣中的蛋白质大多是醇溶蛋白，其不溶于水且缺乏赖氨酸、色氨酸等必需氨基酸，将其直接作为饲料虽有一定的效果，但直接饲喂利用效率低，饲喂价值并不高。

用玉米淀粉渣喂家畜时，应少量间断饲喂或用清水漂洗后饲喂，可减少亚硫酸的含量。在饲喂时应补充足够的维生素，特别是维生素A、维生素D、维生素E。并增加青绿饲料及蛋白质、钙磷丰富的饲料。受孕和产后母畜最好不喂此种粉渣。注意在贮存过程中玉米淀粉渣极易变质。

（4）豆腐渣　豆腐渣是来自豆腐、豆奶工厂的加工副产品，为黄豆浸渍成豆乳后，部分蛋白质被提取，过滤所得的残渣。过去主要供食用，现多作饲料。

豆腐渣的干物质中粗蛋白、粗纤维和粗脂肪含量较高，维生素含量低且大部分转移到豆浆中，与豆类籽实一样含有抗胰蛋白酶因子。以干物质为基础进行计算，其蛋白质含量为19%～29.8%，并且豆渣中的蛋白质含量受加工的影响特别大，特别是受滤浆时间的影响，滤浆的时间越长，则豆渣中的可溶性营养物质包括蛋白质越少。

鲜豆腐渣含水量高，易酸败。注意生豆腐渣含有有毒物质，不可直接生喂，喂前应将其加热煮沸15分钟以分解毒素，增强适口性，提高蛋白质吸收利用率。过量饲喂豆腐渣易腹泻。豆腐渣营养不全，不可单一投喂，要搭配一定比例的玉米、糠麸和矿物质元素，加喂一些青绿饲料，以满足驴生长发育需要。豆腐渣含水量大，放置久了会引起部分有机酸分解，容易分解变质，饲喂时尽可能保持新鲜。若有轻度酸味，喂前应在每千克豆腐渣中加50克石灰粉或小苏打粉，搅拌均匀，以中和醋酸，提高食欲。严重酸败变质的豆腐渣，切勿饲喂。豆腐渣中粗蛋白含量低且品质差，必须和其他饲料配合，一般不超过饲料量的1/3，不可过量饲喂，喂量过大易引起消化不良。

（5）树叶嫩枝　用树叶嫩枝作饲料，在我国已较普遍。有的已形成工厂化生产，加工各种叶粉。可用作饲料的树种有刺槐、榆树、桑树、桐树、构树、白杨、笤条、柠条等。树叶饲料含有丰富的蛋白质、胡萝卜素和粗脂肪。这类饲料有增强家畜食欲的作用。营养价值随树种和季节不同而变化。树叶饲料常含有单宁物质，含量在2%以下时，有健胃收敛作用；超过限量时，对消化不利。树叶饲料的采集比较费事，但这类饲料与人类不争粮食，值得大力开发。

（四）能量饲料

能量饲料是指天然水分含量在45%以下，每千克干物质中粗纤维的含量在18%以下，可消化能含量高于10.46兆焦/千克，蛋白质含量在20%以下的饲料。其中消化能高于12.55兆焦/千克的称为高能量饲料。能量的基本来源为碳水化合物和脂肪。

能量饲料主要包括谷物籽实类饲料，如玉米、稻谷、大麦、小麦、高粱、燕麦等；谷物籽实类加工副产品，如米糠、小麦麸等；富含淀粉及其他糖类的根、茎、瓜类饲料等。谷实类、麸糠类是驴养殖最常用的能量饲料。

（1）玉米　玉米是最重要的能量饲料，是养驴精饲料中主要的能量饲料。与其他谷物饲料相比，玉米粗蛋白水平低，但能量值最高。以干物质计，玉米中淀粉含量可达70%，粗纤维含量低。玉米蛋白质含量为7.8%～9.4%，可消化能含量与小麦相近，约14兆焦/千克。但是玉米所含蛋白质的质量差，缺少赖氨酸、甲硫氨酸、色氨酸等必需氨基酸，使用时应注意与饼（粕）、鱼粉或合成氨基酸搭配。玉米钙含量0.02%，磷含量0.27%，与其他谷物饲料相似。玉米钙少磷多，其他元素也不能满足家畜的营养需要，必须在配制日粮时给予补充。

磨碎与压扁是最常用的提高玉米利用率的加工方法，压扁比磨碎的效果更好。有条件时可用热蒸汽软化压片，消化利用更好。熟化玉米有利于提高其消化利用率，因此玉米经蒸汽处理后再压扁可能为最好的利用方式。北方冬季可将粗粉碎的玉米煮熟后喂驴，夏季粉碎后直接喂即可。贮存时含水量控制在14%以下，可防发霉变质。粉碎后的玉米不宜久存，发霉变质后喂驴，易引起中毒。

（2）大麦　大麦是裸大麦和皮大麦的总称，又名元麦、青稞、米麦。大麦的粗蛋白含量高于玉米，为11%～13%，粗蛋白含量在谷类籽实中是比较高的；粗纤维含量略高，可消化能值为13～13.5兆焦/千克，略低于玉米。大麦的蛋白质品质较好，其中赖氨酸含量高出玉米1倍；矿物质含量也比较高。在欧洲及北美多以大麦作为主要的精饲料。发芽的大麦是严寒冬季家畜的维生素补充饲料，用于补饲犊驴、种驴和商品肉驴。

大麦的无氮浸出物的含量也比较高（77.5%左右），但由于大麦籽实外面包裹一层质地坚硬的硬壳，种皮的粗纤维含量较高（整粒大麦为5.6%），为玉米的2倍左右，所以有效能值较低，一定程度上影响了大麦的营养价值。糖类含量较玉米少。热能较低，代谢能仅为玉米的89%。大麦矿物质中钾和磷含量丰富，其中磷的63%为植酸磷。其次还含有镁、钙及少量铁、铜、锰、锌等。大麦富含B族维生素，包括维生素B_1、维生素B_2和泛酸。虽然烟酸含量也较高，但利用率只有10%。脂溶性维生素A、维生素D、维生素K含量较低，少量的维生素E存在于大麦胚芽中。

大麦中含有一定量的抗营养因子，影响适口性和蛋白质消化率。大麦易被麦角菌感染致病，产生多种有毒的生物碱，如麦角胺、麦角胱氨酸等，轻者引起适口性下降，严重者发生中毒。各种加工处理，如蒸汽压扁、碾碎、颗粒化以及干扁压对饲喂效果都影响不大。

（3）高粱　高粱籽粒中蛋白质含量9%～11%，其中亮氨酸和缬氨酸的含量略高于玉米，而精氨酸的含量又略低于玉米。其他各种氨基酸的含量与玉米大致相等。

高粱和其他谷实类一样，不仅蛋白质含量低，同时所有必需氨基酸含量都不能满足畜禽的营养需要。总磷含量中有一半以上是植酸磷，同时还含有0.2%～0.5%的单宁，两者都属于抗营养因子，前者阻碍矿物质、微量元素的吸收利用，而后者则影响蛋白质、氨基酸及能量的利用效率。

高粱的营养价值受品种影响大，其饲喂价值一般为玉米的90%～95%。高粱在驴日粮中使用量的多少，与单宁含量高低有关。含量高的用量不能超过10%，含量低的用量可高一些。高单宁高粱不宜在幼龄动物饲养中使用，以免造成养分消化率的下降。

因高粱含单宁，味涩，适口性不如玉米，饲用时应粉碎。为防止便秘，可与麦麸搭配使用。

（4）燕麦　燕麦分为皮燕麦和裸燕麦两种，是营养价值很高的饲料作物，可用作能量饲料、青干草和青贮饲料。

燕麦壳比例高，一般占籽实总重的24%～30%。因此，燕麦粗纤维含量高，可达11%或更高，去壳后粗纤维含量仅为2%。燕麦淀粉含量仅为玉米淀粉含量的1/3～1/2，在谷实类中最低，粗脂肪含量在3.75%～5.5%，能值较低。燕麦粗蛋白含量为11%～13%。燕麦籽实和干草中钾的含量比其他谷物或干草低。因为壳重较大，所以燕麦的钙比其他谷物略高，约占干物质的0.1%，而磷占0.33%。其他矿物质与一般麦类比较接近。

燕麦的蛋白质品质好，质地疏松，适口性强，易消化，是喂驴最好的精料，喂时粉碎或压扁即可。

（5）小麦麸和次粉　小麦麸和次粉是小麦加工副产品。二者均是面粉厂用小麦加工面粉时得到的副产品。小麦麸俗称麸皮，成分可因小麦面粉的加工要求不同而不同。小麦麸和次粉数量大，是我国畜禽常用的饲料原料。

麦麸和次粉的粗蛋白含量高，为12.5%～17%，这一数值比整粒小麦含量还高，而且质量较好。与玉米和小麦籽粒相比，小麦麸和次粉的氨基酸组成较平衡，其中赖氨酸、色氨酸和苏氨酸含量均较高，特别是赖氨酸含量较高为0.67%；粗纤维含量高，脂肪含量约4%，其中不饱和脂肪酸含量高，易氧化酸败；维生素B族及维生素E含量高，矿物质含量丰富，但钙（0.13%）和磷（1.18%）比例极不平衡，钙：磷为1：8以上，磷多属植酸磷，约占75%，但含植酸酶，因此用这些饲料时要注意补钙；小麦麸的质地疏松，含有适量的硫酸盐类，有轻泻作用，可防止便秘。

小麦麸容积大，纤维含量高，适口性好，是驴的优良饲料原料。

（6）米糠　稻谷在加工成精米的过程中要去掉外壳和占总重10%左右的种皮和胚，而米糠就是由种皮和胚加工制成的，是稻谷加工的主要副产品。

米糠的营养价值受稻米精制加工程度的影响，精制程度越高，则米糠中混入的胚乳就越多，其营养价值也就越高。蛋白质含量高，为14%，比大米（粗蛋白为9.2%）高得多。氨基酸平衡情况较好，其中赖氨酸、色氨酸和苏氨酸含量高于玉米，但与动物需要相比仍然偏低；粗纤维含量不高，故有效能值较高；脂肪含量12%以上，其中主要是不饱和脂肪酸，易氧化酸败；维生素B族及维生素E含量高，是核黄素的良好来源，在糠麸饲料中仅次于麦麸；含有肌醇，但维生素A、维生素D、维生素C含量少；矿物质含量丰富，钙少（0.08%）磷多（1.6%），钙磷比例不平衡，磷主要是植酸磷，利用率不高。此外，米糠中锌、铁、锰、钾、镁、硅含量较高。此外，米糠中脂肪酶活性较高，长期贮存易引起脂肪变质。

米糠适口性好，能值高，是驴的优良精料。但需补充钙质。注意酸败的米糠会引起适口性降低和导致腹泻。

（五）蛋白质饲料

蛋白质饲料是指饲料天然水分含量在45%以下，干物质中粗纤维低于18%、粗蛋白含量不低于20%的饲料。蛋白质饲料包括植物性蛋白质饲料、动物性蛋白质饲料、单细胞蛋白质饲料和非蛋白氮饲料。我们主要介绍养驴常用的植物性蛋白质饲料和动物性蛋白质饲料。

植物性蛋白质饲料主要是豆类及其加工副产品。常用的是豆类加工副产品饼（粕）类。饼（粕）类是豆类和油料籽实提取油脂后的副产品，是配合饲料的主要蛋白质补充料，使用广泛，用量较大。主要包括大豆饼（粕）、花生饼（粕）、棉籽饼（粕）、菜籽饼（粕）、向日葵饼（粕）、芝麻饼（粕）、亚麻饼（粕）等。这类饲料的突出特点是粗蛋白含量高（22%～40%）、品质好，油脂含量较高，而无氮浸出物含量一般比谷实类低。

采用压榨法提油后的块状副产品称为饼，用溶剂浸提脱油后的碎状物质称为粕。由于原料和加工方法不同，饼（粕）类的营养价值与饲用价值有较大的差异。饼（粕）类饲料多有毒，须经热处理或脱毒处理后才可以使用。

动物性蛋白质饲料主要指鱼类、肉类和乳品加工的副产品及其他动物产品的总称。常用的有鸡蛋、鱼粉、肉骨粉、血粉、羽毛粉、蚕蛹、全乳和脱脂乳等。动物性饲料是高蛋白质饲料。

（1）大豆饼（粕） 大豆饼和大豆粕是我国最常用的一种植物性蛋白质饲料，营养价值很高，粗纤维含量为10%～11%。大豆饼（粕）的粗蛋白含量在40%～45%之间，大豆粕的粗蛋白含量高于饼，去皮大豆粕粗蛋白含量可达50%。大豆饼（粕）的氨基酸组成较合理，尤其赖氨酸含量2.5%～3.0%，是所有饼（粕）类饲料中含量最高的，异亮氨酸、色氨酸含量都比较高，但甲硫氨酸含量低，仅0.5%～0.7%。大豆饼（粕）中钙少磷多，但磷多属难以利用的植酸磷。维生素A、维生素D含量少，B族维生素除B_2、B_{12}外均较高。粗脂肪含量较低，尤其大豆粕的脂肪含量更低。大豆饼（粕）含有抗胰蛋白酶、尿素酶、血细胞凝集素、皂角苷、甲状腺肿诱发因子、抗凝固因子等有害物质。但这些物质大都不耐热，一般在饲用前，先经100～110℃加热处理3～5分钟，即可去除这些不良物质。注意加热时间不宜太长，温度不能过高也不能过低。加热不足破坏不了毒素则蛋白质利用率低，加热过度可导致赖氨酸等必需氨基酸的变性反应，尤其是赖氨酸消化率降低，引起畜禽生产性能下降。

合格的大豆粕从颜色上可以辨别，大豆粕的色泽从浅棕色到亮黄色。如果色泽暗红，尝之有苦味说明加热过度，氨基酸的可利用率会降低。如果色泽浅黄或呈黄绿色，尝之有豆腥味，说明加热不足。

大豆饼蛋白质品质好，营养全面，味道芳香，驴喜食，但要注意钙质饲料的补充。饲喂时宜先粉碎或切碎，水泡透后再拌入草内喂驴。

（2）棉籽饼（粕） 棉籽饼（粕）是棉花籽实提取棉籽油后的副产品。国产棉籽饼（粕）粗纤维含量较高，达13%以上。粗蛋白含量较高，一般含有36.3%～47%，产量仅次于大豆饼，是一种重要的蛋白质资源。棉籽饼因工作条件不同，其营养价值相差很大，主要影响因素是棉籽壳是否脱去及脱去程度。在油脂厂去掉的棉籽壳中，虽夹杂着部分棉仁，但粗纤维也达48%，木质素达32%，而脱壳以前去掉的短绒含粗纤维90%。因而，在用棉花籽实加工成的油饼中，是否含有棉籽壳，或者含棉籽壳多少，是决定它的可利用能量水平和蛋白质含量的主要影响因素。

棉籽饼（粕）蛋白质组成不太理想，精氨酸含量过高，达3.6%～3.8%，远高于大豆粕，是菜籽饼（粕）的2倍，仅次于花生粕，而赖氨酸含量仅1.3%～1.5%，过低，只有大豆饼（粕）的一半。甲硫氨酸也不足，约0.4%，同时，赖氨酸的利用率较差，故赖氨酸是棉籽饼（粕）的第一限制性氨基酸。饼（粕）中有效能值主要取决于粗纤维含量，即饼（粕）中含壳量。维生素含量受热损失较多。矿物质中磷多，但多属植酸磷，利用率低。

棉籽饼（粕）中含有游离棉酚、环丙烯脂肪酸、单宁、植酸等抗营养因子，可对蛋白质、氨基酸和矿物质的有效利用产生严重影响。因此，应采用热处理法、硫酸亚铁法、碱处理法、微生物发酵等方法进行脱毒处理。使用棉籽饼（粕）时，需搭配优质粗饲料，喂量不超过0.5～1千克/头。棉籽饼宜先粉碎或切碎，水泡透后再拌入草内喂驴。

（3）菜籽饼（粕） 菜籽饼（粕）是油菜籽经机械压榨或溶剂浸提制油后的残渣。菜籽饼（粕）具有产量高，能量、蛋白质、矿物质含量较高，价格便宜等优点。榨油后饼（粕）

中油脂减少，粗蛋白含量达到37%左右。粗纤维素含量为10%～11%，在饼（粕）类中是含量较高的一种。菜籽饼中氨基酸含量丰富且均衡，品质接近大豆饼水平。胡萝卜素和维生素D的含量不足，钙、磷含量高，所含磷的65%是利用率低的植酸磷，含硒量在常用植物性饲料中最高，是大豆饼的10倍，鱼粉的一半。

菜籽饼（粕）含毒素较高，主要源于芥子油苷或称含硫苷（含量一般在6%以上）。各种芥子油苷在不同条件下水解，生成异硫氰酸酯，严重影响适口性。硫氰酸酯加热转变成氰酸酯，它和噁唑烷硫酮还会导致甲状腺肿大，一般经去毒处理，才能保证饲料安全。去毒方法有多种，主要有加水加热到100～110℃的温度处理1小时；用冷水或温水40℃左右，浸泡2～4天，每天换水1次 。近年来国内外都培育出各种低毒油菜籽品种，使用安全，值得大力推广。“双低”（低硫苷和低芥酸）菜籽饼（粕）的营养价值较高。

用毒素成分含量高的菜籽制成的饼（粕）适口性差，也限制了菜籽饼（粕）的使用。因此，应限量使用，犊驴和怀孕母驴最好不喂。菜籽饼宜先粉碎或切碎，水泡透后再拌入草内喂驴。

（4）花生饼（粕） 花生饼（粕）是花生去壳后花生仁经榨（浸）油后的副产品。其营养价值仅次于大豆饼（粕），粗蛋白含量在38%～48%之间。花生饼的粗脂肪含量为4%～7%，粗纤维含量为4%～7%，而花生粕的粗脂肪含量为1.4%～7.2%，粗纤维5.9%～6.2%。菜籽饼（粕）中钙少磷多，钙含量为0.25%～0.27%，磷含量为0.53%～0.56%，但多以植酸磷的形式存在。

国内一般都去壳榨油。去壳花生饼含蛋白质、能量比较高。花生饼（粕）的饲用价值仅次于大豆饼，蛋白质和能量都比较高，适口性也不错。花生粕赖氨酸含量为1.3%～2.0%，含量仅为大豆饼（粕）的一半左右，甲硫氨酸含量低，为

0.4%～0.5%，色氨酸含量为0.3%～0.5%，其利用率为84%～88%。含胡萝卜素和维生素D极少。花生饼（粕）本身虽无毒素，但因脂肪含量高，长时间贮存易变质，而且容易感染黄曲霉，产生黄曲霉毒素。黄曲霉毒素毒力强，对热稳定，经过加热也去除不掉，食用能致癌。因此，贮藏时应保持低温干燥的条件，防止发霉。一旦发霉，坚决不能使用，以新鲜的菜籽饼（粕）配制最好。花生饼宜先粉碎或切碎，水泡透后再拌入草内喂驴。

（5）向日葵饼（粕） 向日葵饼（粕）是向日葵榨油后的副产品。脱壳的向日葵饼（粕）粗蛋白含量为29%～36.5%，氨基酸组成不平衡，与大豆饼（粕）、棉籽饼（粕）、花生饼（粕）相比较，赖氨酸含量低，而甲硫氨酸含量较高。向日葵饼（粕）中铜、铁、锰、锌含量都较高。

向日葵饼（粕）中不仅含有难消化的木质素，还含有可抑制胰蛋白酶、淀粉酶、脂肪酶活性的有毒物质绿原酸。向日葵饼（粕）可作为驴的优质蛋白质饲料，适口性好，饲用价值与大豆粕相当。向日葵饼宜先粉碎或切碎，水泡透后再拌入草内喂驴。

（6）亚麻饼（粕） 亚麻饼（粕）是亚麻籽实脱油后的副产品。亚麻饼（粕）的粗蛋白含量较高，为35.7%～38.6%，但必需氨基酸含量较低，赖氨酸仅为大豆饼的1/3～1/2，甲硫氨酸和色氨酸则与大豆饼相近。故使用时可与赖氨酸含量高的饲料搭配。粗纤维含量高于大豆饼（粕），总可消化养分比大豆饼（粕）低。亚麻饼（粕）中微量元素硒的含量高，为0.18%。

亚麻饼（粕）适口性好，可作为驴的蛋白质补充料，并可作为蛋白质唯一来源，也是很好的硒源。亚麻饼（粕）含有生氰糖苷，可分解生成氢氰酸，引起驴中毒。因此，饲喂前先用凉水浸泡，然后再高温蒸煮1～2小时。亚麻饼宜先粉碎或切碎，水泡透后再拌入草内喂驴。

（7）芝麻饼（粕） 芝麻饼（粕）是芝麻脱油后的副产品。略带苦味，芝麻饼（粕）的粗蛋白含量39.2%，粗脂肪10.3%，粗纤维7.2%，无氮浸出物24.9%，钙2.24%，总磷1.19%，甲硫氨酸含量0.82%，赖氨酸2.38%。甲硫氨酸含量在各种饼（粕）类饲料中最高。因此，使用时可与大豆饼、菜籽饼搭配。芝麻饼（粕）是驴良好的蛋白质饲料来源。芝麻饼宜先粉碎或切碎，水泡透后再拌入草内喂驴。

（六）矿物质饲料

矿物质饲料在饲料分类系统中属第六大类。它包括人工合成的、天然单一的和多种混合的矿物质饲料，以及配合有载体或赋形剂的痕量、微量、常量元素补充料。矿物质元素在各种动植物饲料中都有一定含量，虽多少有差别，但由于动物采食饲料的多样性，可在某种程度上满足对矿物质的需要。但在舍饲条件下或饲养高产动物时，动物对它们的需要量增多，这时就必须在动物饲粮中另行添加所需的矿物质。目前已知畜禽有明确需要的矿物质元素有14种，其中常量元素7种：钙、磷、钠、氯、钾、镁和硫（硫仅对奶牛和绵羊）。饲料中常不足，需要补充的有钙、磷、氯、钠4种。微量元素7种：铁、锌、铜、锰、碘、硒、钴。矿物质过量会造成元素间的拮抗作用，甚至产生有害作用。

（1）含钠、氯的矿物质饲料 食盐主要成分是氯化钠，是最常用又经济的钠、氯的补充物。植物性饲料大都含钠和氯的数量较少，相反含钾丰富。为了保持生理上的平衡，对以植物性饲料为主的畜禽，应补饲食盐。食盐除了具有维持体液渗透压和酸碱平衡的作用外，还可刺激唾液分泌，提高饲料适口性，增强动物食欲，具有调味剂的作用。

草食家畜需要钠和氯较多，对食盐的耐受量较大，很少发生草食家畜食盐中毒的报道。食盐的供给量要根据家畜的种类、体重、生产能力、季节和饲粮组成等来考虑。一般食盐在风干饲粮中的用量为：牛、羊、马等草食家畜为0.5%～1%，浓缩饲料中可添加1%～3%。当饮水充足时不易中毒。在饮水受到限制或盐碱地区水中含有食盐时，易导致食盐中毒，若水中含有较多的食盐，饲料中可不添加食盐。

补饲食盐时，除了直接拌在饲料中，也可以以食盐为载体，制成微量元素添加剂预混料。在缺硒、铜、锌的地区，也可以分别制成含亚硒酸钠、硫酸铜、硫酸锌或氧化锌的食盐砖、食盐块供放牧家畜舔食，但要注意动物食后要使之充分饮水。由于食盐吸湿性强，在相对湿度75%以上时开始潮解，作为载体的食盐必须保持含水量在0.5%以下，并妥善保管。

（2）含钙的矿物质饲料　常用的有石粉、贝壳粉、蛋壳粉等，其主要成分为碳酸钙，这类饲料来源广，价格低。石粉是最廉价的钙源，含钙38%左右。

（3）含磷的矿物质饲料　单纯含磷的矿物质饲料并不多，且因其价格昂贵，一般不单独使用。这类饲料有磷酸二氢钠、磷酸氢二钠、磷酸等。

（4）含钙、磷的矿物质饲料　常用的有骨粉、磷酸钙、磷酸氢钙等，它们既含钙又含磷，消化利用率相对较高，且价格适中。故在家畜日粮中出现钙和磷同时不足的情况下，多以这类饲料补给。这类饲料来源广、价格低，但动物利用率不高。

（5）其他　在某些特殊情况下，氯化钾、硫酸钠等也是可能用到的矿物质饲料。其他微量矿物质饲料通常以预混料的形式补充。

（七）饲料添加剂

为补充营养物质、提高生产性能、提高饲料转化率、改善饲料品质、促进生长繁殖、保障驴健康而掺入饲料中的少量或微量营养性或非营养性物质，称饲料添加剂。

驴常用的饲料添加剂主要有维生素添加剂、微量元素（占体重0.01%以下的元素）添加剂、氨基酸添加剂、调控剂、酶制剂、活性菌（益生素）制剂、饲料防霉剂、抗氧化剂和非蛋白氮等。

（1）维生素添加剂　维生素添加剂对驴的健康、生长、繁殖及泌乳等都起重要作用。如维生素A、维生素D、维生素E、烟酸等。农村粗饲料以秸秆为主的地区，维生素A含量普遍不足，影响了正常繁殖。为此，应补喂青绿多汁饲料或维生素A。

（2）微量元素（占体重0.01%以下的元素）添加剂　用微量元素（如铁、铜、锌、锰、钴、硒、碘等）添加剂平衡日粮，可明显地提高驴生产水平。如碘是家畜（牛马驴羊等）机体中最重要的激素——甲状腺素的主要组成部分，它对家畜的整个代谢、生长发育和繁殖均有很大的影响。幼畜缺碘时，生长发育停滞，基础代谢降低。成年家畜则发生甲状腺机能衰退，甲状腺肿大，代谢过程严重破坏，早期衰老迟钝，生产力下降；母牛不孕率增加，母马母驴生下的驹身体极弱，甚至不能站立和吮乳等。因此，在饲养家畜的生产过程中，要注意碘的补充。为防止家畜缺碘症的发生，可喂碘盐，即含有0.02%碘化钾的食盐，或直接喂碘化钾。成年驴每头每日喂碘化钾0.75～1.5毫克，即可满足需要。

（3）氨基酸添加剂　氨基酸是构成蛋白质的基本单位。蛋白质营养的实质是氨基酸营养。氨基酸营养的核心是氨基酸之间的平衡。天然饲料的氨基酸平衡很差，几乎都不平衡。天然饲料的氨基酸含量差异很大，各不相同。不同种类、不同配比天然饲料构成的全价配合饲料，虽然尽量根据氨基酸平衡的原则配料，但是各种氨基酸含量和氨基酸之间的比例仍然是各式各样的。因此，需要氨基酸添加剂来平衡或补足某种特定生产目的所要求的需要量。

（4）酶制剂　酶是活体细胞产生的具有特殊催化能力的蛋白质，是一种生物催化剂，对饲料养分消化起重要作用。酶可促进蛋白质、脂肪、淀粉和纤维素的水解，提高饲料转化率，促进动物生长。如淀粉酶、蛋白酶、脂肪酶、纤维素分解酶等。

（5）活性菌（益生素）制剂　活性菌具有维持肠道菌群平衡、抗感染和提高免疫力、防治腹泻、提高饲料转化率、促进生长、消除环境恶臭、改善环境卫生的作用。常用的有乳酸菌、曲霉菌、酵母制剂等。

（6）饲料防霉剂　饲料用防霉剂是指能降低饲料中微生物的数量、控制微生物的代谢和生长、抑制霉菌毒素的产生、预防饲料贮存期营养成分的损失、防止饲料发霉变质并延长贮存时间的饲料添加剂。

（7）抗氧化剂　高能饲料中的油脂或饲料中所含有的脂溶性维生素、胡萝卜素及类胡萝卜素等物质在存放过程中，与空气中的氧接触，易发生严重的自发氧化酸败。被氧化的这些成分之间还会相互作用，进一步引致多种成分的自动氧化，破坏脂溶性维生素及叶黄素，产生有毒物质醛及酮等，产生蛤喇味、褪色、褐变，轻则导致饲料品质下降，适口性变差，引起动物采食量下降、腹泻、肝肿大等危害，影响动物生长发育；重则造成中毒甚至死亡事故。抗氧化剂可延缓或防止饲料中物质的这种自动氧化作用，因此在饲料中添加抗氧化剂是必不可少的。常用的抗氧化剂有可减少苜蓿草粉胡萝卜素损失的乙氧喹（山道喹），油脂抗氧化剂的二丁基羟基甲苯（BHT）和丁基羟基茴香醚（BHA）。

小贴士：

驴的饲料种类很多，但任何一种饲料都存在营养上的特殊性和局限性，要饲养好驴必须多种饲料科学搭配。要合理利用各种饲料，首先要了解饲料的科学分类，熟悉各类饲料的营养价值和利用特性。

三、饲养标准

根据大量饲养试验结果和动物生产实践的经验总结，对各种特定动物所需要的各种营养物质的定额做出规定，这种系统的营养定额及有关资料统称为饲养标准。简言之，即特定动物系统成套的营养定额就是饲养标准，简称“标准”。饲养标准是科学饲养的依据，在应用时也要因地制宜，进行适当调整，把握余量。

目前，国内外还没有驴的饲养标准。根据驴采食慢，咀嚼细，采食量小，对饲料能量吸收率、消化率分别比马高20%、10%的特点，可参考美国国家科学研究委员会（NRC）1978年公布的家马和小型驴的饲养标准，分别降低20%和10%，作为我国200千克左右的中型驴的饲养参考标准（表5-2）。对于其他大型驴或小型驴，主要按驴以90%干物质为基础的日粮组成配制日粮（表5-3）。

表5-2　体重200千克成年驴的营养需要

项目	体重/千克	日增重/千克	日采食干物质量/千克	消化能/兆焦	可消化粗蛋白/克	钙/克	磷/克	胡萝卜素/毫克
成年驴维持营养	200	—	3.0	27.63	112.0	7.2	4.8	10.0
妊娠末3个月	—	0.27	3.0	30.89	160.0	11.2	7.2	20.0
泌乳前3个月母驴	—	—	4.2	41.81	432.0	19.2	12.8	26.0
泌乳后3个月母驴	—	—	4.0	43.49	272.0	16.0	10.4	22.0
哺乳驹3月龄	60	0.7	1.8	24.61	304.0	14.4	8.8	4.8
除母乳外需要	—	—	1.0	12.52	160.0	8.0	5.6	7.6
断奶驹（6个月）	—	0.5	2.3	29.47	248.0	15.2	11.2	11.0

续表

项目	体重/千克	日增重/千克	日采食干物质量/千克	消化能/兆焦	可消化粗蛋白/克	钙/克	磷/克	胡萝卜素/毫克
1岁	140	0.2	2.4	27.29	160.0	9.6	7.2	12.4
1.5岁	170	0.1	2.5	27.13	136.0	8.8	5.6	11.0
2岁	185	0.05	2.6	27.13	120.0	8.8	5.6	12.4
轻役成年驴	200	—	3.4	34.95	112.0	7.2	4.8	10.0
中役成年驴	200	—	3.4	44.08	112.0	7.2	4.8	10.0
重役成年驴	200	—	3.4	53.16	112.0	7.2	4.8	10.0

注：食盐每头每天饲喂15～20克。

表5-3 驴以90%干物质为基础的日粮组成

项目	饲料中粗饲料的近似值/%	每千克饲料含消化能/兆焦	可消化粗蛋白/%	钙/%	磷/%	胡萝卜素/%
成年驴维持日粮	90～100	8.372	7.7	0.27	0.18	3.7
妊娠末3个月母驴日粮	65～75	11.51	10.0	0.45	0.30	7.5
泌乳前3个月母驴日粮	45～55	10.88	12.5	0.45	0.30	6.3
泌乳后3个月母驴日粮	60～70	9.63	11.0	0.40	0.25	5.5
幼驴补料	0	13.19	16.0	0.80	0.55	
幼驴（3月龄）补料	20～25	12.14	16.0	0.80	0.55	4.5
断奶驹（6月龄）日粮	30～35	11.72	14.5	0.60	0.45	4.5
1岁驹（12日龄）日粮	45～35	10.88	12.0	0.50	0.35	4.5
1.5岁驹日粮	60～70	9.63	10.0	0.40	0.30	3.7
轻役成年驴日粮	65～75	9.42	7.7	0.27	0.18	3.7
中役成年驴日粮	40～50	10.88	7.7	0.27	0.18	3.7

注：食盐每头每天饲喂15～20克。

四、驴的消化生理特点与饲喂

① 采食慢。驴采食慢，每口采食的饲料量较少，并经过细致的咀嚼后才吞咽。这与它有坚硬发达的牙齿和灵活的上下唇有关，适宜咀嚼粗硬的饲料，但要有充足的采食时间。

② 驴胃的容积较小。驴的胃只相当于同样大小牛的1/15，饲料在胃中停留的时间较短，7～9分钟食物就开始向肠道转移。2小时内，60%的食物即可转移到肠中，4小时基本上可全部转移出胃。由此可见，驴是既容易饱又容易饿的动物。一次采食量不能过多，而两次采食的间隔又不能太长，这是驴饲养的显著特点。因此，对驴的饲喂，要采取定时、定量、少喂勤添的办法，如一次喂量过多，易造成驴的胃扩张，甚至造成胃破裂。采取夜间饲喂也很有必要，特别是对于饲养水平低、粗料多精料少的，更要重视夜间饲喂。对精料饲喂量过大的种驴，夜间仅投给适量的干草或粗饲料，任其自由采食即可。

由于驴胃容积小，由胃转移到肠道的速度快，选择的饲料要求是疏松、易消化、便于转移、不致在胃内黏结的。如燕麦、麸皮或其他精料与饲料拌匀饲喂，有利于消化，也适合驴胃肠道的生理特点。

③ 驴胃的贲门括约肌发达，而呕吐神经不发达，故不宜喂易溶解产气的饲料，以免造成胃扩张。驴胃中的食糜是分层消化的，故不宜在采食中大量饮水，以免打破分层状态，让未充分消化的食物冲进小肠，不利于消化。驴的唾液腺发达。每1千克草料可由4倍的唾液泡软消化。

④ 驴的肠道口径粗细不一，如回盲口和盲结口较小，饲养不当或饮水不足会引起肠梗塞，发生便秘，因此要求给其正确调制草料和供给充足的饮水。

用于喂驴的草料必须符合干、硬、脆的特点，例如谷草、豆蔓、芦苇、大豆秸秆、青贮玉米秸秆等质地较硬的秸秆，用铡草机切成 3 ～ 4 厘米长的短段。最忌喂半干不湿、折之不断的饲草，如麦秸、稻草等一些较软的草料容易在胃肠内形成草团，进而引发胃肠梗阻（俗称“结症”）。

驴的大肠尤其是盲肠有着牛瘤胃的作用，是纤维素被大量的细菌、微生物发酵、分解、消化的地方，但由于它位于消化道的中、下段，因而对纤维素的消化利用远不如牛、羊的瘤胃。

驴的肠道容积大，饲料的消化、吸收主要在肠道进行。驴的采食量较大，食物在肠道中滞留的时间很长，因而肠道的负担是十分繁重的。驴的多发病主要是消化系统病，其中肠道疾病占较大比例。因此，必须根据驴肠道的消化、生理特点进行合理饲养，预防常见病的发生。

五、驴对粗饲料的消化与吸收特点

驴对粗饲料的消化能力低于反刍动物，它对粗饲料的消化有以下几个特点：

① 对粗饲料中脂肪的消化能力较低：以青草为例，驴对其中脂肪的消化率为 35%，而反刍动物可达 57%。对油饼类饲料中的脂肪，驴的消化率为 53%，而反刍动物可达 92%。

② 对粗饲料中的粗纤维利用率较低：驴对粗纤维的利用率与粗纤维的质地、纤维素量有密切关系。对含纤维素少、质地好的饲草的消化率，驴与反刍动物相似；但对秸秆的利用率，以麦秸为例，驴的消化率为 18%，而牛则高达 42%。

③ 对饲料中蛋白质的利用能力：驴对饲料中蛋白质的利用能力与反刍动物相似。例如，对玉米中的蛋白质，驴的消化率为 76%，牛为 75%。对粗饲料中的蛋白质，驴的消化率略低于反刍动物。对苜蓿蛋白质的消化率，驴为 68%，牛为

74%，这是因为反刍动物对蛋白氮的利用率高于驴。日粮中纤维素含量过高，如超过30%～40%，则影响蛋白质的消化。与马、骡相比，驴的消化能力要高20%～30%。

六、日粮配合的原则

驴日（饲）粮配合的合理与否，关系到驴健康和生产性能的发挥，还涉及饲料资源的合理利用，并且直接影响养驴的经济效益。

（一）满足营养需要

日粮配合必须以驴饲养标准为基础，处于不同生理阶段和不同生产性能的驴对营养物质的需要也不同，所配制的日粮既要满足驴的各种营养需要，又要注意各营养物质之间的合理比例。如根据驴的生长规律，前期体重的增加以肌肉和骨骼为主，后期以沉积脂肪为主，因而在育肥前期应供应充足的蛋白质和适当的热能，后期要供应充足的能量。因此，处在生长发育旺盛阶段的幼龄驴，增重的重要部分是骨骼、肌肉和内脏，所以饲料中蛋白质的含量应高一些。而成年驴在育肥阶段增重的主要部分是脂肪，此时饲料中的蛋白质含量可相对低一些，而能量则应高一些。在生产实践中，驴所处环境千变万化，应针对各具体条件（如环境温度、饲养方式、饲料品质、加工条件等）对饲料配方加以调整，并在饲养实践中进行验证。

（二）因地制宜选用饲料，以降低成本

原料的选择必须考虑经济原则，充分利用当地饲料资源。尽量选择来源广泛、价格低廉、质量可靠的饲料作为配合饲料的主要原料，同样的饲料原料比价值，同样的价格条件下比原

料的质量，以保证配合饲料质量的相对稳定并降低饲料成本，最大限度地控制饲用原料的成本，提高经济效益。

（三）饲料种类多样化

单独的一种饲料是不能满足驴的营养需要的。在满足营养需要的前提下，配合日粮所使用的饲料种类应尽可能多样化，以提高营养的互补性和适口性，降低单一饲料中可能存在的有害物质的影响，提高饲料的利用率。饲草一定要有两种或两种以上，精料种类 3 ～ 5 种，使营养成分全面，改善日粮的适口性和保持驴旺盛的食欲。

（四）体积适当

日粮的体积要符合驴消化道的容量。体积过大，驴因不能定量食尽全部日粮，而影响营养的摄入；体积过小，驴虽按定量食尽全部日粮，但因不能饱腹而经常处于不安状态，从而影响生长发育和生产性能的发挥。

（五）适口性好

饲料的适口性直接影响采食量。日粮所选用的原料要有较好的适口性，驴爱吃，采食量大，才能生长快。通常影响混合饲料的适口性的因素有：味道（例如甜味、某些芳香物质、谷氨酸钠等可提高饲料的适口性），粒度（过细不好），矿物质或粗纤维的多少。应选择适口性好、无异味的饲料。若采用营养价值高，但适口性差的饲料须限制其用量。如菜粕（饼）、棉粕（饼）、芝麻饼、葵花粕（饼）等，特别是为幼龄动物和妊娠动物设计饲料配方时更应注意。对味差的饲料也可适当搭配适口性好的饲料或加入调味剂以提高其适口性，促使动物增加采食量。饲料搭配必须有利于适口性的改善和消化率的提高。如酸性饲料（青贮、糟渣等）与碱性饲料（碱化或氨化秸秆等）

搭配。

（六）保证安全卫生

配合饲料所用的原料及添加剂必须安全、卫生，其品质等级要符合国家标准，绝对不能应用发霉变质饲料，也不能使用含有大量有毒有害物质的饲料，那些对驴有一定不良影响的饲料应限制用量。饲料原料具有该品种应有的色、嗅、味和形态特征，无发霉、变质、结块及异嗅、异味。有毒有害物质及微生物允许量应符合饲料卫生标准的规定。不应在驴饲料中使用动物源性饲料和各种抗生素滤渣。棉籽饼、菜籽饼必须经过脱毒处理后才可以饲喂，且要限制饲喂量；保证饲料中无铁钉、铁丝等金属杂物；作物秸秆上的地膜要摘除干净，秸秆下部粗硬的部分和根须要尽量切掉不用；阴雨天气尽量将粗料切细。

（七）日粮成分应保持相对稳定

饲料的组成应相对稳定，如果必须改变饲料种类时，应逐步更换。突然改变日粮构成，会导致驴的消化系统疾病，降低饲料消化率，引起消化不良或下痢等疾病，甚至影响驴的生产性能。如由青草突然换喂干草，或由喂干草突然变换喂青贮，都容易造成肠道疾病。所以变换饲草时，应有 5 ～ 7 天的过渡预饲期，使驴逐渐适应新的饲料环境。

小贴士：

配制日粮原则的七个方面必须同时具备，同时满足，缺一不可。

七、饲料参考配方

（一）母驴精料配方

空怀母驴：玉米40%、麸皮30%、豆粕28%、骨粉0.6%、食盐1%、微量元素0.3%、多维素0.1%。

妊娠前期（妊娠～100天）母驴：玉米45%、麸皮25%、豆粕28%、骨粉0.6%、食盐1%、微量元素0.3%、多维素0.1%。

妊娠中期（100～250天）母驴：玉米40%、麸皮30%、豆粕28%、骨粉0.6%、食盐1%、微量元素0.3%、多维素0.1%。

妊娠后期（250～357天）母驴：玉米40%、麸皮40%、豆粕16%、骨粉0.9%、食盐2%、小苏打0.7%、微量元素0.35%、多维素0.05%。

哺乳期母驴：玉米50%、麸皮32%、豆粕14%、骨粉0.5%、食盐2%、小苏打1%、微量元素0.35%、多维素0.15%。

（二）种公驴精料配方

玉米40%、麸皮30%、豆粕28%、骨粉0.6%、食盐1%、微量元素0.3%、多维素0.1%。

（三）育成（青年）驴精料配方

玉米40%、麸皮40%、豆粕19%、微量元素1%。

（四）生长育肥驴精料配方

玉米38%、麸皮32%、豆粕28%、食盐0.5%、骨粉0.6%、矿物质添加剂0.5%、微量元素0.3%、多维素0.1%。

（五）成熟育肥驴精料配方

玉米 45%、麸皮 40%、豆粕 14%、矿物质添加剂 0.5%、多维素 0.5%。

以上配方摘自央视《农广天地》泌阳驴养殖技术。

（六）空怀母驴精补料配方

妊娠前 6 个月每头母驴每日饲喂量：玉米 0.3 千克、麸皮 0.3 千克、豆粕 0.4 千克，食盐 0.04 千克。

妊娠后 6 个月每头母驴每次饲喂量：玉米 0.5 ～ 1.0 千克、麸皮 0.3 ～ 0.5 千克、豆粕 0.45 ～ 0.6 千克。

（七）泌乳母驴精补料配方

泌乳期前 3 个月每头母驴每日饲喂量：玉米 1.8 ～ 2.0 千克、麸皮 0.2 千克、豆粕 0.75 千克、食盐 0.04 千克。

泌乳期后 3 个月每头母驴每日饲喂量：玉米 0.8 ～ 1.5 千克、麸皮 0.2 千克、豆粕 0.6 ～ 0.7 千克。

额外添加维生素和微量元素等复合预混料。

（八）种公驴精补料配方

非配种期（当年 9 月～翌年 2 月）：玉米 33% + 小麦麸 33% + 大豆粕 31% + 食盐 3%，或者玉米 28.5% + 小麦麸 28.5% + 葵花籽粕 40% + 食盐 3%。

配种期（当年 3 ～ 8 月）：玉米 50% + 小麦麸 20% + 大豆粕 23.5% + 食盐 2.5%，或者玉米 45% + 小麦麸 22.6% + 葵花籽粕 30% + 食盐 2.4%。

宜额外添加维生素和微量元素等复合预混料。

以上配方摘自《毛驴科学养殖实用技术》。

小贴士：

家庭农场在养殖过程中，应根据本场饲料原料来源情况，依照各阶段驴的营养需要，再参考经过生产实践检验过的经验配方，配制适合本场的驴用饲料，在养殖过程中还要根据驴的生长情况适时加以调整。

八、饲料加工与调制

（一）苜蓿干草调制技术

苜蓿干草调制的基本程序为鲜草刈割、压扁干燥、打捆、堆贮、二次打捆和贮存。

1. 适时刈割

为保证苜蓿干草良好的营养基础，适时刈割是关键。苜蓿一般在孕蕾期或初花期刈割，即在 20%开花时为最好。其粗蛋白可达 18%以上。刈割时，土壤表层干燥程度与苜蓿干草的加工质量有关。如果土壤表层过湿，则影响苜蓿干草的加工质量。刈割的留茬高度应控制在 7.0 ～ 10.0 厘米之间，过低不利于下一茬草的生长。最后一茬的留茬高度应控制在 7.5 厘米左右，以利于苜蓿过冬。刈割频率为春至夏季间隔 30 ～ 40 天一次，盛夏至秋季间隔 40 ～ 50 天一次。

2. 干燥

常见的干燥方法有自然干燥法、人工干燥法和物理化学干燥法。

自然干燥法简单易行，成本低廉，是国内干草调制采用最多的方法。但一般情况下，此法干燥时间长，受气候及环境影响大，养分损失也较大。自然干燥又分草架干燥和地面干燥，因地面干燥简单易行，为常用的干燥方法。

为保证苜蓿干草的营养物质，应最大限度减少营养物质损失，必须加快干燥速度，使分解营养物质的酶失去活性，并且要及时堆放，避免日光照晒，以减少胡萝卜素的损失。压扁处理可显著提高胡萝卜素和干草蛋白质的水平，并明显缩短干燥时间，减少叶片损失，以及由苜蓿呼吸、酶活动所造成的损失。而且压扁处理显著优于日光照晒和阴干。据研究表明，机械压茎秆最明显的效果就是将木质化和非木质化的细胞分开，增加茎秆的表面积减弱其持水力。

（1）压茎秆干燥法　苜蓿干燥时间长短主要取决于其茎秆干燥所需时间，叶片干燥速度比茎秆快得多。

常用割草压扁机将茎秆压裂，消除茎秆角质层和纤维素对水分蒸发的障碍，增大导水系数，加快茎叶中水分蒸发速度，尽快使茎秆与叶的干燥速度同步。压裂茎秆干燥牧草的时间比不压裂干燥缩短 30%～50%，可减少呼吸作用、光化学作用和酶的活动时间，从而减少苜蓿营养损失，但压扁可使细胞破裂而导致细胞液溢出使营养损失。

机械方法压扁茎秆对初次刈割的苜蓿干燥速度影响较大，而对再次刈割的苜蓿干燥影响不大。干草捆采用压扁晒干，并在干草含水量 22%时打捆，同时采用干草保护剂处理，可减少叶片脱落等损失 25%～35%，减少营养损失近 50%。

（2）地面晒干法　苜蓿自然干燥常用地面晾晒法。把收割的苜蓿在地面铺成 9～14 厘米厚的草层，含水量至 50%左右堆成小堆，隔一定时间进行翻草有利于苜蓿干燥。苜蓿叶的蛋白量是茎的 2 倍，自然干燥过程中，干燥速度也比茎快得多。特别是采用没有压扁装置的收割机收割的苜蓿，茎与叶的干燥时间相差近数倍。当叶已到安全水分时，茎的含水量还很高，此时叶与茎连接力很小，只要轻微移动就会造成严重的落叶损失，这也是苜蓿草自然干燥造成蛋白质含量急剧减少的原因之一。当干燥时间在 2 小时以内时，蛋白质保存率通常在 95%，随着干燥时间的增加，蛋白质保存率随之减少，当干燥时间为 72 小时时，蛋白质保存率在 60%左右。据此，可根据苜蓿刈割后的加工地区气候条件，采取适宜的加工工艺。生产上一般年降水量在 200 ～ 300 毫米的地区，可作为自然晾晒适宜地区。紫花苜蓿叶子开始脱落时，叶子含水量为 26%～ 28%，整株含水量在 35%～ 40%之间。晾晒 1 天后，水分达 40%时，利用早晨、晚间翻一次，此时叶片坚韧，干物质损失少，既能加速苜蓿干燥速度，又能使苜蓿鲜泽、留叶率高。当含水量在 20%以下时，即可打捆作业。苜蓿叶片富含蛋白质，叶片散失是干草营养物质损失的原因之一，最大限度保存叶片是减少苜蓿干草损失的重要环节，据此可采取高水分打捆。

（3）人工干燥法　自然条件下晒制的苜蓿干草营养物质损失大，人工干燥法可实现迅速干燥。人工干燥法分为风力干燥法和高温快速干燥法，均采用人工加热的方法，使苜蓿水蒸发达到安全水分。由于干燥速度决定了干燥后苜蓿营养物质含量和干草质量，如自然晾晒苜蓿草其蛋白质含量为 17%～ 18%，而机械烘干的苜蓿蛋白质含量在 22%以上，故通常采用高温快速烘干机。其烘干温度可达 500 ～ 1000℃，苜蓿干燥时间需 3 ～ 5 分钟，但烘干成本较高。采用高温烘干后的干草，其中的杂草种子、虫卵及有害菌全部被杀死，有利于长期保存。针对牧草特性，高温快速干燥已被业内人士重视。特别是雨季，无烘干设备可造成腐烂，腐烂造成损失达 30%～ 50%。

（4）干燥剂干燥法　将一些碱金属盐的溶液喷洒到苜蓿上，经过一定化学反应使草茎表皮角质层被破坏，加快草株水分散失。此种方法不仅可减少干草中叶片损失，而且还可提高干草营养物质消化率。常用的干燥剂有氯化钾、碳酸钾、碳酸钙和碳酸氢钠等。

3. 打捆与贮藏

（1）打捆　一般在含水量达15%～25%时打捆。田间晾晒2～5天后，含水量达22%以下时，可在早晚空气湿度大时打捆，以减少叶片损失及破碎。虽然在苜蓿含水量大于20%时打捆，可减少呼吸，从而保留叶子，但此时打捆的干草容易变质。国内外也有人用高水分调制苜蓿干草。试验表明，含水量29%打捆比14%（传统方法）打捆，每亩（667平方米）产出量多107千克，粗蛋白高12.7千克，随含水量下降，叶片损失率增大；29%含水量打捆与18%含水量打捆，前者粗蛋白明显高于后者，而前者中性洗涤纤维、酸性洗涤纤维极显著低于后者，但灰分影响不大。

传统打捆多采用体积26厘米×46厘米×90厘米，重15～20千克的规格进行。现多打成500千克的大草捆，一般雨水渗不透，不易变质，不过需要相关的机械设备。打捆后的草捆要及时包装，以便于商品化。处于收割期的苜蓿含水量为75%～85%，其活性蛋白质及维生素约占干草物质重量25%，营养十分丰富。

（2）贮藏　草捆常进行堆垛贮藏。贮藏草捆的草棚应选择干燥阴凉通风处，草捆堆垛时，草捆间要留通风口，以利于空气流动。苜蓿干草含水量20%～25%时，用0.5%丙酸喷洒；含水量25%～30%时，用1.0%丙酸喷洒贮藏效果好。要常备杀虫灭鼠药，远离火源。草捆用塑料袋包装，提高草捆商品化水平。干草长期贮藏后干物质含量及消化率降低。胡萝卜素被破坏，草香味消失，适口性差，营养价值下降，因此长时间贮藏是不适宜的。含水量20%以上的草捆，可加入干草防腐剂，防腐添加剂中含多种乳酸发酵微生物，通常发酵产生乳酸、乙酸、丙酸，降低草捆pH，抑制有害微生物繁殖，防止草捆发热腐烂，使干草获得较佳的颜色气味。

（二）全株玉米青贮加工利用技术

全株玉米青贮饲料是将适时收获的专用（兼用）青贮玉米整株切短装入青贮池中，在密封条件下厌氧发酵，制成的一种营养丰富、柔软多汁、气味酸香、适口性好、可长期保存的优质青绿饲料。全株玉米青贮因营养价值、生物产量等较高，得到国内外广泛的重视，畜牧业发达国家已有100多年的应用历史。

1. 技术要点

（1）青贮窖（池）建设　青贮窖应建在地势较高、地下水位低、排水条件好、靠近畜舍的地方，主要采用地下式、半地下式和地上式三种方式。青贮窖地面和围墙用混凝土浇筑，墙厚40厘米以上，地面厚10厘米以上。容积大小应根据饲养数量确定，成年驴每头需6～8立方米。形状以长方形为宜，高2～3米，小型窖（池）宽3米左右、中型3～8米、大型8～15米，长度一般不小于宽度的2倍。

（2）适时收割　全株玉米在玉米籽实乳熟后期至蜡熟期（整株下部有4～5个叶片变成棕色）时刈割最佳。此时收获，干物质含量30%～35%，可消化养分总量较高，效果最好。青贮玉米收获过早，原料含水量过高，籽粒淀粉含量少，糖分浓度低，青贮时易酸败（发臭发黏）。收获过晚，虽然淀粉含量增加，但纤维化程度高，消化率低，且装窖时不易压实，影响青贮质量。

（3）切碎　青贮玉米要及时收运、铡短、装窖，不宜晾晒、堆放过久，以免原料水分蒸发和营养损失。一般采用机械切碎至1～2厘米，不宜过长。

（4）装填、压实　每装填30～50厘米厚压实一次，排出空气，为青贮原料创造厌氧发酵条件。一般用四轮、链轨拖拉机或装载机来回碾压，边缘部分若机械碾压不到，应人工用脚踩实。青贮原料装填越紧实，空气排出越彻底，质量越好。如果不能一次装满，应立即在原料上盖上塑料薄膜，第二天再继续工作。

（5）密封　青贮原料装填完后，要立即密封。一般应将原料装填至高出窖面 50 厘米左右，窖顶呈馒头形或屋脊形，用塑料薄膜盖严后，用土覆盖 30～50 厘米（也可采用轮胎压实）。覆土时要从一端开始，逐渐压到另一端，以排出窖内空气。青贮窖封闭后要确保不漏气、不漏水。如果不及时封窖，会降低青贮饲料品质。

（6）管护　青贮窖封严后，在四周约 1 米处挖排水沟，以防雨水渗入。多雨地区，可在青贮窖上面搭棚。要经常检查，发现窖顶有破损时，应及时密封压实。青贮窖应严防鼠害，以避免把一些疾病传染给驴。

（7）开窖取料　青贮玉米一般贮存 40 ～ 50 天后可开窖取用。取料时用多少取多少，应从一端开启，由上到下垂直切取，不可全面打开或掏洞取料，尽量减小取料横截面，取料后要将窖内的青贮饲料重新踩实，并立即盖好。如果中途停喂，间隔较长，必须按原来封窖方法将青贮窖封严。

每天上、下午各取 1 次为宜，每次取用青贮饲料的厚度应不少于 10 厘米，保证青贮饲料新鲜，适口性好，营养损失降到最低，达到饲喂青贮饲料的最佳效果。取出的青贮饲料不能暴露在日光下，也不要散堆、散放，最好用袋装，放置在驴舍内阴凉处。注意冰冻青贮饲料不能饲喂驴，否则易引起孕驴流产。

（8）含水量判断　全株青贮适宜的含水量为 65%～ 70%。检测时以用手紧握青贮料不出水，放开手后能够松散开来，结构松软，不形成块，握过青贮料后手上潮湿但不会有水珠为宜。湿度不足可加适量的水，或与多水分青贮原料混贮，如甜菜叶、甜菜渣等。湿度过大，可将玉米秸秆适当晾晒或加入一些粉碎的干料，如麸皮、干草粉等。

（9）品质鉴定　上等青贮玉米秸秆呈绿色或黄绿色，有浓郁酒酸的香味，质地柔软，疏松稍湿润，pH 为 4 ～ 4.5。中等青贮玉米秸秆呈黄褐色或暗褐色，稍有酒味，柔软稍干。劣质青贮玉米秸秆呈黑褐色，干松散或结成黏块，有臭味，pH 大于 5。

（10）饲喂　全株玉米青贮是优质多汁饲料，不可直接喂驴，饲喂时应与其他饲草料搭配。还要把握好青贮饲料的饲喂量及做一些相关处理等，防止有机酸中毒。

饲喂时将青贮饲料与精饲料或干草充分混匀，定时定量。初期应少喂一些，以后逐渐增加到足量，让驴有一个适应过程。切不可一次性足量饲喂。饲喂后，及时清理饲槽中残渣。添加适量的小苏打（可拌入饲料中，也可兑水冲开饮用），以缓冲青贮饲料的酸度。可以在饲喂前将青贮饲料进行晾晒，降低酸度，但同时也会使青贮饲料价值降低。饲喂量不宜过多，可按青贮：干草 =1 ：1 的量饲喂，同时要注意精饲料的喂量，把握好其体内酸度。若精饲料量大，就应减少青贮的饲喂量，且适量增加小苏打喂量。

建议母驴孕期不宜饲喂青贮，避免其流产。因公驴需要碱性体液环境，所以建议尽量少喂或者不喂。

2. 特点

① 全株青贮玉米具有生物产量高、营养丰富、饲用价值高等优点，已成为畜牧业发达地区肉驴生产最重要的饲料来源。

② 在密封厌氧环境下，可有效保存玉米籽实和茎叶营养物质，减少营养成分（维生素）的损失。同时，由于微生物发酵作用，产生大量乳酸和芳香物质，适口性好，采食量和消化利用率高。

③ 保存期长（2 ～ 3 年或更长）。可解决冬季青饲料不足问题，实现青绿多汁饲料全年均衡供应。

（三）秸秆黄贮技术

农作物秸秆经过微生物发酵处理后，提高了饲料的转化效率，并将其贮存在一定设施内的技术称为秸秆微生物发酵贮存技术，简称黄贮或微贮技术。黄贮饲料的发酵过程是利用高活性微生物复合菌剂，在厌氧和一定温湿度及营养水平的条件下，进行秸秆难利用成分的降解和物质转化，从而提高农作物秸秆的营养价值。实践表明，3 千克黄贮玉米秸秆与 1 千克玉米的营养价值相当。秸秆经过黄贮，可以改善其适口性，提高营养价值和消化率，是驴的优质粗饲料。

秸秆黄贮主要包括秸秆铡短、入窖、封窖、发酵、出窖饲喂等过程。

1. 黄贮前的准备

黄贮的主要原料是玉米秸秆，还有乳酸发酵剂和尿素。黄贮的设备有黄贮窖或黄贮壕，拖拉机、切碎机、塑料薄膜、水管等。使用过的贮窖、贮壕要提前进行彻底清理，将杂物、污水和剩余的黄贮料彻底清除，晒干后再进行贮料。没有建设黄贮窖的可以人工挖掘土窖，宽度 6 ～ 8 米为宜，长度根据黄贮量而定，铺上塑料布即可进行黄贮。

2. 黄贮时机及原料要求

用于黄贮的秸秆以玉米秸秆为最多。一般要求玉米籽实成熟后尽早进行收获，并立即将秸秆进行黄贮。北方地区一般在 10 月初贮完。玉米秸秆应边收边贮，尽量避免暴晒和减少堆积发热，保证新鲜。尽量不要在雨天进行收割、运输和贮存，以减少泥土的污染。

3. 玉米秸秆的切碎

玉米秸秆黄贮前必须切碎，一般以 1 ～ 2 厘米长为宜。切碎的目的是使玉米秸秆的汁液渗出，湿润表面，以利乳酸菌迅速发酵，也便于压实，提高贮量。

4. 玉米秸秆的装填

为了及时将玉米秸秆进行黄贮，除用联合收割机收割外，切碎机应设置在贮料窖或贮壕的附近，尽量避免秸秆暴晒。贮窖或贮壕内应有专人或设备将原料摊平。当切碎的玉米秸秆装填至距窖或壕口 40 ～ 50 厘米时，紧贴窖或壕壁围上一圈塑料薄膜，剩余的薄膜待密封时用。贮料要高出窖或壕口 50 厘米。装填的期限不能过长，最好在短时间内装填完并密封。玉米秸秆装填的时间一般在 3 天左右，最好不超过 7 天。为了提高玉米秸秆黄贮的质量，如贮料过干、含糖量较低，可逐层添加 0.5%～ 1%玉米面或麸皮，为乳酸菌发酵提供充足的糖原；或添加乳酸发酵剂，1 吨贮料中添加乳酸培养物 450 克或纯乳酸菌剂 1 克，可促进乳酸菌的大量繁殖，添加乳酸菌时贮窖或贮壕的边角需多洒些乳酸菌培养物或纯乳酸菌剂；或按每吨黄贮原料添加 25%氨水 7 ～ 8 升；或按每吨黄贮原料添加尿素 3 ～ 5 千克，添加尿素可提高黄贮玉米秸秆的蛋白质含量；也可每吨贮料中添加 3.6 千克甲醛，甲醛有抑制贮料发霉和改善贮料风味等作用。黄贮饲料还可以添加适量的食盐。

5. 补加水分

玉米秸秆黄贮成败的关键在于加水。如果玉米秸秆含水量较高，在装窖或壕的前段时间可不加水，装填到距窖口 50 ～ 70 厘米处开始加少量水。如果玉米秸秆不太干，其所需补加的水量较少，应在贮料装填到一半左右时开始逐渐加水。如果玉米秸秆十分干燥，在贮料厚达 50 厘米时就应逐渐加水。

加水要先少后多、边装边加边压实，加水量要根据原料实际水分含量而定，以贮料的总含水量达65%～75%为宜。感官判定以贮料手握成团有水渗出，但指缝内不滴水，松开手后慢慢散开为宜。

6. 贮料要压实

贮料在窖或壕内要装匀和压实，压得越实越好。特别要注意靠近窖壁和拐角的地方，不能留有空隙。小型贮窖或贮壕可用人力踩踏压实，大型贮窖和贮壕宜用履带式拖拉机压实，注意不要让拖拉机将泥土、油污、金属等污染物带进贮料当中。在用拖拉机进行压实时，仍需人工踩实拖拉机压不到的边角等处。贮料是否压实，主要取决于贮料的长短、含水量和压实的方法。将原料压实的目的在于最大限度地排出空气，使之处于缺氧状态，为乳酸菌的繁殖提供有利的条件，并把原料中的汁液挤压出来，为乳酸菌的繁殖提供养分。此外，压实贮料还可有效利用贮窖或贮壕，提高贮存量。

7. 贮窖或贮壕的密封和覆盖

贮窖或贮壕装满后，必须马上进行密封和覆盖。一般应将原料装至高出窖面30厘米左右，可先盖上一层细软的青草，然后将围在窖或壕四周余下的塑料膜铺盖在贮料上面，再盖上一层塑料薄膜，并用泥土压在贮窖或贮壕的四周，上面再覆盖一层厚30～50厘米的泥土。做到不漏气、不漏水。贮窖或贮壕的顶部必须高出窖或壕的边缘，并呈圆形，以防雨水流入窖或壕内，引起贮料发霉变质。

8. 管护

贮窖贮好封严后，在四周约1米处挖沟排水，以防雨水渗入。多雨地区，应在黄贮窖上面搭棚，随时注意检查，发现窖顶有裂缝时，应及时覆土压实。

9. 开窖

黄贮玉米、高粱等禾本科牧草一般 30 ～ 40 天可开窖取用；豆科牧草一般在 2 ～ 3 个月开窖取用。

10. 取料与饲喂

开窖取料时应从一头开挖，由上到下分层垂直切取，不可全面打开或掏洞取料，尽量减小取料横截面。当天用多少取多少，取后立即盖好。取料后，如果中途停喂，间隔较长，必须按原来封窖方法将黄贮窖盖好封严，保证黄贮窖不透气和不漏水。

黄贮饲料是优质多汁饲料，饲喂家畜时最初少喂，然后逐步增多，最后再喂草料，使其逐渐适应。秸秆黄贮过程中若在原料中添加了食盐，饲喂驴时应注意从日粮中扣除相应部分食盐的含量。

（四）秸秆氨化处理技术

秸秆氨化就是利用液氨、尿素、碳酸铵、氨水和人畜尿等含氮物质对秸秆进行氨化处理，破坏连接秸秆木质素与多糖之间的酯键，提高秸秆的消化率。同时，氨是一种碱性物质，可使秸秆的木质化纤维膨胀，提高渗透性，使消化酶更易与之接触，提高秸秆的营养价值。

1. 操作方法

处理方法主要有堆垛法，窖、池容器氨化法和塑料袋氨化法等三种。用作氨化处理秸秆的氨源物质常用的是尿素。

（1）堆垛法　堆垛法是指在平地上，将秸秆堆成长方形垛，用塑料薄膜覆盖，注入氨源进行氨化的方法。其优点是不需建造基本设施、投资较少、适于大量制作、堆放与取用方便，适于夏季气温较高的地方采用。主要缺点是塑料薄膜容易破损，使氨气逸出，影响氨化效果。秸秆堆垛氨化的地址，要选地势高燥、平整，排水良好，雨季不积水，较宽敞的地方。而且距畜舍较近处，有围墙或围栏保护，能防止牲畜危害。麦秸和稻草是比较柔软的秸秆，可以铡成 2 ～ 3 厘米，也可以整秸堆垛。但玉米秸秆高大、粗硬，体积太大，不易压实，应铡成 1 厘米左右碎秸。边堆垛边调整秸秆含水量。如用液氨作氨源，含水量可调整到 20%左右；若用尿素、碳酸铵作氨源，含水量应调整到 40%～ 50%。水与秸秆要搅拌均匀，堆垛法适宜用液氨作氨源。

（2）窖、池容器氨化法　建造永久性的氨化窖、池，可以与青贮饲料转换使用，即夏、秋季氨化，冬、春季青贮。也可以 2 ～ 3 个窖、池轮换制作氨化饲料。采用窖、池容器氨化秸秆，首先把秸秆铡碎，麦秸、稻草较柔软，可铡成 2 ～ 3 厘米的碎草，玉米秸秆较粗硬，应以 1 厘米左右为宜。用尿素氨化秸秆，每吨秸秆需尿素 40 ～ 50 千克，溶于 400 ～ 500 千克清水中，待充分溶解后，用喷雾器或水瓢泼洒，与秸秆搅拌均匀后，分批装入窖内，摊平、踩实。原料要高出窖口 30 ～ 40 厘米，长方形窖呈鱼脊背式，圆形窖呈馒头状，再覆盖塑料薄膜。盖膜要大于窖口，封闭严实，先在四周填压泥土，再逐渐向上均匀填压湿润的碎土，轻轻盖上，切勿将塑料薄膜打破，造成氨气泄出。

（3）塑料袋氨化法　塑料袋要求是无毒的聚乙烯薄膜，厚度在 0.12 毫米以上，韧性好，抗老化，黑颜色。袋口直径 1 ～ 1.2 米，长 1.3 ～ 1.5 米。用烙铁粘缝，装满饲料后，袋口用绳子扎紧，放在向阳背风、距地面 1 米以上的棚架或房顶上，以防老鼠咬破塑料袋。

氨化方法：可用相当于干秸秆风干重量 3%～ 4%的尿素或 6%～ 8%的碳酸铵，溶在相当于秸秆重量 40%～ 50%的清水中，充分溶解后与秸秆搅拌均匀装入袋内。昼夜气温在20℃以上时，经15～20天即可喂用。此法的缺点是氨化数量少，塑料袋一般只能用2～3次，成本相对较高。塑料袋易破损，需经常检查粘补。

2. 氨化时间

秸秆氨化一定时间后，就可开窖饲用。氨化时间的长短要根据气温而定。气温低于5℃，要56天以上；气温为5～10℃，需28～56天；气温为10～20℃，需14～28天；气温为20～30℃，需7～14天；气温高于30℃，只需5～7天。

3. 品质鉴定

氨化秸秆在饲喂牲畜之前应进行品质鉴定。一般来说，氨化的秸秆颜色应为杏黄色；氨化的玉米秸为褐色。氨化的秸秆有糊香味和刺鼻的氨味；氨化的玉米秸的气味略有不同，既有青贮的酸香味，又有刺鼻的氨味。若发现氨化秸秆大部分已发霉，则不能用于饲喂家畜。

4. 饲喂方法

秸秆氨化处理完成后，将塑料膜全部取掉，使秸秆全部暴露在空气中晾晒，干燥后放入草棚或房舍内备用。开始时应少量饲喂，待牲畜适应氨化秸秆后，逐渐加大喂量，使其自由采食，亦可以与其他饲草混合饲喂。日粮要搭配合理，基础料中要少加蛋白质饲料，最好能连续饲喂。如果停喂，则要采取逐渐减少氨化饲料饲喂量的办法。

直接从氨化池取出秸秆饲喂的，在按需要的数量取出氨化饲料以后，要放置10～20小时，在阴凉处摊开散尽氨气，至没有刺激的氨味方可饲喂。剩余的仍要封严，防止氨气损失或进水腐烂变质。

（五）酒糟发酵技术

酒糟就是酿酒副产品，资源丰富，价格低廉，有啤酒糟、谷酒糟、米酒糟、白酒糟、酒糟粉等。各种酒糟中以啤酒糟的营养价值最高，其实啤酒糟是麦芽糖化工艺后的麦糟，没有经过酿酒发酵工序，所以其中的营养保留最好，粗蛋白含量可达到25%左右，将其当作驴饲料是一个很好的选择。

1. 酒糟发酵的操作方法

① 准备物料。酒糟、玉米粉、麸皮或米糠、饲料发酵剂（市场上有多种）。

② 稀释菌种。将饲料发酵剂用米糠、玉米粉或麸皮按（1∶5）～（1∶10）的比例，先不加水干稀释混合均匀后备用。

③ 混合物料。将备好的酒糟、玉米粉、麸皮及预先稀释好的饲料发酵剂混合在一起，一定要搅拌均匀。如果发酵的物料比较多，可以先将稀释好的饲料发酵剂与部分物料混匀，然后再撒入发酵的物料中，目的是使物料和发酵剂混合更均匀。

④ 水分要求。配好的物料含水量控制在65%左右，判断办法：以手抓一把物料能成团，指缝见水不滴水，落地即散为宜。水多不易升温，水少难发酵；加水时，注意先少加，如水分不够，再补加到合适为止。

⑤ 密封要求。发酵物料可装入筒、缸、池子、塑料袋等发酵容器中，物料发酵过程中应完全密封，但不能将物料压得太紧；当使用密封性不严的容器发酵时，外面应加套一层塑料薄膜或袋子，再用橡皮筋扎紧，确保密封。

⑥ 发酵完全。在自然气温（启动温度最好是在15℃以上为好）下密封发酵3天左右，有酒香气时说明发酵完成。

⑦ 保存方法。发酵后的酒糟物料，如果要长期保存，则要密封严格，并压紧压实，尽量排出包装袋中的空气。这样不仅可以长期保存，而且在保存的过程中，还会进行降解，时间

较长后，消化吸收率更好，营养 更佳。其他固体发酵的糟渣也是这个原理。

发酵好的饲料也可以直接造粒、晾干、成品检验、装袋、成品入库。

2. 酒糟发酵的注意事项

① 确保密封严格，不漏一点空气进入料中，时间越长，质量更好，营养更佳。发酵过程中不能拆开翻倒，发酵后的成品在每次取料饲喂后应注意立即密封；成品可另行采用小袋密封保存或晾干脱水、低温烘干或造粒等方式保存。

② 各种发酵原料的添加比例按照饲料发酵剂的使用说明执行，不可随意增减，否则将影响发酵效果和饲喂效果。不能使用霉烂变质的酒糟。

③ 如果添加农作物秸秆粉、树叶杂草粉、瓜藤粉、水果渣、干蔗渣、谷壳粉、统糠、食用菌渣、鸡粪等，其合计不超过发酵原料总量的30%。

④ 多种发酵原料混合发酵优于单一发酵原料发酵，能量饲料（玉米粉、麦麸、米糠）可以将一种物料单独发酵，也可将两三种物料按任意比例混合发酵。

3. 饲喂方法

① 喂养的时候要添加4%的预混料或者自己添加微量元素。

② 饲喂比例要采取先少量，再慢慢增加的原则。如开始饲喂时可以先采用5%，然后再慢慢递增到30%。因为发酵酒糟为湿料，因此实际配制饲料时的重量要乘以2，如配制比例为30%时，实际使用重量为60%。将其他饲料混合，添加适量的水混合拌匀直接饲喂，如果打堆覆盖1小时以上，利用发酵饲料中的微生物和酶对其他饲料再进行降解一下，饲喂效果

更好。

小贴士：

直接用酒糟喂驴不但营养价值得不到充分利用，而且口感还差。所以，最好用专业的饲料发酵剂发酵后再喂驴，这样的饲料营养才更全面，口感更佳。

（六）大豆渣发酵技术

大豆渣是大豆制作豆腐时的副产品，资源非常丰富。大豆渣具有丰富的营养价值，其中的营养成分与大豆类似，含粗纤维 8%左右、蛋白质 28%左右、脂肪 12.40%左右，其营养高于众多糟渣。

1. 大豆渣发酵的优点

① 便于较长时间保存。不发酵的大豆渣最多能存放 3 天，发酵后的豆渣一般可存放一个月以上，如果能做到严格密封，压紧压实或烘干，则可以保存半年以上甚至一年。

② 提高了饲料的适口性，降低了粗纤维 1/3 以上，动物更爱食用，促进了食欲并增加了消化液的分泌。

③ 丰富了营养成分。烘干后干物质中消化能提高 13.17%，代谢能提高 16%，可消化蛋白提高 29.59%，粗纤维降低 30%左右。发酵的大豆渣还是一种益生菌的载体，含有大量的有益微生物和乳酸等酸化剂，维生素也大幅度增加，尤其是 B 族维生素往往是成倍地增加。

④ 大大降解了抗营养因子，提高了抗病力。发酵后能显

著增加其消化吸收率和降解抗营养因子，并含大量有益因子提高了抗病性能。

⑤ 节省饲料成本，提高经济效益。发酵以后可以代替很大一部分饲料，节省饲料成本；并且驴少得病，出栏提前，提高了经济效益。

2. 发酵豆渣的方法

原料主要有大豆渣、发酵菌液（市场出售的饲料发酵菌液均可，如EM菌液）、麦麸（或者玉米粉统糠等均可）、红糖、水等。

操作步骤如下：

第一步：将饲料发酵菌液用水稀释，然后和麦麸搅拌均匀，湿度在50%左右，判断标准是用手抓一把，用力握成坨，指缝间感觉是湿的，但是没有水滴下来。

第二步：用水融化红糖，具体用水量多少要看大豆渣的干湿度。

第三步：把拌好的麦麸均匀撒在大豆渣中，一边撒一边喷洒已经融化好的红糖水。有条件的话，可以用人工搅拌或者搅拌机搅拌。

第四步：搅拌均匀以后放在密封容器里（大塑料袋、缸里、桶里、发酵池等），压实密封发酵3～5天即可。

注意：以上各原料的具体稀释比例和用量要按照发酵菌液的说明要求，不可随意增减。

3. 饲喂方法

① 饲喂比例要采取先少量，再慢慢增加的原则。如开始饲喂时可以先采用10%，然后再慢慢递增到30%。因为发酵豆渣为湿料，因此实际配制饲料时的重量要乘以2，如配制比例为30%时，实际使用重量为60%。将其他饲料混合，添加

适量的水混合拌匀直接饲喂，如果打堆覆盖 1 小时以上，利用发酵饲料中的微生物和酶对其他饲料再进行降解一下，饲喂效果更好。

② 发酵大豆渣混合后至少要等 30 分钟才能饲喂，主要是让发酵大豆渣的一些气体挥发。

小贴士：

大豆渣不宜直接生喂，直接作为饲料其营养和能量的利用率很低，不到 20%，失去了它潜在的营养价值和经济价值。生喂时易腹泻，因为大豆渣含有多种抗营养因子，还影响肉驴的生长和健康等。生大豆渣容易发霉变质，不易保存。

所以大豆渣喂驴需要事先进行加工处理，简单的处理方法是加热，最好的办法是使用饲料发酵菌液进行发酵处理。

第六章

驴的饲养管理

一、种公驴的饲养管理

俗话说：公驴好，好一坡；母驴好，好一窝。可见种公驴的重要性。种公驴的饲养管理重点是必须经常保持良好的种用体况，不能过肥或过瘦，具有旺盛的性欲和量多质优的精液，以保证较高的受胎率。

（一）单栏饲养

种公驴应实行定槽、定位、拴系饲养。有条件的家庭农场最好采用单栏饲喂。实现拴系定位或单栏饲养不但能够避免种公驴相互咬伤或踢伤，还能减少相互爬跨造成的精液损失。有利于上膘和保持充沛的精力顺利完成配种任务。在设置食位隔护栏时，护栏愈坚固愈好，

还要注意公母驴不能混养，以免相互撕咬碰撞，造成意外创伤，以致诱发破伤风。同时性骚扰可造成怀孕母畜流产。

（二）饲喂管理

每头驴每天粗饲料饲喂量占体重的1.8%～2.0%，精补料占体重的0.3%～0.5%。一般大型公驴在非配种期，每天喂优质干草5～6千克，精料1.5～2.0千克；中型公驴干草3～4千克，精料1～1.5千克。

通常在配种期开始前1.5个月，就应对种公驴加强饲养，使其具有中上等膘情，保持良好的体况。为此，日粮中应有充足的能量、丰富的蛋白质、矿物质和维生素，这是保持种公驴旺盛的代谢功能和产生优良品质精液的重要条件。开始减草加料时，大型驴每天喂豆科和禾本科等优质牧草3.5～4千克，精料2.5～3.5千克；中型驴每天喂豆科和禾本科等优质牧草2～3千克，精料2～2.5千克。其中豆饼或豆类不少于25%～30%，早春缺乏优质青草，可每天补喂胡萝卜1千克或大麦芽0.5千克。配种旺季饲粮蛋白质水平可提高到15%，可喂给适量的动物性饲料，如鸡蛋（3～5个）、鱼粉等。实践证明，当提高饲粮中蛋白质、矿物质和维生素水平时，短时期内就能迅速提高精液的品质。每天还要喂食盐50克，骨粉或贝壳粉40～60克。配种后是种公驴体况恢复重要时期，一般需2个月时间。在恢复期间应注意饲料喂量，精料可减至配种期的一半。

驴是既容易饱又容易饿的动物，农民朋友俗称“直肠子”。根据驴胃的特点，饲喂时既不能一次投喂过多，又不能间隔时间过长，应遵循定时、定量及少喂勤添的原则。饲喂顺序为先粗后精，养驴群众有“头遍草、二遍料、最后再饮到”的农谚。饲喂时，粗饲料不限量，每天分3次投放。精饲料每天也分3次投喂，饲喂时用水拌湿。要保持日粮结构的稳定，不可突然和随意改变日粮结构，必须改变的要有5天以上的过渡期。

喂驴讲究“寸草铡三刀，无料也上膘”“草膘料力水精神”。冬春以干草为主，夏秋以青草为主。注意不要拌得过湿，以防肠炎。

（三）加强运动

具备结实的体质是种公驴保证健康、旺盛的性欲和配种能力的基础。注意加强公驴的运动，增强公驴体质。防止因运动不足、休闲过度或缺乏锻炼、过于肥胖，导致公驴性欲降低，精神萎靡，精液品质下降。

可建设专门的运动场，让种公驴每天在运动场上自由运动，上下午各 2 小时。或让其每天从事 2 ～ 3 小时轻度劳役。也可把公驴系在运动架上，上、下午各进行 1 小时的驱赶运动。还可以让饲养员牵着运动，运动后让驴在运动场上打滚落汗，俗称“驴打滚”，可以促进食欲，增强体质，提高性欲和精液品质。

对配种任务过于繁重的公驴，要适当控制运动量，避免因运动量过大，影响公驴的体力和配种。而对非配种期，一般是秋末、冬初这段时间，天高气爽，应加强运动，使种公驴的肌肉坚实、体力充沛、精力旺盛，为来年配种打好基础。

（四）精液质量检查

根据历年配种成绩、膘情及精液品质等评定其配种能力，以安排本年度配种计划。对每头种公驴都应进行详细的精液品质检查，每回检查连续 3 次，每次间隔 24 小时。如发现不合格者，应查清原因，在积极改进饲养管理的基础上，过 12 ～ 15 天再检查 1 次，直到合格后方可进行配种。否则，经 3 次检查不合格的种公驴应予以淘汰。

（五）配种管理

一般种公驴的利用年限为 6 ～ 8 年，只有正确使用公驴，才能延长公驴的利用年限。因此，对公驴的交配（采精）使用应有所控制，可根据其体况、年龄和以往的使用情况适度掌握。如果公驴的交配或采精次数过少，会降低公驴的性反射，使精子衰老、数量减少，以致降低或完全丧失受精能力；相反，过度交配，同样会降低公驴的精液质量，影响繁殖力或造成不育，缩短种公驴的使用年限。

一般青年公驴的配种频率要比壮年公驴小一些。年轻公驴每天交配 1 次为宜，壮龄公驴 1 天可交配 2 次（间隔 8 ～ 10 小时），每周应休息 1 天。还要结合精液检查的结果确定配种次数。

为了安全，在饮水和饲喂后半小时内不宜立即进行交配。配种（采精）前后 1 小时，要避免剧烈运动，每次交配后应由专业人员牵遛 15 ～ 20 分钟，然后让公驴安静休息。

（六）饮水管理

驴采食 30 分钟后应给予充足的清洁饮水或不间断饮水，在驴舍内大多数的供水方法是设置固定水槽，使用水桶或自动饮水器。驴怕冷不怕热，饮水最好是温水。特别是冬季，饮水温度不能低于 6℃，一般以 9 ～ 11℃为宜，切勿饮带冰的水。注意饮水卫生，防止饮水过急、过猛和热肚子饮水。驴饮水后不能立即急驱快跑，或做剧烈运动。

对于新引进的驴或大量采食较干饲料的驴，为防止水中毒或急性胃扩张应控制饮水，可采取少量勤饮的原则。

（七）驴体刷拭

驴体刷拭是饲养驴的一项非常重要的日常工作，主要是对驴的被毛进行刷拭护理。俗话说：刨刨刷刷，好似一宝。刷拭驴体不仅可以保持驴体清洁、促进皮肤的血液循环、按摩肌肉筋腱、消除疲劳、预防疾病，而且还可以使驴与人更加亲和，方便饲养管理，并容易早期发现伤病等。

刷拭时先用长毛刷除去驴身上的泥土、粪、草等污物，再用体刷用力刷拭驴的全身。刷拭要按照先左后右，由前到后，从上到下，依次刷拭。首先从驴头部开始，刷完驴头后，再刷驴的颈部、前肢、躯干、臀部和后肢。注意对敏感部位、肷部、腰角处及颜面部要轻刷，不宜用力过重。驴尾毛不要硬拽。

接近驴时，由驴体前侧方接近，不要从正前方或后面接近。先给以温和的招呼声或呼驴名，慢慢地接近，可用手抚摸鼻梁，抚摸或轻拍颈部、肩部和背部表示爱护和安慰。注意不要触碰驴的敏感部位及危险性较大的部位，如耳、眼、腹下、肷部、阴囊、肛门及四肢下部等，更不能突然向前或从后面接近，以免引起驴不安或蹶踢。

（八）定期修蹄挂掌

现在随着驴使役的减少，一般驴驹自出生后都在圈舍中度过。由于运动较少，蹄子的角质层不能通过磨损来保持适当的长度，需要人工修整，否则极容易出现长歪或长斜的变形情况（图 6-1、图 6-2），引起驴走路的不适，时间一长还会引起蹄烂或蹄叶炎，使得毛驴站立困难，日渐消瘦。因此，应定期给驴修蹄，并保持驴蹄部清洁。修蹄时要先将驴保定，防止被驴踢伤。保定好后用铲刀将长斜的驴蹄过长的角质层切掉，最后用修蹄刀或镰刀修边（图 6-3）。修蹄时只要将驴蹄修平即可，不能修得太深，更不能伤及蹄部的血管神经，一般 1 ～ 2 个月视蹄部生长情况修蹄一次，必要时可挂掌护蹄。

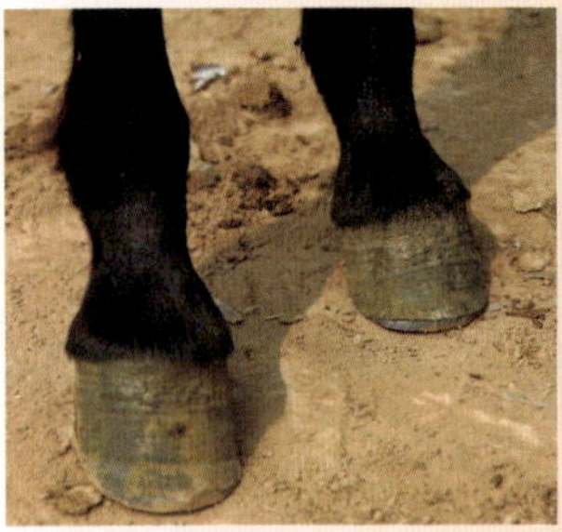

图6-1 正常驴蹄

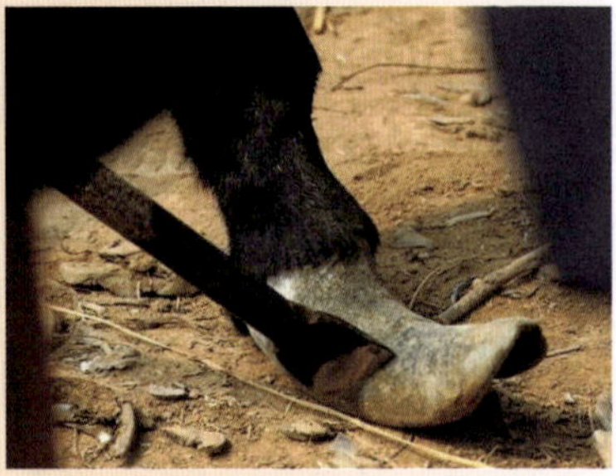

图6-2 蹄甲过长

图6-3 修蹄

（九）日常管理

做好驴舍冬季的防寒保暖和夏季的防暑降温，保证驴舍冬暖夏凉，温度适宜。

驴舍坚持每天清扫，运动场要保持清洁，及时清除粪便和异物。

（十）疾病预防

定期做好驴场周围及驴舍内环境卫生和消毒工作。驴舍内每月进行 1 ～ 2 次消毒液喷洒消毒。运动场和场区道路采取撒生石灰或喷洒消毒液等方式进行消毒；平常注意杀虫（蚊、蝇、虻、蜱）、灭鼠，切断传染病传播途径和消灭传染源；对病死驴及时采取化制、掩埋、焚烧等无害化处理措施，减轻病原体传染和污染环境；对粪污进行堆积发酵或厌氧发酵生产沼气、有机肥等，消灭寄生虫及病菌，减轻环境污染。

小贴士：

目前，无论采用自然交配，还是人工授精，都离不开具有优良生产性能的种公驴。一个配种期内一头种公驴可负担 75 ~ 80 头母驴的配种，经常每日或隔日配种或采精。

二、母驴的饲养管理

母驴的饲养管理重点是加强营养和适量运动，保持母驴的正常体况，保证母驴能正常发情、配种、妊娠及分娩。

（一）常规日常管理

1. 群养母驴

母驴通常选择群饲、栏内散养的方式，但空怀期母驴应分槽定位，并用绳拴系。母驴舍外的运动场上应设有饮水槽，种母驴每天在吃完饲料后，都要驱赶出来，自由活动，自由饮水。饮完水后母驴会自动到沙地上打滚，促进其新陈代谢，增强驴体质。如果条件允许，最好每天驱赶到草场上，让它们自由运动和采食。

2. 刷拭驴体

每天刷拭两次驴体，清除皮垢、灰尘和寄生虫，促进皮肤血液循环，及时发现外伤，增强人畜亲和。

3. 定期修蹄

定期修蹄、挂掌，保持蹄部清洁。一般 1 ～ 2 月修蹄一次，修蹄时将驴蹄修平即可，不能修得太深，更不能伤及驴蹄部的血管神经。经常保持驴蹄清洁和适当的湿度，发现蹄病要及时治疗。

4. 饮水管理

始终保持有清洁的新鲜水供驴随时饮用，在驴舍内大多数的供水方法是设置固定水槽，使用水桶或自动饮水器。饮水温度不能低于 6℃，一般以 9 ～ 11℃为宜，切勿饮带冰的水。注意驴饮水后不能立即急驱快跑、剧烈运动。

5. 卫生管理

保持舍内干燥通风，及时打扫卫生，粪尿不堆积。夏季做好防治蚊蝇工作，让驴安静采食和避免蚊蝇传播疾病。

以上工作可根据天气、配种、饲养情况做适当调整，但应保证不影响驴的正常生长，给驴创造一个良好的生长环境。

（二）不同阶段的饲养管理

除了常规日常管理外，对于各种阶段的种母驴还要区别对待。

1. 空怀期母驴的饲养管理

空怀母驴是指断奶后到下一次怀孕前的母驴。管理的重点是调整空怀母驴的体况，在配种前要有中等以上的膘情，保证母驴正常发情、排卵和配种。

（1）做好发情配种　种母驴 18 个月配种，一般春季发情频率较高，发情周期平均为 21 天，妊娠期一般为 365 天，差异 10 天左右均为正常。确定母驴是否发情可以采取外部观察法，一旦发现母驴神情不安、食欲减少、阴唇肿胀、两耳后抿、尾巴翘起、主动接近公驴，且看见公驴时嘴巴不停掀动，即可以确定母驴已经发情。选择优秀的种公驴进行本交或采用人工授精技术配种。

（2）饲喂管理　空怀母驴一般春季膘情较差，只有加强营养，使母驴保持中等膘情，才有利于母驴发情、配种和受胎。舍饲的种母驴应加强运动和限食限位，使它恢复繁殖能力。

参考日喂量为驴体重的 2% 左右。饲喂时要先粗后精，粗饲料饲喂时用水拌湿，不限量，让其自由采食。在粗饲料的基础上，每天每头饲喂精料 2 千克，分 3 次投喂。粗饲料以优质的苜蓿或者扎碎的农作物秸秆为主，精饲料以麸皮、玉米、豆粕为主。

（3）疾病预防　对空怀的母驴进行检查，发现有生殖疾病的要及时治疗，以便配种受胎。

2. 妊娠期母驴的饲养管理

妊娠期是指母驴配种受胎到小驴初生这段时间。一般为 365 天，差异 10 天均为正常。妊娠期母驴的饲养管理重点是防止流产、保证胎儿的正常发育。加强母驴妊娠后期的营养，为产后泌乳打好基础，为幼驴的出生做好准备。

（1）做好妊娠鉴定　要想判定母驴是否妊娠，只要观察到母驴一些现象，即可确定。配种前发情周期正常的母驴，配种后 3 ～ 4 周如果不再发情，而且伴随食欲增加，动作稳定，性情变得温顺，贪睡等一些表现的时候，基本上可以断定母驴已经妊娠。母驴的妊娠期一般为 12 个月，即 365 天。基本上妊娠母驴在 8 个月的时候，可以看到腹部增大，乳房增大。

（2）饲喂管理　饲喂管理根据妊娠前期和妊娠后期的营养需要区别对待。

妊娠前期是指妊娠的前 8 个月，此时胎儿发育缓慢，需要的营养物质少，一般的饲喂即可满足需要，其精粗饲料量可以按照空怀期的日粮搭配进行。

妊娠后期是指妊娠的最后 4 个月。此时胎儿生长发育很快，初生重的 80％～ 90％在此期间形成。所以应提高精料比例，由原来的每天 1 ～ 2 千克增加到每天 3 ～ 4 千克，粗料基本不变，同样本着先干后湿、先粗后精的饲喂原则进行，每天饲喂 4 次，粗料和精料配方均与种公驴饲料配方相同。

（3）防止流产　造成流产的原因主要有营养不良、饲养管理不当和使役不当。营养不良如饲料不足，蛋白质、维生素和矿物质不足，或者是长时间日粮中各种营养比例失调，可造成营养性流产。日常管理不当如对驴不耐心、粗暴对待，驴受惊、狂跑、跳沟坎、踢咬、撞挤或滑倒、暴饮暴食、吃发霉或有毒的饲料。使役不当如长期使役过重，在使役时让其急剧运动、驾辕、急转弯等，都可能引起流产。此外，受寒冷刺激、严重外伤，患便秘、腹泻等疾病也可造成流产。

根据以上易造成流产的因素，家庭农场在妊娠母驴的饲养管理过程中，应做好以下方面的工作：

避免长期不运动和使役过重。怀孕母驴一般在怀孕 40 天以后，就开始逐步适量运动，运动应采取小步慢跑，切忌让妊娠母驴大步快跑，防止造成流产。做到“二不打”，不打冷鞭，不打头部、腹部；“五不急赶”，刚吃饱喝足后、役重、坏天气、路差、快到家不急赶；“六不用”，配后、产前、产后、过饱、过饮、有病时不使用。还要防止急转弯。

圈舍要干燥卫生，要宽敞平坦，冬暖夏凉，空气良好。防止滑跌和进出栏圈时挤压造成流产。圈门要适当大些，防止拥挤。专槽饲养，饲料区别对待，专人管理，防止斗殴踢蹴，以及防止撞伤或乱配而流产。

同时，在日常管理上注意饲料卫生，发霉、腐败、冰冻及有毒的饲料不能饲喂。妊娠母驴不能过饥、过饱、暴食暴饮和饮大量冰水。还要注意，冷天清晨不饮冷水，出汗不饮。俗话说：“霜草能掉驹，空水能催胎”。

发现孕驴有流产征兆时要及时治疗。如发现孕驴在怀孕前期阴道内流出黏液，不断回头看腹部，起卧不安；在怀孕后期，乳腺增大，胎动停止，应及时采取保胎措施。治疗可用下列办法：一是肌内注射黄体酮 50 ～ 150 毫克。黄体酮具有使子宫黏膜松软，便于受精卵着床，抑制子宫活动，使子宫内胎儿安全生长等作用，用于习惯流产、先兆性流产等病的安胎、保胎。对有习惯性流产的母驴，可在其怀孕后期，每周注射一次绒毛膜促性腺激素 1000 ～ 5000 单位，有保胎、防止流产的作用。二是肌内注射促黄体素，用量为 200 单位，加 5 毫升生理盐水溶解。促黄体素对母驴黄体萎缩而屡配不孕症和黄体发育不全引起胚胎早期死亡而流产，有显著作用。注意，秋末冬初是保胎的关键时期。

（4）预防难产　预防难产首先保证母驴勿过早配种，以防止由于母驴身体未成熟，骨盆狭窄，造成分娩困难。母驴开始配种的体重一般应为其成年体重的 70%左右。母驴的初配年龄一般为 2.5 ～ 3 岁。其次是母驴妊娠期应保证营养供给，运动适当，既不过多也不能过少。最后，母驴妊娠期应定期诊断。触摸胎儿时如发现胎位不正，应立即矫正。

3. 哺乳期母驴的饲养管理

母驴哺乳期通常为 7 个月，哺乳期的饲养管理直接关系到驴驹的生产和成活率，对于养驴的经济效益影响很大。

（1）母驴产后护理　母驴在分娩和产后期，生殖器官都发生很大变化。分娩时子宫颈开张松弛，子宫收缩，在排出胎儿的过程中产道黏膜表层有可能受损伤，分娩后子宫内积沉大量恶露，这些都为病原微生物的侵入和繁衍创造了良好条件，降低了母驴机体的抵抗力。因此，对产后期的母驴必须加强护理，以使母驴尽快恢复正常，提高抵抗力。母驴分娩后一般都发生口渴现象，因此，在产后要准备好新鲜清洁的温水，以便在母驴产后及时给予补水。饮水中最好加入少量食盐和麸皮，以增强母驴体质，有利恢复健康。母驴产后的 5 ～ 6 天要给予品质好、易消化的饲料，让母驴尽快恢复体力。

（2）哺乳管理　初生至 2 月龄的幼驹，每隔 30 ～ 60 分钟应哺乳一次，每次 1 ～ 2 分钟，以后可适当减少吮乳次数。

（3）母驴饲喂管理　哺乳期的母驴饲料要有高的能量和蛋白质水平，以保证母驴有充足的乳汁供应。具体的饲喂要求是粗饲料不限量，每天每头青绿饲料 1.5 千克，精料 3 千克，分 3 次投喂。同时应根据母驴的营养状况、母乳量的多少适当增减精饲料量。

在断奶前后应该给母驴减少饲料喂量，防止乳腺炎的发生，具体是断奶前 3 ～ 5 天精料饲喂量由每头每天 3 千克减少到 2.5 千克，最后减到 2 千克。

（4）饮水管理　哺乳母驴的需水量很大，要饮好饮足，每天饮水不应少于 5 次。

（5）及时配种　产后 10 天左右应注意观察母驴的发情，以保证及时配种。

（6）疾病预防　重点预防产科疾病，在产后如发现尾根、外阴周围黏附恶露，要清洗和消毒，并防止蚊蝇叮吮，褥草要经常更换。

产后 3 天内注射破伤风抗毒素。

三、幼驴的饲养管理

幼驴是指从出生到 7 月龄断奶这段时间的驴。新生驴驹出生后生活条件发生了很大变化，幼驹本身的消化机能、呼吸器官的组织以及各调节体温的机能都还不完善，对外界条件的适应能力较差。但此期是出生后生长发育最快的时期。此阶段生长发育的好坏，和成年以后的生产性能密切相关。

（一）尽早吃足初乳

一定要保证幼驴出生后及时吃上、吃足初乳。幼驴出生后半小时就能站立起来，并能找母驴吃奶。饲养员应注意观察幼驴吃初乳情况，如产后 2 小时后幼驴还不能站立，就应人工辅助幼驴吃上初乳，或者由人工挤出母驴的初乳喂给幼驴，2 小时一次，每次 300 毫升。对于母驴拒哺乳幼驴的和母驴无乳的，应区分原因，及时采取寄养或替代乳品等办法，保证幼驴吃上初乳。

（二）早期补饲

随着幼驴的快速生长发育，对营养物质的需求不断增加，单纯依靠母乳将不能满足幼驴的快速生长需要。所以，应尽早补饲，使幼驴习惯采食饲料。幼驹出生后 15 天，就应开始训练幼驹吃精料和草料。补饲的精料以麸皮或磨碎的人麦、燕麦、高粱、豆饼粉等为主，补料量应根据母驴泌乳量，幼驹的营养状况、食欲、消化情况来灵活掌握。喂量由少到多，一般由开始每日的 50 克逐渐增加到 250 克，2 ～ 3 月龄时每天喂 500 ～ 800 克，5 ～ 6 月龄时每天喂 1 ～ 2 千克。3 月龄前一般每天补料1次，3月龄后每天补料2次。补喂的草应用优质的禾本科干草和苜蓿干草，任其自由采食。每天要加喂食盐、钙、磷等矿物质和胡萝卜等多汁饲料。若有方便条件，最好随母驴一起放牧。放牧期间，可视牧草情况，酌情减少或不再补给精料。幼驴补料时间，应与母驴饲喂时间一致，要单设补饲栏与母驴隔开，以免母驴争食。

（三）充足饮水

饮水对幼驴非常重要。哺乳幼驴的饮水易被忽视，应予以注意。可在幼驴补饲栏内设水槽，让幼驴自由饮用，水质符合无公害要求应清澈洁净。幼驴与母驴一同饮水时，也要保证幼驴饮足饮好。

（四）适当运动

幼驴通常出生在春夏季节，此时光照充足，温度适宜。幼驴出生半个月以后应让其在舍外多做运动。可在阳光充足的时间让幼驴在运动场自由活动，开始每次半小时到一小时，以后逐渐增加，可增强幼驴体质，对幼驴的健康发育非常有益。

（五）加强看护

刚出生的幼驴一般和母驴在同一个舍内饲养，出生后4天内幼驹的视力较差，尤其注意看护，避免意外情况发生。

（六）调教幼驴

调教幼驴应从小开始，饲养员应经常接近幼驴，触摸幼驴，轻声呼唤，牵驴溜达等，建立人与驴的亲和关系，为以后的饲养管理打下良好的基础。

（七）早期断奶

正常情况下幼驹长到4～5月龄时已能独立采食，6月龄时应根据生长发育情况适时断奶。断奶以后的幼驴可以放入小圈（栏）内群饲，开始独立生活。刚断奶时幼驴烦躁不安，食欲减退。需要精心管理，使幼驴顺利渡过断奶难关。一般驴断奶的时候，正赶上环境温度低的季节，采食的饲料主要用于维持身体的需要，全部转换成热量来抵御寒冷，此期应增加精饲料的饲喂量，使幼驹尽快抓好秋膘以便越冬。有条件的地方可以放牧或者在田间留茬地饲养，每天补喂混合料时应注意及时供应清水。同时做好幼驴的保暖工作，将幼驴安排进保暖好的驴舍内或暖棚内饲养。

（八）疾病预防

幼驴出生后，免疫力低，抗病能力较差，最容易发生腹泻。要及时给发病幼驴注射黄连素，能够起到预防和治疗肠道疾病的作用。

出生后 3 天内注射破伤风抗毒素。

小贴士：

幼驴的管理重点主要是抓好“三早”，即出生后尽早吃上初乳，早期补饲和实行早期断奶。

四、育成驴的饲养管理

育成驴即青年驴，通常是指断奶后到性成熟配种或育肥期的驴。这个时间的饲养管理最为关键。

（一）公母驴分群饲喂

幼驹断奶满一周岁左右，公驴出现第二性征，这时要进行公、母驴分开饲养。

（二）饲料营养

这一阶段是幼驴全面生长发育的时期，如果饲养不良就会影响其生产性能。育成驴对粗饲料的利用率高，日粮营养只要能满足其生长需要就可以。所以日粮主要以粗饲料为主，也可降低养殖成本。1 岁以前，每天饲喂量按照 40%的精料和 60%的粗料进行，1 岁以后按照 30%精料和 70%粗料进行。每天饲喂 3 次，同样采取先粗后精、先干后湿的饲喂办法，每头驴每天喂 2 ～ 3 千克粗料，1.5 千克精料。

（三）自由运动

育成驴应保持一定的运动量，以增强驴的体质，提高种用价值。每天上下午让驴在舍外运动场自由活动 2 小时。

（四）日常管理

为育成驴的生长发育创造良好的条件，保证温度在 10 ～ 20℃之间，为此，寒冷季节将育成驴安排进暖棚饲养。饮水必须保证清洁，温度适宜，切忌让驴饮冰碴水。每天刷拭驴体，上下午各一次。

每天上下午各打扫圈舍和运动场一次，及时清除舍内和运动场上的粪便和异物。并定期对驴舍和运动场进行消毒。

（五）疾病预防

疾病预防主要是定期驱虫和防止破伤风。定期驱虫主要是驱除体内寄生虫，如马胃蝇的幼虫及肠道寄生虫等。户外运动要注意避免外伤，如树枝刮伤及金属锐器损伤等，一旦发生要及时注射破伤风血清，防止破伤风病的发生。

小贴士：

俗话说：一年不成驴，永远是个驹。满足营养需要是育成驴饲养管理的重点。

五、育肥驴的饲养管理

育成驴在比较粗放的饲养条件下，饲养到1.5岁时，就可以进行强度育肥，育肥时间一般为5～7个月。

（一）坚持全进全出制

保证同一驴舍内只饲养同一批次的肉驴，做到同时进场、同时出场的管理制度。

（二）做好圈舍准备

育肥驴进舍前一星期，要修整好育肥圈舍。驴栏、驴床、天棚及墙壁、地面、通道、排污沟等要彻底清扫并用高压水枪冲洗干净，检查和安装好饮水器和料槽，然后用甲醛和高锰酸钾溶液熏蒸，封闭3天后打开通风待用。有利于消灭传染源，切断传播途径，防止病原体交叉感染。

（三）分群饲养

育肥驴进育肥舍时，要按性别、大小、强弱进行分群，日龄最好相差不大。饲养密度不能太大，每栏以 20 ～ 25 头为宜，夏天数量要少，冬季数量适当增多，以便提高舍内温度，但要保证每头仔肉驴有 0.6 ～ 0.8 平方米的活动空间。

（四）舍内温度与湿度控制

圈舍内的环境温度是影响幼驴生长和饲料消耗的重要因素，幼驴育肥舍的适宜温度范围为 18 ～ 24℃，适宜相对湿度为 50%～ 70%。为此，夏季要做好遮阳挡雨，在圈舍和运动场周围做好树木绿化。冬季要做好门窗封堵，保暖防寒。舍内要保持干燥，在保证保育舍温度达到要求的情况下，开窗户和门通风换气。

（五）减少运动

要减少育肥驴的运动，以利于肉驴长膘。

（六）日常管理

保持圈舍、运动场及周边环境的干净、干燥、卫生。及时更换垫草，清除粪便，不留隔夜粪便，粪便及垫草集中堆放到指定地点进行无害化处理。常规消毒 1 周 1 次，可采用 10%石灰乳、5%氢氧化钠、来苏儿、含氯的消毒剂、新洁尔灭等，更替使用，并及时灭杀蝇、蚊、虱、螨、蜱、鼠等害虫。

食槽水槽定期清洗。每天刷拭驴体，供给清洁饮水。

避免噪声、惊吓、抽打、舍内温度骤升骤降、不按时饲喂、舍内阴暗潮湿、贼风侵袭等不良因素对驴的刺激。

（七）饲喂管理

在饲喂上将驴育肥期一般分为生长育肥期和成熟育肥期两个阶段，这样既节省精饲料，又能获得理想的育肥效果。

1. 生长育肥期

生长育肥期的时间为 2 ～ 3 个月。生长育肥期的饲养管理重点是促进驴的骨骼、内脏、肌肉的生长，要饲喂富含蛋白质、矿物质和维生素的优质饲料，促使育肥驴在保持良好发育的同时，消化器官得到锻炼。此阶段能量饲料要限制饲喂。

采用先粗后精、少喂勤添、定时定量的饲养方式，每头每天饲喂精饲料 1.2 千克，每天饲喂 3 次，粗饲料自由采食不限量。冬春以干草为主，夏秋以青草为主。粗饲料要铡成长度为 3 厘米左右的段，除去泥沙、铁屑等杂质，稻草最好氨化后饲喂。饲草饲料尽可能多样化，切忌单一。注意不要拌得过湿，以防肠炎。无论是粗饲料还是精饲料，更换品种时都需要有 5 天左右的过渡期，让驴适应，切忌突然更换饲料。

自由饮水，冬季饮水适宜温度应在 8 ～ 10℃之间。

2. 成熟育肥期

成熟育肥期的时间为 3 ～ 4 个月。成熟育肥期的饲养管理重点是改善驴肉品质，增加肌肉纤维间脂肪的沉积量。因此，日粮中粗饲料比例不宜超过 30%～ 40%，精饲料要充分供给，以自由采食效果较好。

采用先粗后精、少喂勤添、定时定量的饲养方式，每头每天饲喂精饲料 1.5 千克，每天饲喂 4 次，粗饲料每天每头限制在 4 千克左右，自由采食。

（八）预防保健

幼驴转入育肥的一星期内，在饮水中添加广谱抗生素和电解多维，对预防细菌性疾病起较好作用。

驴入栏稳定 2 ～ 3 天后即可进行驱虫健胃。用虫克星驱除驴的体内寄生虫，其粉剂口服的用量为每千克体重 0.1 克，针剂皮下注射的用量为每千克体重 0.2 毫升。健胃通常在驱虫 3 天后进行，给每头驴口服人工盐 60 ～ 100 克或口服健胃散 450 克。

做好口蹄疫和破伤风疫苗接种。

（九）病重驴的淘汰与治疗

因病幼驴要占用饲养员和兽医大量的时间来进行治疗和护理，而且对于健康驴群也是一个威胁，所以对经诊断无治疗价值的幼驴应及时淘汰。病情严重治愈希望不大的驴，即使治疗好了代价也很高，应予以淘汰。另外，家庭农场可建设单独的隔离舍，将各舍的病、残驴集中一起，由专人来饲养，对提高全场仔肉驴成活率有很大作用。

（十）做好台账记录

记录中包含驴的来源、购进驴的日期、购进驴的数量及价格、存出栏数量变化、驴的采食量、温度及湿度变化情况等，并且定期进行健康检查，记录用药情况和驴病治疗情况，定期测量驴的体尺，记录驴的体重，掌握驴的生长发育情况、育肥效果、经济效益、疫病流行情况等，为实行科学的饲养管理提供依据。

（十一）适时出栏

判断肉驴育肥最佳结束期，符合以下情况即可出栏：

① 按采食量判断。在正常育肥期，肉驴的饲料采食量是

有规律的，即绝对采食量，随着增重而下降，如下降量达正常量的 1/3 或更少则可结束育肥。

② 按活重计算日采食量。以干物质为基础，采食量为活重的 1.5%或更少，就已达到育肥的最佳结束期。

③ 按体重判断。育肥驴体重达到 230 千克以上，全身肌肉丰满，皮下脂肪附着良好时，就可以出栏。

第七章 驴的疾病防治

一、驴场的生物安全管理

生物安全是近年来国外提出的有关集约化生产过程中保护和提高畜禽群体健康状况的新理论。生物安全的中心思想是隔离、消毒和防疫。关键控制点是对人和环境的控制，最后达到建立防止病原入侵的多层屏障的目的。因此，每个驴场和饲养人员都必须认识到，做好生物安全是避免疾病发生的最佳方法。一个好的生物安全体系将发现并控制疾病侵入养殖场的各种最可能途径。

驴场的生物安全包括控制疫病在驴场中的传播、减少和消除疫病发生。因此，对一个驴场而言，生物安全包括两个方面：一是外部生物安全，防止病原菌水平传入，将场外病原微生物带入场内的可能降至最低。二是内部生物安全，防止病原菌水平传播，降低病原微生物在驴场内从病驴向易感驴传播的可能。

驴场生物安全要特别注重生物安全体系的建立和细节的落实到位。具体包括：封闭式饲养，不引进其他驴，杜绝和场外驴接触。如果一定要引进驴，要对引进驴实施严格的隔离检测。确保驴场所用的饲料和饮水免受污染，控制其他人员和车辆进入驴场，制定相应规章制度，减少因人员和车辆进出驴场而引起的病原体传播。控制驴和野生动物之间的直接传播与间接接触，特别是啮齿动物和禽类。明确和监测驴群健康状况，制定并执行一致的疾病控制方案或生物安全计划等。

（一）驴场环境控制和设施建设

驴场场址不应位于《中华人民共和国畜牧法》（中华人民共和国主席令 2005 年第 45 号）规定的禁止区域，并符合相关法律法规及土地利用规划。驴场具有动物防疫条件合格证。在县级人民政府畜牧兽医行政主管部门备案，取得畜禽标志代码。

交通便利，卫生防疫无污染。远离禁养区，场界距离生活饮用水源地、居民区、主要交通干线、畜禽屠宰加工和畜禽交易场所 1000 米以上。

驴场应选择在地势高燥向阳，通风、排水良好，坡度宜小于 25°，场地开阔，有足够的面积，隔离条件好的区域。

水源稳定、取用方便，水质应符合《无公害食品 畜禽饮用水水质》（NY 5027—2008）的要求。电力供应充足可靠，符合《供配电系统设计规范》（GB 50052—2009）的要求。通讯基础设施良好。

肉驴育肥场按功能分为生活办公区、生产区（育肥区和隔离区）、饲料加工区和粪污处理区，在生产区入口处设人员消毒更衣室。驴场周围及各区之间应设防疫隔离带。生活办公区设在场区常年主导风向的上风向及地势较高区域，隔离区设在场区下风向或侧风向及地势较低区域，饲料区与生产区分离。粪污处理区与病死驴处理区按夏季主导风向设于生产区的下风向或侧风向处。场内净道和污道严格分开。各区整洁，且有明显标示。驴场四周建有围墙或防疫沟，并配有绿化隔离带设施。生产区入口处应设有更衣消毒室，场内应有消毒设备。驴场大门入口处设车辆强制消毒设施。

驴场应按照驴的生长阶段进行驴舍结构设计，驴舍布局符合实行分阶段饲养方式的要求。驴舍应具备防寒、防暑、通风和采光等基本条件。驴舍有足够的饲养空间，具有饲喂、饮水及清粪设施设备，有防暑降温的风机等环境控制设备。驴舍建筑布局符合卫生要求和饲养工艺的要求，具有良好的防鼠、防蚊蝇、防虫和防鸟设施。

有配套的青贮窖池、干草棚、精料库等饲料加工与储存设施。驴场设有粉碎机、搅拌机等调制及饲喂等设备。

应配备生产所需要的兽医诊断等基本仪器设备。设有称重装置、保定架和装卸驴台等设施。有与养殖规模相适应的粪污储存与处理设施。

（二）引种与购入驴要求

对于很多驴场来说，由于饲养管理的局限，完全自繁自育是很难做到的，绝大部分驴场要从外部购买种驴或架子驴。由于引入的驴可能带有某些传染性病原体，引起本地驴群发病。这就要求购驴时，要将传染病传播的危险性降到最低程度。

需要引进新驴时，要提前做好相关工作。这些工作包括新引进驴来源地的详细情况，隔离设施的提供与管理，检测、治疗和疫苗接种计划，以及引进驴不符合健康标准时的后续工作。驴场兽医部门应根据新引进驴的转运过程，对某些传染病发生的危险给出相应的评价。当新驴引进或场内驴和场外驴有接触时，需引起注意。

引进种驴要严格执行《种畜禽管理条例》中有关种畜禽品种资源保护的规定，并按照有关种畜禽调运检疫要求进行检疫。不从有疫病发生的国家和地区引进驴只、胚胎、精液。应从非疫区引进驴只，并有当地检疫部门出具的《动物检疫合格证明》。驴只在装运及运输过程中不能接触其他偶蹄动物，运输车辆应彻底清洗消毒。购入驴要在隔离场（区）观察不少于 30 天，在此期间进行观察、检疫，经兽医检查确定为健康合格，再经驱虫、预防接种后，方可转入生产群。

（三）加强消毒，净化环境

养驴场应备有健全的清洗消毒设施和设备，以及制定和执行严格的消毒制度，减少环境中的病原微生物，防止疫病传播。在驴场入口、生产区入口、驴舍入口设置防疫规定的长度和深度的消毒池。每批驴只调出后，应彻底清扫干净，用水冲洗，然后进行喷雾消毒。定期对饲喂用具、饲料车等进行消毒。驴场采用人工清扫、冲洗、交替使用化学消毒药物消毒。选用的消毒剂应符合《无公害农产品 兽药使用准则》（NY/T 5030—2016）的规定。选择对人和驴安全、没有残留毒性、对设备没有破坏、不会在驴体内产生有害积累的高效消毒剂。

对清洗完毕后的驴舍、带驴环境、驴场道路和周围以及进入场区的车辆等用规定浓度的有机碘混合物、过氧乙酸、新洁尔灭、煤酚等进行喷雾消毒。用规定浓度的新洁尔灭、有机碘混合物或煤酚等的水溶液，洗手、洗工作服或胶靴。人员入口处设紫外线灯照射至少 5 分钟。在驴舍周围、入口、产床和驴床下面撒生石灰、2%火碱等进行消毒。在驴只经常出入的产房、培育舍等地方用喷灯的火焰依次瞬间喷射消毒。定期用 0.1%新洁尔灭、0.3%过氧乙酸、0.1%次氯酸钠等对驴体进行消毒。用甲醛等对饲喂用具和器械在密闭的室内或容器内进行熏蒸。驴舍周围环境每 2 ～ 3 周用 2% 火碱或撒生石灰消毒 1 次；场周围及场内污染地、排粪坑、下水道出口，每月用漂白粉消毒 1 次。在驴场、驴舍入口设消毒池，定期更换消毒液。工作人员进入生产区净道和驴舍要更换工作服和工作鞋、经紫外线消毒。外来人员必须进入生产区时，应更换场区工作服和工作鞋，经紫外线消毒，并遵守场内防疫制度，按指定路线行走。

（四）饲料卫生管理

饲料原料和添加剂的感官应符合要求。即具有该饲料应有的色泽、嗅、味及组织形态特征，质地均匀。无发霉、变质、结块、虫蛀及异味、异嗅、异物。饲料和饲料添加剂的生产、使用，应是安全、有效、不污染环境的。禁止饲喂动物源性肉骨粉。不应在肉驴体内埋植或在饲料中添加镇静剂、激素类等违禁药物，不得添加农业农村部《禁止在饲料和动物饮用水中使用的药物品种目录》中规定的违禁药物。使用含抗生素的添加剂时，应按照《饲料和饲料添加剂管理条例》执行休药期。符合单一饲料、饲料添加剂、配合饲料、浓缩饲料和添加剂预混合产品的饲料质量标准规定。饲料应符合《无公害食品 畜禽饲料和饲料添加剂使用准则》（NY 5032—2006）的要求，所有饲料和饲料添加剂的卫生指标应符合《饲料卫生标准》（GB 13078—2017）的规定。

饲料和饲料添加剂应在稳定的条件下取得，各种原料和产品标志清楚，在洁净、干燥、无污染源的储存仓内储存，确保饲料和饲料添加剂在生产加工、贮存和运输过程中免受害虫、化学、物理、微生物或其他不期望物质的污染。

使用优质原料，依据不同生长时期和生理阶段驴群的营养需要和采食量，制定科学合理、实用、低成本的饲料配方，并根据驴群饲喂效果和饲料原料来源情况及时进行检测和调整，使营养全面化、成本最低化、实用可行化。对不能保证青绿饲料充足供应的，要注意维生素和微量元素的补充供给。禁止在饲料中添加违禁的药物及药物添加剂。使用含有抗生素的添加剂时，在肉驴出栏前，按有关准则执行休药期。不使用变质、霉败、生虫或被污染的饲料。

（五）病死驴无害化处理

病死驴无害化处理是指用物理、化学等方法处理病死动物尸体及相关动物产品，消灭其所携带的病原体，消除动物尸体危害的过程。无害化处理方法包括焚烧法、化制法、掩埋法、和发酵法。注意因重大动物疫病及人畜共患病死亡的动物尸体和相关动物产品不得使用发酵法进行处理。驴场不应出售病驴、死驴。需要处死的病驴，应在指定地点进行扑杀，传染病驴尸体要按照《病死及病害动物无害化处理技术规范》（农医发〔2017〕25号）进行处理。有使用价值的病驴应隔离饲养、治病，病愈后归群。

（六）实施群体预防

养驴场应根据《中华人民共和国动物防疫法》及其配套法规的要求，结合当地疫病流行的实际情况，制定免疫计划、有选择地进行疫病的预防接种工作；对国务院农业农村主管部门不同时期规定需强制免疫的疫病，疫苗的免疫密度应达到100%，选用的疫苗应符合《中华人民共和国兽用生物制品质量标准》，并注意选择科学的免疫程序和免疫方法。

进行预防、治疗和诊断疾病所用的兽药应是来自具有兽药生产许可证，并获得农业农村部颁发兽药GMP证书的兽药生产企业，或农业农村部批准注册进口的兽药，其质量均应符合相关的兽药国家质量标准。使用拟肾上腺素药、平喘药、抗胆碱药与拟胆碱药、糖肾上腺皮质激素类药和解热镇痛药，应严格按国务院农业农村主管部门规定的用途和用法用量使用。使用饲料药物添加剂应符合农业农村部《饲料药物添加剂使用规范》的规定。禁止将原料药直接添加到饲料及饮用水中或直接饲喂。应慎用经农业农村部批准的拟肾上腺素药、平喘药、抗胆碱药与拟胆碱药、糖肾上腺皮质激素类药和解热镇痛药。

肉驴育肥后期使用药物时，应根据《无公害农产品 兽药使用准则》（NY/T 5030—2016）执行休药期。发生疾病的种公驴、种母驴及后备驴必须使用药物治疗时，在治疗期或达不到休药期的不应作为食用淘汰驴出售。驴场还要认真做好用药记录。

（七）防止应激

应激是作用于动物机体的一切异常刺激，引起机体内部发生一系列非特异性反应或紧张状态的统称。对于驴来说，任何让驴只不舒服的动作都是应激。特别是长途贩运或多种应激源刺激，会导致机体抵抗力下降，生物因子（病原感染）乘虚而入，引起呼吸道、消化道疾病，乃至全身病理性的反应。可以说，应激是百病之源。

防止和减少应激的办法很多，在驴运输上，用装卸台让驴自行上下车，切忌粗暴鞭打驱赶。到场后饲喂实行过渡，以优质干草为主，添加少量精料，第 3 周逐渐增加至正常饲喂量。

在日常饲养管理上要做到“以驴为本”，精心饲喂，供应营养平衡的饲料，控制驴群的密度，做好驴舍的通风换气，控制好温度、湿度和噪声，勤更换垫料，随时供应清洁充足的、温度适宜的饮水等。

（八）疫病监测

驴饲养场应积极配合当地畜牧兽医管理部门，严格依照《中华人民共和国动物防疫法》及其配套法规的要求，进行疫病监测。设立隔离区，新引进的驴单独饲养管理，隔离 15 天后，如无疫病，转入大群饲养。

（九）疫病控制和扑灭

驴饲养场发生或怀疑发生一类疫病时，应依据《中华人民共和国动物防疫法》及时采取以下措施：立即封锁现场，驻场兽医应及时进行诊断，采集病料由权威部门确诊，并尽快向当地动物防疫监督机构报告疫情。确认后积极配合当地畜牧兽医管理部门，对驴群实施严格的隔离、检疫、扑杀措施。扑杀后对全场进行彻底的清洗消毒，病死或淘汰驴的尸体按《病死及病害动物无害化处理技术规范》（农医发〔2017〕25 号）进行无害化处理，消毒按《畜禽产品消毒规范》（GB/T 16569—1996）进行。

（十）建立各项生物安全制度

建立生物安全制度就是将有关驴场生物安全方面的要求、技术操作规程加以制度化，以便全体员工共同遵守和执行。

如驴场之间不能进行驴的租借或出租。出场展览或市场销售的驴不能再返回驴场。放牧时，不同驴场的驴应避免接触。

在员工管理方面要求对新参加工作及临时参加工作的人员进行上岗卫生安全培训。定期对全体职工进行各种卫生规范、操作规程的培训。

生产人员和生产相关管理人员至少每年进行一次健康检查，新参加工作和临时参加工作的人员，应经过身体检查取得健康合格证后方可上岗，并建立职工健康档案。

进生产区必须穿工作服、工作鞋，戴工作帽，工作服必须定期清洗和消毒。每次驴群周转完毕，所有参加周转的人员，其工作服应进行清洗和消毒。各驴舍专人专职管理。

严格执行换衣消毒制度，员工外出回场时（休假或外出超过 4 小时回场者，要在隔离区隔离 24 小时），要经严格消毒、洗澡，更换场内工作服才能进入生产区，换下的场外衣物存放在生活区的更衣室内，行李、箱包等大件物品需打开照射 30 分钟以上，衣物、行李、箱包等均不得带入生产区。

外来人员管理方面规定禁止外来人员随便进入驴场。如发现外人入场所有员工有义务及时制止，请出防疫区。本场员工不得将外人带入驴场。外来参观人员必须严格遵守本场防疫、消毒制度。

工具管理方面做到专舍专用，各舍设备和工具不得串用，工具严禁借给场外人员使用。

还有每栋驴舍门口设消毒池、盆，并定期更换消毒液，保持有效浓度。严禁在防疫区内饲养猫、狗和其他偶蹄动物等，养驴场应配备对害虫和啮齿动物等的生物防护设施，杜绝使用发霉变质饲料等。

每群驴都要有相关的资料记录，其内容包括：驴来源，饲料消耗情况，发病率、死亡率及发病死亡原因，消毒情况，无害化处理情况，实验室检查及其结果，用药及免疫接种情况，驴去向。所有记录必须妥善保存。

对驴粪、垃圾废物采用沼气发酵法或堆粪法进行无害化处理。对废弃的药品、生物制品包装物进行无害化处理。

二、驴群免疫接种

免疫接种是指用人工方法将有效疫苗引入动物体内使其产生特异性免疫力，由易感状态变为不易感状态的一种疫病预防措施。有组织、有计划地免疫接种，是预防和控制动物传染病的重要措施之一，在马传染性贫血病的防控措施中，免疫接种更具有关键性的作用，根据免疫接种的时机不同，可将其分为预防接种和紧急接种两大类。

（一）预防接种

在经常发生某些传染病的地区，或有某些传染病潜在的地区，或经常受到邻近地区某些传染病威胁的地区，为了防患于未然，在平时有计划地给健康驴进行的免疫接种，称为预防免疫。

1. 制定科学的免疫计划

制定科学、合理的免疫程序，是做好免疫工作的前提，对保证驴的健康起到关键的作用。养驴场必须根据国家规定的强制免疫疾病的种类和农业农村部有关畜禽疫病免疫推荐方案的要求，并结合本地疫病实际流行情况，驴群健康状况和不同疫苗特性，科学地制定和设计一个适合于本场的免疫程序。

（1）当地疫病流行情况的确定　家庭农场要主动咨询驴场所在地畜牧兽医主管部门、当地农业院校和科研院所，及时准确地掌握本地驴疫病种类和疫情发生发展情况，为本场制定免疫计划提供可靠的依据。

由于绝大多数家庭农场养驴都是从外部购买架子驴或种驴，这样还需要在购买前及时了解引进驴所在地的疫情流行情况，同时，购驴时要取得出售驴当地畜牧兽医主管部门出具的检疫证明。

（2）进行免疫监测　利用血清学方法，对某些疫苗免疫动物在免疫接种前后的抗体跟踪监测，以确定接种时间和免疫效果。在免疫前，监测有无相应抗体及其水平，以便掌握合理的免疫时机，避免重复和失误；在免疫后，监测是为了了解免疫效果，如不理想可查找原因，进行重免；有时还可及时发现疫情，尽快采取扑灭措施。如定期开展驴口蹄疫等疫病的免疫抗体监测，及时修正免疫程序，提高疫苗保护率。可见，免疫检测是最直接、最可靠的疫病状况监测方法，规模化养驴要对本场的驴进行免疫检测。如对新引进的驴，从隔离观察期间开始，以一个月的间隔做 3 次补体结合反应和琼脂扩散试验，以确定该驴是否患有马传染性贫血。

2. 参考免疫程序

每年春季对驴进行炭疽芽孢苗、破伤风类毒素、肉驴梭菌病四防菌苗、羔肉驴大肠杆菌病菌苗和肉驴口蹄疫 O 型灭活苗的预防注射。

（二）紧急接种

紧急接种是指在发生传染病时，为了迅速控制和扑灭疫病的流行，而对疫区和受威胁区尚未发病的动物进行的应急性免疫接种。紧急接种以使用免疫血清较为安全有效。当驴群受到某些传染病威胁时，应及时采用有国家正规批准文号的生物制品如抗炭疽血清、多杀性巴氏杆菌高免血清等进行紧急接种，以治疗病驴及防止疫病进一步扩散。但因用量大、价格高、免疫期短且大批驴只接种时通常供不应求，在实践中使用这些免疫血清受到一定的限制。多年来的实践证明，在疫区内使用某些疫（菌）苗进行紧急接种是切实可行的。如对较大、较深的创伤，除及时做外科处理外，应肌内注射破伤风抗毒素 1 万～ 3 万国际单位。

应用疫苗进行紧急接种时，必须先对驴群逐头地进行详细的临床检查，只能对无任何临床症状的驴进行紧急接种，对患病动物和处于潜伏期的驴，不能接种疫苗，应立即隔离治疗或扑杀。

但应注意，在临床检查无症状而貌似健康的驴中，必然混有一部分潜伏期的驴，在接种疫苗后不仅得不到保护，反而促进其发病，造成一定的损失，这是一种正常的不可避免的现象。由于这些急性传染病潜伏期短，而疫苗接种后又能很快产生免疫力，因而发病数不久即可下降，疫情会得到控制，多数驴得到保护。

三、驴病的特点

驴与马是同属异种动物。因此，驴的生物学特征及生理结构与马基本相似。但它们之间又有较大的差异，故在疾病的表现上也有不同。

驴所患疾病的种类，不论内科、外科、产科、传染病和寄生虫病等均与马相似，如常见的胃扩张、便秘、疝痛、腺疫等。但由于驴的生物学特征所决定，其在抗病能力、临床表现和对药物的反应等方面与马有区别，因而驴病在发生的病因、病情、病理变化及症状等方面又独具某些特点。例如，疝痛的临床表现，马表现得十分明显，特别是轻型马；而驴则多表现缓和，甚至不显外部症状。驴对鼻疽敏感，感染后易引起败血或脓毒败血症，而对马传染性贫血有着较强的抗力。在相同情况下，驴不患日射病和热射病，而马则不然。当然，驴还有一些独特的易患的特异性疾病，如霉玉米中毒、母驴怀骡产前不食症等。因此，在诊断和治疗驴病时，必须加以注意，不能死搬硬套马的治疗经验，而应针对驴的特性加以治疗。

四、驴病的简单判断

作为养殖人员，在日常的饲养管理过程中，要懂得一些驴病鉴别的基本常识，能够通过观察驴的外部表现来判断驴是否正常，对于患病驴能够做到早发现、早治疗，以免贻误病情。

要判断驴是否患病，首先要懂得什么是正常现象，什么是不正常现象，这是判断驴是否患病的基础。

如健康驴，总是两耳竖立，活动自如，头颈高昂，精神抖擞。特别是公驴，相遇或发现远处有同类时，则昂头凝视，大声鸣叫，跳跃并试图接近。健康驴吃草时，咀嚼有力，“咯咯”发响。如有人从槽边走过，鸣叫不已。健康驴的口色鲜润，鼻耳温和。粪球硬度适中，外表湿润光亮，新鲜时呈草黄色，时间稍久变为褐色。时而喷动鼻翼，即打“吐噜”。俗话说，“驴打吐噜牛倒沫，有个小病也不多”。

视频 7-1 测量体温的方法

还有一些现象也属于正常，如驴吃草少而饮水多则无病。或者驴虽一夜不吃，退槽而立，但只要鼻耳温和，体温正常（视频 7-1），可视无病。黎明或翌日即可采食，饲养人员称之为“瞪槽”。

而异常驴，则与此相反，会表现出不同的症状。如驴低头耷耳，眼半闭，鼻翼扩张，呼吸加快，咳嗽、流鼻涕和眼泪，精神不振，反应迟钝，鼻耳发凉或过热，皮焦毛躁，说明驴已患病，应及时治疗。

细心观察是关键。驴对一般疾病有较强的耐受力，即使患了病也能吃些草，喝点水。若不注意观察，待其不吃不喝、饮食废绝时，病就比较严重了。所以，要对驴平时吃草、饮水的精神状态，鼻、耳温的变化，粪便和鼻液等诸方面的表现进行细心观察，才能及早发现疾病。

如健康的驴没有鼻液，如果发现驴流出大量的鼻液或鼻液变化异常则为病理现象，说明驴已发生了呼吸道疾病或是即将发生疾病。若驴采食草的数量不减少，而连续数日饮水减少或不喝水，即可预知该驴即将发病。如果粪球干硬，外沾少量黏液，喝水减少，数日后可能要发生肠胃炎。饲喂中出现异嗜，时而啃咬木桩或槽边，喝水不多，精神不减，则可能发生急性胃炎。

另外，驴病后卧地不起，或虽不卧地但精神委顿，依恋饲养员不离去，这些都是病重的表现，应引起特别的注意。

另外，驴病发生常和天气、季节、饲草更换、草质、饲喂方式等因素密切相关。因此，一定要将饲养管理的一般原则和不同生理状况对饲养管理的不同要求结合起来，才能做到“无病先防，有病早治，心中有数”。

五、驴病治疗方法

肉驴治疗的方法和途径很多，常用的治疗方法有投药法、灌服法和注射法等。

（一）投药法

1. 丸剂投入法

固定驴头，投药者一手将驴舌拉出，一手持药丸，并迅速将药丸投到舌根部，同时立即放开舌头，抬高驴头，使之咽下。若用丸剂投药器投药时，则需要配一个助手协助。

2. 舔剂投入法

固定头部，投药者打开口腔并一手拉出驴舌头，另一手持竹片或木片将舔剂迅速涂于舌根部，随后立即放开驴舌，再抬高驴头，使之咽下。

3. 糊剂投入法

牵引驴鼻环或掉嚼，使驴头稍仰，投药者一手打开口腔，一手持盛有药物的灌角（驴角制的灌药器）顺口角插入口腔，送至舌面中部，将药灌下。

（二）灌服法

1. 灌药器投药法

灌药器一般多用牛角制成的灌角，也有用橡皮灌药瓶的。在产竹子的地区可用直径 5 ～ 7 厘米、长约 30 厘米的竹筒，一端削成斜口，除去筒口竹刺，稍微磨光即可使用。灌药时，首先将准备灌服的药液盛在盆中，等凉或微温备服。

灌服时，先由助手用绳索连系笼头将驴头适当吊高，灌药者一手握住笼头保定驴头，另一只手用装好药液的灌药器将药液从口角灌入，如驴不吞咽，可用手托住下颌部将驴头抬起，如仍不吞咽时，可由助手轻拍驴的前额部（图 7-1）。

图 7-1 灌药（经口腔）

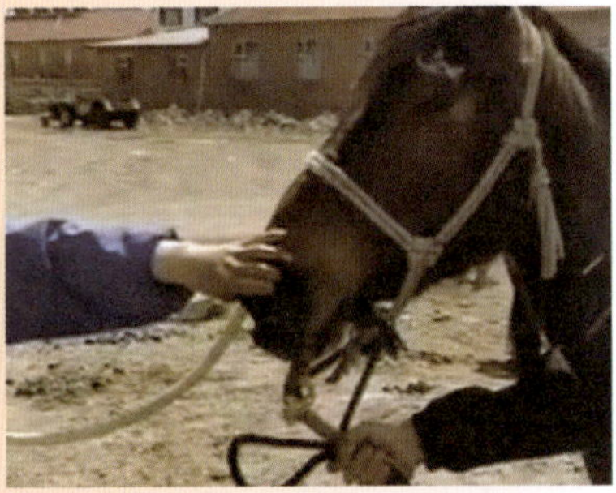

图 7-2 胃管灌药（经鼻腔）

注意不能拉住驴舌头灌药，灌药器一定要伸到舌背上，每次应灌少量，一口一口地灌药。用橡皮灌药瓶时，不能用力捏挤橡胶瓶，以免药液冲入气管。同时驴头也不可吊得太高。

2. 胃管投药法

用胃管经鼻投药适用于给驴投服水剂药物及有刺激性的药液，特别是大量的水剂药液，用胃管投药较方便，浪费少。

胃管经鼻腔插入驴的食管中部或近胸端时，即可连上漏斗灌药（图 7-2）。灌完药后，再灌少量清水，冲洗胃管及漏斗，然后拔去漏斗，用力吹气。当管内液体排尽时，即可迅速折捏管口，缓缓抽出胃管。

注意使用胃管前，应先将胃管用温水浸泡变软，在插入食管的一端涂上润滑油（如石蜡油、各种食用油），增加润滑度，避免损伤鼻腔及食管黏膜。还应防止把胃管插入气管内。如果胃管误插入气管，驴会咳嗽不安，接着呼吸时有气体由胃管向外排出，往胃管里吹气时也无抵抗力。这时若在胃管外端连上一个压扁的橡皮球，球会很快鼓起来。当正确插入食管时，驴发生吞咽动作，往胃管里吹气时，可在左侧静脉沟处看到食管波动。

3. 灌肠法

常用的灌肠方法有唧筒式和漏斗式两种。

① 唧筒式灌肠法。先将驴站立保定，把唧筒插入盛有配好的灌肠液的瓷盆内，来回抽压数次，使药液从橡皮管流出，操作者持橡皮管前端送入病驴肛门后固定，助手抽压唧筒即可将药液注入直肠。药液灌完后，停留短时间，然后抽出橡皮管。

② 漏斗式灌肠法。先将驴站立保定，把橡皮管的一端涂上肥皂泡沫液。操作者右手持橡皮管站在病驴左后侧，左手把驴尾移向一侧，右手把橡皮管缓缓插入肛门。在橡胶管另一端接上漏斗，将漏斗高举，灌肠液就从漏斗经橡皮管灌入肠中，灌完后停留短时间，然后取出橡皮管。

（三）注射法

1. 皮下注射法

选择皮下组织较多、皮肤松弛的颈侧。用左手食指和拇指捏起注射部位的皮肤，右手持注射器，使针头与皮肤呈45°，迅速刺入捏起的皮肤皱褶的皮下，然后用左手夹住注射器的尾部，右手推注药液。

2. 肌内注射法

选择肌肉较发达的臀部或颈部等部位（图7-3、图7-4和视频7-2）。一种方法是用左手固定注射部位的皮肤，右手持注射器垂直刺入肌肉后，用左手夹住注射器针头尾部，右手将注射器活塞回抽一下，检查有无血液，如无回血，即可注入。另一种方法是将针头取下，用右手拇指、食指和中指紧握针尾，对准注射部位迅速刺入肌肉，然后接上注射器注入药液。

视频7-2 肌内注射

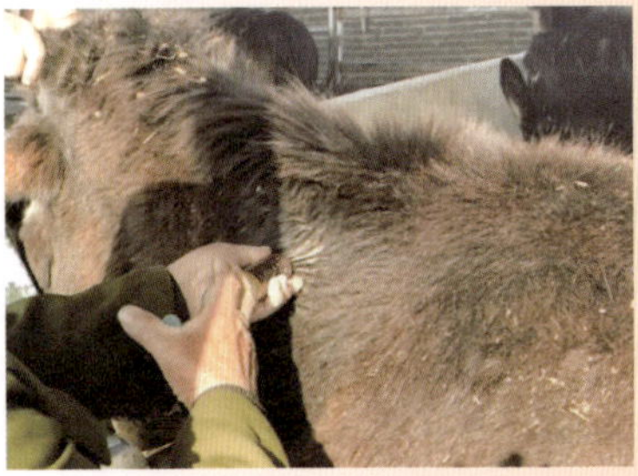

图7-3 肌内注射（一）

图7-4 肌内注射（二）

3. 静脉注射

选择静脉中上 1/3 和中 1/3 交界处的颈静脉，也就是选择颈部中上端，但不宜太靠上（图 7-5、图 7-6）。因为颈部下段颈静脉和颈动脉间距太小，穿刺容易穿到颈动脉；颈部中上端两个血管间距逐渐变大，适合进行穿刺，但不宜太靠上，可能会伤及腮腺。通常在左侧颈静脉注入药液。同样，在静脉采血、输液时也应选择此部位。注射时，局部剪毛消毒后，用左手在注射点近心端 10 厘米处，以拇指紧压于颈动脉上，必要时可用绳、橡皮管捆住注射部位下方约 10 厘米处，使颈静脉鼓起，然后以右手拇指、食指、中指持针头，对准静脉管与针头呈 30° ～45° 刺入。如刺入血管，则有血流出。这时可松开按压静脉的手或绳，迅速接上注射器，如注射器内有回血，即可注入药液。

图 7-5 静脉输液（一）

图 7-6 静脉输液（二）

静脉输液时，一般油类制剂不能进行静脉注射。如果注射有刺激性的药（如钙制剂、砷制剂、高渗葡萄糖溶液等），则不能将药液漏出血管外；如果发生漏注，应在局部热敷，并换另一侧血管注射。静脉输液的速度可由药瓶放置的高低来调节，不要输得过快，尤其是体况衰竭的病驴；静脉输液时，应把药液加热到与体温相同的温度，在冬季输液较多时，更应注意这一点。输液完毕，应先捏住胶管，再拔出针头，并消毒局部。

六、常见病防治

（一）驴的传染性疾病

1. 马腺疫

马腺疫俗称喷喉，中兽医称槽结、喉骨胀，是由马链球菌马亚种引起马、骡、驴的一种急性传染病。病菌存在于病马的鼻液和脓肿内，有时健康马的扁桃体及上呼吸道黏膜也可见到。马对腺疫最易感，尤以1岁左右的幼驹多发。临床症状以下颌淋巴结急性化脓性炎、鼻腔流出脓液为特征。病驴康复后可终身免疫，以后不得此病。该病可通过污染的饲料、饮水、用具等经消化道感染，也可通过飞沫经呼吸道感染，还可通过创伤及交配感染，气候环境变化、饲养管理不良、突然断乳等因素，可促进本病的发生。本病多发于春、秋季节，常呈地方流行性。

潜伏期为4～8天，有的仅1～2天。临床上可出现一过型腺疫、典型腺疫和恶性型腺疫等三种类型。

① 一过型腺疫：鼻、咽黏膜潮红，呈轻度发炎，流出浆液性或黏液性鼻液，颌下淋巴结稍肿胀，中度增温后很快自愈。

②典型型腺疫：体温39～41℃，鼻腔流出黏性至脓性鼻液，颌下淋巴结肿大，表面凹凸不平，触之硬实，界限清楚，如鸡蛋大甚至拳头大。周围发生炎症时，肿胀加剧，充满于整个下颌间隙，界限不清，热痛明显，以后随着炎症的发展，局部组织肿胀化脓，肿胀完全成熟，自行破溃，流出大量黄白色黏稠脓汁。体温恢复正常，随后，创内肉芽组织新生，逐渐愈合。病程2～3周。

③恶性型腺疫：如果病马抵抗力很弱，加之治疗不当，病菌则可由颌下淋巴结的化脓灶经淋巴或血液转移到其他淋巴结，特别是咽淋巴结、颈前淋巴结以及肠系膜淋巴结等，甚至转移到肺和脑等器官，发生脓肿。咽淋巴结脓肿位于深部，触摸不到，破溃后由鼻腔排脓，可流入喉囊，继发喉囊炎，引起喉囊蓄脓，甚至继发皮下组织的弥漫性化脓炎症（图7-7）。肠系膜淋巴结肿大化脓时，病马消化不良，有时轻度腹泻，直肠检查可在肠系膜摸到肿大部。此型病马的病程长短不定，体温多稽留不降。如治疗不及时，抗菌药物治疗效果不显著，病马则逐渐消瘦、贫血、黄染加重，常因极度衰弱或继发脓毒败血症而死亡。

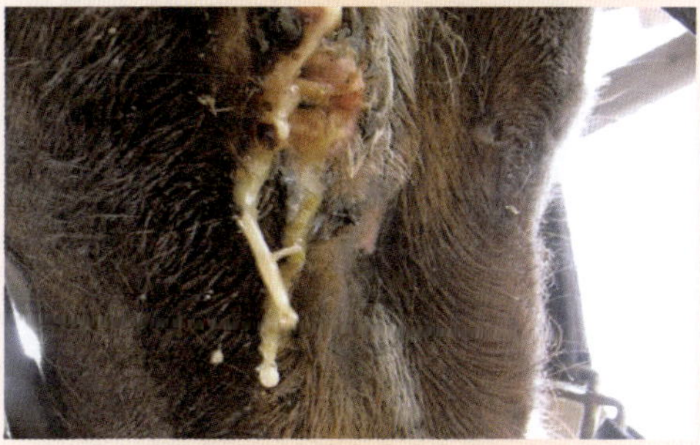

图7-7 下颌处淋巴结破溃（Ryan Crossingham/摄）

【预防与控制】

（1）预防　平时应建立和健全消毒隔离制度。保持圈舍清洁、干燥及通风，经常清除粪便，定期更换垫草，保持舍内及运动场地面清洁。引进驴时必须经检疫和隔离观察，确证健康时方能混群饲养。加强管理，做好防风、防冻，增强驴自身抗病力，也是预防本病的重要措施。

（2）控制　发现疫情时应立即采取紧急防控措施，一是尽快确诊，隔离患病动物，封锁疫区。禁止调动驴。二是对被污染的圈舍、用具进行消毒后，再进行彻底清洗、干燥。粪便和褥草堆积发酵。三是对全群驴进行检疫，发现体温升高和有临床表现的驴，应进行隔离治疗或淘汰。四是对假定健康驴群可应用抗菌药物做预防性治疗。五是患病或病死驴是本病的主要传染源，因此应严格禁止擅自宰杀或自行处理，必须在兽医监督下，一律送到指定屠宰场，按屠宰条例有关规定处理。

本病应用抗菌药物治疗有效。当分离出致病链球菌后，应立即进行药敏试验，根据试验结果，选出特效药物进行全身治疗。病后体温升高时，应肌内注射青霉素120万单位，每天3次，病情严重的首次可静脉注射，也可口服磺胺噻唑30～50克。另外，可静脉注射黄色素、碘化钙、氯化钙或葡萄糖酸钙。若采食、饮水少，还应采取输液疗法，内加维生素C 20毫升。

病初可内服中药四子散加减：黄药子、白药子、栀子、车前子、黄芩、大黄、山豆根各40克，天花粉、玄参、金银花、连翘、紫苏叶、桔梗各30克，黄连20克水煎服，每天1剂，连服3天，以清热解毒，利咽消肿。驴个体小者可分两次服。

中期可用加减黄芪散：黄芪30克、当归25克、郁金25克、甘草20克、栀子25克、黄药子20克、黄芩20克、黄连15克、知母25克、贝母30克、桔梗30克，白药子20克、花粉25克、皂角刺25克、金银花30克、牛蒡子20克、马勃20克。水煎汤，加蜂蜜200克，鸡蛋清四个，一起搅拌后灌服。

局部治疗可于肿胀部涂10%碘酊，20%鱼石脂软膏，促使肿胀迅速化脓破溃；如已化脓，肿胀部位变软应立即切开排脓，并用1%新洁尔灭液或1%高锰酸钾水彻底冲洗，然后用抗生素或磺胺类药物以悬液、软膏或粉剂置入患处。必要时可施以包扎。发现肿胀严重压迫气管引起呼吸困难时，除及时切开排脓外，可行气管切开术使呼吸通畅。局部可取双白拔毒散：白及60克，白蔹、大黄、黄柏、栀子、郁金、姜黄各30克，共研细末，鸡蛋清或食醋调匀，敷下颌肿胀处，每天换药1次。

2. 传染性胸膜肺炎

传染性胸膜肺炎又称胸疫，是马属动物的一种急性传染病，典型病例表现为纤维素性肺炎或纤维素性胸膜肺炎，并偶伴发皮下和腱鞘的浆液性浸润。本病散布于世界各地。我国只在个别地区有零星发生。各年龄的马属动物均有易感性，其中以4～10岁的壮年马和骡最易感。

病驴及带病原体的马属动物是主要传染源。病原体随病驴咳嗽、喷鼻排出体外。既可直接接触，也可通过污染的饲料、饮水而经呼吸道或消化道传染。本病无明显季节性，一年四季均可发生，但多发于秋冬及早春舍饲期间。长期舍饲、卫生条件不良、拥挤、潮湿、受凉、长途运输及感冒等均能促进本病发生；而在放牧期则发生较少。

本病潜伏期一般为10～60天。临床上可分为典型胸疫和非典型胸疫两种，前者少见，后者多见。

（1）典型胸疫　主要呈现纤维素性肺炎或纤维素性胸膜肺炎的临床症状与病理变化。病初体温升高至40～41℃，绝大多数病例呈现稽留热，一般持续6～9天或更长，以后突然降至常温或数日内逐渐降至常温。

（2）非典型胸疫　体温突然升高至39～41℃，全身症状轻微，如及时治疗，经2～3天后可迅速恢复。有的病马仅表现短期发热，未出现特异性临床症状即痊愈。若发现太晚，治疗不当，可造成恶性经过及恶性胸疫。此型热型不定，临床症状复杂，病程很长，疗效不明显。

治疗性诊断，在临床上对可疑病驴，可早期应用新胂凡纳明治疗。如果用药后 6 ～ 12 小时体温下降，症状好转，再结合流行病学及临床症状，即可诊断为胸疫。

一过型胸疫易与马流感、马传染性支气管炎相混淆，需进行鉴别诊断。马流感传播迅速，流行面广，发病率高，病死率低；眼结膜水肿明显，个别黏膜呈现卡他性炎症变化；用新胂凡纳明治疗无效。马传染性支气管炎传播较快，轻微发热，眼结膜卡他性炎、鼻卡他和支气管炎症明显，以此即可与马胸疫区别。

【预防与控制】本病目前尚无有效的免疫预防办法，只能采取综合性防控措施。发生本病时，同舍的驴应在一定区域内活动，不要与其他驴舍的驴接触。对病驴及可疑病驴分别隔离治疗，其余的每天早晚各进行一次测温和临床检查，发现体温升高或有临床症状的应隔离治疗。治愈后的病驴，应隔离饲养 20 天，加强饲养管理，使其复壮，然后再逐渐恢复使役。

对未发病的驴，可静脉注射新胂凡纳明进行药物预防，必要时经一个月再注射一次。

被污染的驴舍、运动场及管理用具等，须用 2% ～ 4% 热氢氧化钠或 3% 来苏儿等进行彻底消毒。粪便堆积发酵后利用。对发病驴舍，直到最后一头病驴痊愈，并经一个月不再出现新病例时，可结束测温及检疫工作。

3. 流感

驴的流行性感冒是由一种流感病毒引起的急性呼吸道传染病，主要表现为发热、咳嗽和流水样鼻涕。

本病主要是经直接接触，或经过飞沫（咳嗽、喷嚏）经呼吸道传染。不分年龄、品种，但生产母驴、因劳役抵抗力降低和体质较差的肉驴易发病，且病情严重。一年四季均可发生，以早春晚秋寒冷换季多发。

近年来，东北和华北地区连续出现驴感染流感病毒死亡的病例，尤其是幼驹长途运输后感染马流感造成较高的死亡率。

马流感病毒分为 A1、A2 两个亚型，二者不能形成交叉免疫。本病毒对外界条件抵抗力较弱，加热至 56℃，数分钟即可丧失感染力。用一般消毒药物，如福尔马林、来苏儿、去污剂等都可使病毒灭活，但对低温抵抗力较强。

本病潜伏期 1 ～ 3 天，主要表现轻咳，流清鼻涕，体温正常或稍高，过后很快下降。精神及全身变化多不明显。病驴 7 天左右可自愈。

初为干咳，后为湿咳。有的病驴咳嗽时，伸颈摇头，粪尿随咳嗽而排出，咳后疲劳不堪。有的病驴在运动时，或受冷空气、尘土刺激后咳嗽显著加重。病驴初期为水样鼻涕，后变为浓稠的灰白色黏液（图 7-8），个别呈黄白色脓样鼻涕。病驴精神沉郁，食欲减退，全身无力，体温升高到 39.5 ～ 40℃，呼吸增加。心跳加快，每分钟达 60 ～ 90 次。个别病驴在四肢或腹部出现浮肿，如能精心饲养，加强护理，让其充分休息，适当治疗，经 2 ～ 3 天，即可体温正常，咳嗽减轻，两周左右康复。

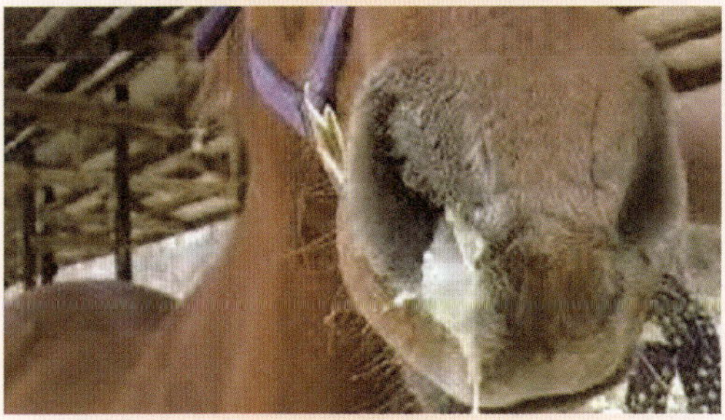

图 7-8 灰白色黏液

病驴护理不好，治疗不当会造成继发支气管炎、肺炎、肠炎及肺气肿、胸膜肺炎等。除表现流感症状外，还表现继发症的相应症状。如不及时治疗，则引起败血、中毒、心衰而导致死亡。

【预防与控制】

（1）预防　做好日常的饲养管理工作，增强驴的体质，勿使过劳。注意疫情，及早做好隔离、检疫、消毒工作。出现疫情，舍饲驴可用食醋熏蒸进行预防，按每立方米3毫升醋汁，每日1～2次，直至疫情稳定。为配合治疗，一定要加强护理，给予充足的饮水和丰富的青绿饲料，让病驴充分休息。特别是长途运输引进的种驴，一定要了解其产地是否暴发马流感，杜绝引进带病的驴，避免交叉感染，种驴引进后隔离饲养20天以上，发现病驴立即隔离治疗，避免经济损失。

使用马流感灭活疫苗进行免疫接种。

（2）治疗　轻症一般不需药物治疗，经5～7天即可自然耐过。重症应施以对症治疗，以中西结合治疗为主，给予解热、止咳、通便的药物。剧咳可用复方樟脑酊15～20毫升，或杏仁水20～40毫升，也可用双黄连注射液40毫升和安乃近注射液40毫升分两侧肌内注射。化痰可加氯化铵8～15克，也可用食醋熏蒸。

中药验方：金银花35克、连翘35克、黄芩30克、柴胡35克、牛蒡子30克、陈皮25克、贯众30克、板蓝根40克、甘草15克，研末。开水冲，候温灌服。一般2～3服即可治愈。

4. 马传染性鼻肺炎

马传染性鼻肺炎是由马疱疹病毒引起的以幼驹表现发热、厌食和流涕以及孕马发生流产为特征的马属动物的一种传染病。本病最早发现于美国，现已广泛分布于世界各地。1980年我国从东北马场的流产胎儿分离到马疱疹病毒（未定型），并证明本病在我国马群中广泛存在。

马属动物是 EHV-1 和 EHV-4 的自然宿主。各种年龄的驴均可感染，但常发生于青年驴，尤以 2 岁以下幼驹发病最多。病驴和恢复后的带毒驴是本病的主要传染源。病毒存在于病驴的鼻液、血液和粪便中；流产驴的胎膜、胎液和胎儿组织内也有大量的病毒。

本病的传播途径主要是呼吸道传播，犬、鼠类和腐食鸟类可能机械传播本病。EHV-l 存在于患驴流产时的排出物中，通过直接接触（包括交配）和间接接触而传播，病毒可经子宫感染胎儿。EHV-4 存在于患畜的鼻腔分泌物中，常经呼吸道和消化道传播。本病多发于晚秋和冬季。自疫区调进驴易造成本病的流行。该病隐性感染的比例较高。

EHV-1 和 EHV-4 感染驴后可引起不同类型的疾病，主要有呼吸道疾病、流产和新生幼驹疾病、神经系统疾病和嗜肺脏血管型疾病。

（1）呼吸道疾病　潜伏期 2 ～ 4 天，个别的可达 1 周。EHV-1 和 EHV-4 都可引起此类疾病。常见的临床症状是鼻肺炎，病驹体温升高达 39.5 ～ 41℃，流多量浆液乃至黏脓性鼻液，鼻部黏膜和眼结膜充血。在体温升高的同时，白细胞数量减少。病程可持续 1 ～ 3 周。幼驹有时发生病毒性支气管炎。继发细菌感染后加重经济损失。但大多数病例呈隐性感染，往往不被察觉。

（2）流产和新生驹疾病　现已在世界范围内确认了 EHV-1 是一种重要的流产病原，其引发的流产中有 95% 是发生在妊娠期的后 4 个月。潜伏期长短不一，在 8 天至 4 个月之间。此外，因病毒的激活，母驴在初次感染的数月或数年后发生流产。妊娠母驴的感染常不被察觉，有时出现腿部肿胀，食欲减退。妊娠母驴突然发生不明原因的流产，无胎衣滞留现象，流产后的病驴能很快恢复正常，也不影响以后的配种。在妊娠期的前 6 个月流产的胎儿常发生自溶现象，暴发流行时，会引起 50% 的损失。有些接近临产期的母驴被感染后，胎儿产出时即呈昏睡状，虚弱，不能站立吮乳，有黄疸和呼吸道症状，常在数天内死亡。

EHV-4 偶尔引发流产。成年驴或妊娠驴患病后，临床表现较幼驹轻微，仅个别病驴有一过型体温升高。但妊娠母驴感染后可导致流产，通常在流产前妊娠驴无前驱症状。

（3）神经系统疾病　EHV-1 偶尔引起驴的神经系统疾病，并有逐渐增多的趋势。所有年龄的驴均可感染，妊娠母驴和哺乳母驴易感。潜伏期 6 ～ 10 天。自然感染 EHV-1 引发的神经系统疾病与流产和呼吸道疾病有关，常无前驱症状。感染驴的症状表现不一，有的出现轻度的运动失调，有的则呈现严重的神经症状，表现为前肢、后肢和腰部僵硬麻痹以致瘫痪不能起立，尾巴和膀胱失禁，会阴部痛觉减退或消失。轻度感染驴很快趋于稳定，在数天或数周内完全恢复。感染严重的驴不能站立，常因继发感染而死亡或被扑杀，完全恢复的可能性极小。

（4）嗜肺脏血管型疾病　最近，年轻成年驴出现了一种新的散发性 EHV-1 感染类型，病毒的主要靶细胞是肺脏的内皮细胞。严重感染的驴因呼吸道疾病死亡。

根据流行特点以及幼龄驴表现呼吸道症状，妊娠驴发生流产以及流产胎儿的变化不难做出诊断。在秋冬季节，驴群中（主要是育成群）发生传播迅速、临床症状温和的上呼吸道感染时，应首先考虑本病。诊断中应注意同马腺疫、马流行感冒和病毒性动脉炎等相区别。

【预防与控制】

（1）预防　凡购入的动物必须实行严格的隔离观察制度，确认无病后方可混群。

平时应加强驴的饲养管理，提高抗病能力，尤其是育成驴与母驴应分群饲养，特别是要远离妊娠母驴。

（2）控制　母驴发生流产应妥善处理死亡胎儿，对场地应严格消毒。流产母驴应隔离饲养 6 周，尽量减少本病的传播。可接种 EHV-1 和 EHV-4 二价疫苗。

对发生鼻肺炎的病驴一般不需要治疗。如有继发感染，可用抗菌药物治疗。流产母驴如若发生胎衣不下，按产科常规方法治疗。

发现幼龄发病应立即隔离，尽可能防止传播给母驴（尤其是孕驴群），避免发生流产。在驴场中，达 6 月龄的幼驹应及时断奶与母驴严格分群饲养，单纯的鼻肺病无需治疗，为防止继发感染，可选用抗生素、磺胺类药物进行治疗。

5. 炭疽

炭疽是由炭疽芽孢杆菌引起的一种人与动物共患的急性、热性、败血性传染病。临床症状是高热、呼吸困难，因败血症死亡或形成痈肿。病变特点是脾脏高度肿大，皮下及浆膜下出血、胶冻样浸润，血液凝固不良、呈煤焦油样。易感染动物主要是牛、马、羊、驴等草食动物。人类主要通过接触患病的牲畜，进食感染本病牲畜肉类，吸入含有该菌的尘埃，以及接触污染的皮毛等畜产品而感染患病。世界动物卫生组织（OIE）将其列为必须报告的动物疫病，我国将其列为二类动物疫病。

本病的主要传染源是患畜，当患畜发生菌血症时，可通过粪便、尿、唾液及天然孔出血等方式排菌，如尸体处理不当，会造成大量菌散播周围环境污染土壤、水源或牧场，尤其形成芽孢后可能成为长久的疫源地。

感染途径主要通过采食污染的饲料、饮水经消化道感染，经呼吸道和吸血昆虫感染的可能性也存在。人的感染主要发生于与动物和畜产品接触较多的人员，本病常呈地方性流行，干旱、多雨、洪水涝积、吸血昆虫多是促进炭疽病暴发的因素。例如干旱季节，地面草短，放牧时易接近受污染的土壤；大雨洪水泛滥，易使沉积在土壤中的芽孢泛起，并随水流扩大污染范围，7～9 月是炭疽发病的高峰期。从疫区输入病畜产品，如骨粉、皮革、羊毛等也常引起本病的暴发。炭疽杆菌进入易感动物体内随淋巴进入血液繁殖，引起败血症。

《炭疽防治技术规范》规定本病的潜伏期为20天。其典型症状为：主要呈急性经过，多以突然死亡、天然孔出血、尸僵不全为特征。体温升高，腹下、乳房、肩及咽喉部常见水肿。舌炭疽多见呼吸困难、发绀；肠炭疽腹痛明显。急性病例一般经24～36小时后死亡，有炭疽痈时，病程可达3～8天。

【预防与控制】

（1）预防　饲养、生产、经营场所和屠宰场必须符合《动物防疫条件审核管理办法》（农业部〔2002〕15号令）规定的动物防疫条件，建立严格的卫生（消毒）管理制度。使用国家批准的炭疽疫苗，并按免疫程序进行适时免疫接种，建立免疫档案。对新老疫区进行经常性消毒，雨季要重点消毒。对皮张、毛等也实施消毒。

动物防疫检疫、实验室诊断及饲养场、畜产品及皮张加工企业工作人员要注意个人防护，参与疫情处理的有关人员，应穿防护服、戴口罩和手套，做好自身防护。

（2）疫情处理　发现疑似炭疽疫情必须及时报告当地动物防疫监督机构。确诊为炭疽后，由所在地县级以上兽医主管部门划定疫点、疫区、受威胁区。本病呈零星散发时，应对患病动物做无血扑杀处理，对同群动物立即进行强制免疫接种，并隔离观察20天。对病死动物及排泄物、可能被污染饲料、污水等进行无害化处理；对可能被污染的物品、交通工具、用具、动物舍进行严格彻底消毒。疫区、受威胁区所有易感动物进行紧急免疫接种。对病死动物尸体严禁进行开放式解剖检查，采样必须按规定进行，防止病原污染环境，形成永久性疫源地。

本病呈暴发流行时（1个县10天内发现5头以上的患病动物），要报请同级人民政府对疫区实行封锁；人民政府在接到封锁报告后，应立即发布封锁令，并对疫区实施封锁。

6. 破伤风

破伤风又叫强直症，俗称“锁口风”。是一种由破伤风梭菌产生的外毒素所引起的一种创伤性、中毒性人畜共患传染病。本病对各种家畜均易感，其中单蹄动物最易感。其特征是病畜全身肌肉或某些肌群呈现持续性的痉挛和对外界刺激的反射兴奋性增高。

通常由伤口感染，但并非一切创伤均可引起传染。只有具备无氧的条件，才能使动物致病。因此，小而深的伤口（刺伤、钉伤）或创口被泥土、粪便、痂皮封盖，或创内组织损伤严重，或与需氧菌共同感染等，都适合破伤风芽孢的发育。

病原体是破伤风梭菌，广泛存在于土壤和粪便中，能产生芽孢，革兰氏染色阳性。本菌在机体内能产生外毒素，即痉挛毒素及溶血毒素。毒素的耐热性甚小，65℃、5 分钟即可被破坏。本菌的繁殖体抵抗力不强，一般消毒药均能在短时间内将其杀死。芽孢的抵抗力甚强，煮沸需 1 小时才能杀死。

本病的潜伏期一般为 1 ～ 2 周，个别的 40 天以上。病初咀嚼缓慢，运动稍强拘。随后出现全身骨骼肌强直性痉挛。病驴开口困难，采食和咀嚼障碍，重者牙关紧闭，咽下困难，流涎。两耳竖立，不能摆动。瞬膜外突。鼻孔开张。头颈直伸，背腰强拘，肚腹蜷缩，尾根高举。四肢强直，呈木马状。各关节屈曲困难，运步显著障碍，转弯或后退更显困难，容易跌倒。反射机能亢进，稍有刺激，病畜惊恐不安，大量出汗。病驴意识正常。病程一般为 8 ～ 10 天。常因心脏麻痹而窒息。根据临床症状易做出诊断。

【预防与控制】

（1）预防　本病发生的原因简单，因此预防措施也比较简单，即防止驴出现外伤特别是深部创伤。一旦发生创伤要及时进行处理，不给破伤风梭菌进行繁殖留下机会，可大大降低本病发生的概率。平时应爱护动物，定期刷洗、清洁畜体，尽可能地防止动物发生外伤。发生外伤后，及时处理，以防感染，最好注射预防量抗破伤风血清。手术、注射药物或接产时均应坚持无菌操作。所用器械均应进行消毒或灭菌处理，手术部位及手术人员的手臂也需进行消毒。重视无菌操作更不允许在实施阉割、去势等小手术时用黄土或草木灰撒伤口。

每年定期皮下注射破伤风类毒素，用量为1毫升，免疫期为1年，第2年再注射1次1毫升，免疫期可达4年。对发生大创伤、深创伤的，可肌内注射抗破伤风血清1万～3万单位。

（2）治疗　早期诊断是治疗本病的关键。在做出诊断前要充分了解发病史，如果有创伤史就应该在第一时间内做出可疑诊断，采取必要的措施防止病情的恶化。

治疗原则：开创扩创、清除病因、中和毒素、镇静解痉、对症治疗。

必须进行开创扩创。破伤风梭菌是厌氧菌，在缺乏氧气的条件下才能生存繁殖，当把愈合的伤口切开后，即产生了有氧条件，就可以抑制破伤风梭菌的生长，从而减少毒素的产生，为病情的好转创造有利条件。早期使用抗破伤风毒素是治疗本病的基础，如果破伤风毒素在短时间内不能被中和，毒素便会与神经细胞结合，不论再注射多少抗毒素也无济于事。合理选择镇静解痉药物，可以缓解肌肉的痉挛，有效地防止喉部痉挛，防止误咽的发生，同时可以减轻肺部的感染。

① 开创扩创：首先要将愈合的创伤切开，切口尽量大一点，并彻底清除腔内的脓汁及坏死组织，主要用3%双氧水或1%高锰酸钾水充分冲洗伤口腔内的脓汁及坏死组织，并用青霉素治疗3～5天。

② 中和毒素：静脉或肌内注射抗破伤风血清（破伤风抗毒素），首次用足量（50万～100万单位），以后不再用，抗破伤风血清可在体内保持2周，一次大量注射比少量多次注射效果好。也可将总用量分2～3次注射。

③ 镇静解痉：用25%硫酸镁溶液60毫升静脉注射（或

肌内注射），每日 1 ～ 2 次，直至痉挛缓和为止。静脉注射时要缓慢，防止因呼吸中枢麻痹而引起死亡。或用氯丙嗪 200 ～ 300 毫克肌内注射，每日 1 ～ 2 次。

④ 中药治疗处方：防风 60 克、羌活 60 克、天麻 15 克、天南星 15 克、炒僵蚕 60 克、川芎 24 克、蝉蜕 45 克（炒黄研末）、红花 30 克、全蝎（去头足）12 克、姜白芷 15 克、姜半夏 24 克，黄酒 130 毫升为引，连服 3 ～ 4 剂。以后则每隔 1 ～ 2 日服一剂，引药改用蜂蜜 150 克或猪胆 2 个，至病势基本稳定时，即可停药观察。

⑤ 对破伤风病畜护理十分重要。使病畜保持安静，放入较暗单厩内。不能采食的，喂以豆浆、料水、稀粥等。防止摔倒、碰伤、骨折，重病的可用吊起带扶持。根据情况，对症治疗。

破伤风的治疗一般疗程长、效果慢、资金耗费比较多，因此在临床上一定要控制好外伤的感染，一旦发现有伤口，应尽快进行外科处理治疗。

7. 日本脑炎

日本脑炎又称流行性乙型脑炎，简称乙脑，是由日本脑炎病毒引起的一种蚊媒性人兽共患传染病。该病属于自然疫源性疾病，人和多种动物均可感染，其中人、猴、马和驴感染后出现明显的脑炎症状，病死率较高。本病分布很广，主要存在于亚洲各国，我国大部分地区也时有发生。由于本病疫区范围较大，人兽共患，危害严重，被世界动物卫生组织列为需要重点控制的传染病。

本病毒在感染动物血液内存留的时间很短，主要存在于中枢神经系统。动物感染本病毒后，均产生补体结合抗体、中和抗体和血凝抑制抗体。流行地区的吸血昆虫，特别是库蚊和伊蚊体内常能分离出病毒。本病毒对外界环境的抵抗力不强，常用消毒剂都有良好的灭活作用。本病毒在 −20℃可保存 1 年，但病毒滴度降低；在 50% 甘油生理盐水中于 4℃可存活 6 个月。

本病毒在 pH 7 以下或 pH 10 以上的环境中，活性迅速下降。

在本病的流行地区，动物的隐性感染率很高，特别是猪，其次是马和牛。国内很多地区的猪、马、牛等血清抗体阳性率均在 90%以上。猪感染后出现病毒血症的时间较长，血液中的病毒滴度较高，对乙脑的传播起重要作用。所以猪是本病毒的主要增殖宿主和传染源。

本病主要通过带毒的蚊虫叮咬传播，已知库蚊、伊蚊、按蚊属中的很多蚊种以及库蠓等均能传播本病。其中尤以三带喙库蚊为本病主要媒介，病毒在其体内可迅速扩增。蚊不仅是传播媒介，也是病毒的宿主。蝙蝠、蛇、蜥蜴和候鸟也可成为传染源。某些带毒的野鸟在传播本病方面的作用亦不可忽视。

未成年驴，尤其是幼驹发病率高，一般为散发，成年驴多为隐性感染。但在新疫区常可见到猪、驴集中发生和流行。在热带地区，本病全年均可发生。在亚热带和温带地区本病有明显的季节性，主要在 7 ～ 9 月份流行，这与蚊虫的活动有密切关系。我国华南地区的流行高峰在 6 ～ 7 月，华北地区为 7 ～ 8 月，而东北地区则为 8 ～ 9 月。气温和雨量与本病的流行也有密切关系，夏季连续阴雨后易发生本病流行，主要与蚊子的大量滋生有关。在自然条件下，每 4 ～ 5 年流行 1 次。

驴感染本病毒后，潜伏期为 1 ～ 2 周。病初体温短期升高，可视黏膜潮红或轻度黄染，精神不振，头下垂，伫立于暗处，常打呵欠，食欲减退，肠音稀少，粪球干小。部分病驴经 1 ～ 2 天体温恢复正常，食欲增加并逐渐康复。有些病驴由于病毒侵害脑和脊髓，出现明显的神经症状，表现沉郁、兴奋或麻痹。视力和听力减退或消失。针刺反应减弱，常有阵发性抽搐。有的病驴以沉郁为主，表现呆立不动，低头垂耳，眼半开半闭，常出现异常姿势，后期卧地昏迷。有的驴以兴奋为主，表现狂躁不安，乱冲乱撞，攀越饲槽，后期因过度疲惫，倒地不起，麻痹衰竭而死。一般病驴多为沉郁和兴奋交替出现。还有的病驴主要表现后躯的不全麻痹，步行摇摆，容易跌倒，甚至不能站立。多数预后不良，治愈驴常遗留弱视、舌唇麻痹、精神迟钝等后遗症。

根据流行病学、临床症状、病理变化和血清学综合诊断。

【预防与控制】

（1）预防　加强饲养管理，做好灭蚊防蚊工作，这是预防本病的重要措施。定期对驴舍及运动场喷药灭蚊。夏秋季节，可用1%敌百虫液喷洒畜体。流行地区，每年在乙脑病例出现前1～2个月，用流行性乙型脑炎减毒活疫苗（JEV SA14-14-2株）对4～18月龄和新从非疫区来的驴进行免疫接种。

（2）控制　本病无特效疗法，应积极采取对症疗法和支持疗法。病驴在早期采取降低颅内压、调整大脑机能、解毒为主的综合性治疗措施，同时加强护理，可收到一定的疗效。

发生本病后，对本场的马、骡、驴等易感动物全部进行检疫，每天测温和临床检查，发现可疑病畜立即隔离，进行治疗，防止扩散。尸体深埋，污染场所用来苏儿或热烧碱水消毒。治疗时，应特别注意护理，减少刺激，加强营养。可采取下列方剂进行治疗：

① 降低颅内压。使用脱水剂如甘露醇、山梨醇200～300毫升，也可静注10%～25%高渗葡萄糖液500～1000毫升。在病的后期，血液黏稠时，可注射10%浓盐水100～300毫升。

② 调整大脑机能。兴奋时可选用氯丙嗪肌内注射，每次100～300毫克，或用10%溴化钠溶液50～80毫升、安溴注射液50～80毫升静脉注射，或用水合氯醛灌肠，每次20～30克。

③ 强心利尿。可选用安钠咖、乌洛托品等。

④ 防止继发感染。可用抗生素、青霉素、红霉素和磺胺嘧啶钠等。

⑤ 中药可选用石膏汤。处方：生石膏155克、玄明粉124克、天竹黄25克、板蓝根62克、大青叶62克、青黛18克、滑石31克，水煎3次，候温加朱砂6克灌服。

（二）驴的寄生虫病

1. 疥螨病

疥螨病又称疥疮、疥癣、癞病，通常是指由疥螨科、疥螨属的疥螨寄生于驴皮肤表面或皮肤内所引起的一种慢性、接触性、传染性皮肤病。其也是马属动物常见的一种体外寄生虫病，有较强的顽固性，且人畜共患。病驴以剧痒、结痂、脱毛、消瘦和皮肤增厚为主要特征。

该病的主要传播途径为接触传染，健康驴接触到患驴或受到污染的驴舍、饲喂用具等均可感染，也可通过人员的接触传播。本病主要发生于冬春季节。

病驴瘙痒不安，同时出现各类皮肤炎症（丘疹、溃疡、脱毛和结痂）。发病初期可见病马的头部、颈部、肩部以及体侧等短毛部位开始有损伤，患部剧烈瘙痒。病驴蹭痒时，水疱、结节破溃，甚至流出血液，干燥后形成痂皮（图 7-9），同时掉毛（图 7-10），局部皮肤增厚。病情严重的可波及全身，致使病驴食欲不振、消瘦、虚弱，甚至全身衰竭。

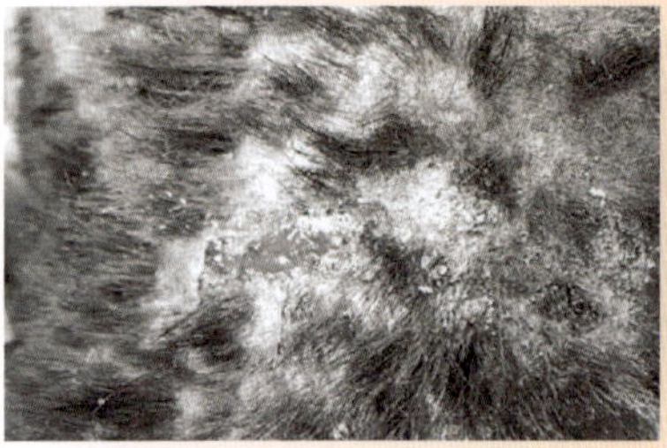

图 7-9　驴皮肤结痂

图 7-10　驴被毛脱落

【预防与控制】

疥癣病关键在于预防，本病单纯医治效果较差，应该防治结合，方可彻底铲除。在单纯医治的状况下，只要环境内存在少量疥螨虫，过一段时间还会再次发病。要搞好卫生，发现病驴立即隔离治疗。

（1）预防 搞好驴体、驴舍及运动场卫生，经常刷拭驴体，及时清除粪便和污物。做好驴舍通风换气，保持驴舍干燥。舍内用1.5%敌百虫溶液喷洒墙壁、地面以杀死虫体。

驴舍饲喂用具要固定，必要时可使用杀虫药物（如5%敌百虫液）处理相关的驴体和用具。

（2）控制 若发现有驴患疥癣病，须立即对患病驴进行隔离治疗，同时对其相关的栏舍、用具进行消毒处理。

治疗可以皮下注射阿维菌素或依维菌素。或者采用敌百虫或双甲脒溶液对患驴体外喷洒或药浴，但皮肤溃烂严重者不适用。或者采用硫黄粉和凡士林，按照2∶3的比例配制成乳膏，涂抹到患部，无论对真菌性皮炎还是疥螨都有较好效果。采用废机油涂抹患部，也有效果。

治疗期间一定要将粪污集中发酵或焚烧处理。

2. 马胃蝇蛆病

马胃蝇蛆病是由狂蝇科、马胃蝇属的各种马胃蝇幼虫寄生于马属动物皮肤上而引起的皮肤炎症。该病是驴常见的慢性寄生虫病。

病驴体内的卵孵化成幼虫在皮肤上移行，健康驴通过接触患病驴导致幼虫爬到健康驴身上从而导致感染。或者患病驴通过粪便将虫卵排入生活的环境中，污染牧草、饲槽、饮水等，健康驴通过接触被病原菌污染的饲料、饮水、用具等经消化道感染。

幼虫移行时，上下颌、肩部瘙痒，移行至口腔时，流涎、咳嗽、打喷嚏、咀嚼困难、口腔黏膜有水肿或溃疡。当驴胃蝇蛔移行至直肠或排出在肛门周围附着时，由于其锐钩刺激直肠黏膜和肛门周围皮肤而发生瘙痒，后躯扰动和擦痒，尾根毛蓬乱，造成肛门周围皮肤脱落、充血、皮疹、湿疹，甚至诱发化脓性感染。

【治疗】可用精制敌百虫驱虫。按每千克体重 0.03 ～ 0.05 克，以中性水稀释成5%～10%的水溶液，在绝食 1 天后灌服，每年春、秋季各 1 次。有的驴对敌百虫较敏感，可降低剂量。灌服后如有严重副作用，如口流大量涎液、腹痛、腹泻，可皮下注射硫酸阿托品溶液 35 毫升，肌内注射解磷定，每千克体重 20 ～ 30 毫克进行抢救。或用盐酸左旋咪唑，每千克体重 8 毫克内服。

肛门外的虫体，用手摘除，并用碘酒涂擦患处。

（三）驴的普通疾病

1. 急性胃扩张

急性胃扩张是由于贪食过多和胃后送机能障碍，使胃急剧膨胀的一种腹痛病。

原发性胃扩张主要是饲喂不定时定量，饥饿贪食过多，或饲喂难消化的饲料，或脱缰偷食大量精料以及喂后饮大量水等而引起的。由舍饲突然改为放牧时，采食过量的幼嫩青草、青稞或豆科植物如豌豆茎叶、青苜蓿等，发酵产气而发病。通常在食后 1 ～ 2 小时内或在采食后立即剧烈使役过程中，突然发病。初期出现中等程度的间歇性腹痛（腹痛间歇期为 10 ～ 30 分钟），但很快就转变为持续性剧烈腹痛。病驴不断急起急卧，或快步急走，向前猛冲，个别病驴呈犬坐姿势。结膜潮红或暗红，脉搏增数，腹围变化不大而呼吸急促，胸前、肘后、眼周围及耳根部出汗，甚至全身大汗。口腔湿润或黏滑，并有酸臭味，肠音逐渐减弱或消失。排粪很快停止。多数病驴可在左侧第 14 ～ 17 肋间，髋结节水平线上听到短促的胃蠕动音，类似沙沙音、流水音或金属音，每分钟3～5次。不少病驴出现嗳气，个别重症病驴还见由口腔或鼻孔流出酸性食糜（即呕吐现象）。直肠检查，脾后移，在左肾前下方可摸到胃盲囊，如感到胃壁紧张、光滑、有弹性，为气胀性胃扩张；如有黏硬感或捏粉样，则为食滞性胃扩张。当胃导管插入时，如自动排出多量气体及一定量食糜，导胃后腹痛迅速消失，不再复发，且直肠检查无明显异常的，是原发性胃扩张。若导出的是大量酸臭气体和粥样食糜的，是气胀性胃扩张。胃管只能导出少量气体和食糜，或导不出食糜的是食滞性胃扩张。

继发性胃扩张主要继发于小肠及胃状膨大部便秘、小肠变位、肠膨胀过程中。先出现原发病症状，腹痛剧烈，随后出现嗳气，由鼻孔内流出大量酸臭带草渣的液体。全身症状较重，脉搏快而细弱。送入胃导管后多能导出大量具有酸臭气味的淡黄色或暗黄绿色的液体（未服任何药物者），并常常混有少量食糜和黏液。随着液体的排出，病驴逐渐安静，但经一定时间后，又复发，再次经导胃排出大量液体，病情又有所好转。如此反复发作，为继发性胃扩张特征之一。此外，两次发作时间的间隔越短，常表示小肠不通部与胃距离越近，腹痛症状也越严重，脱水症状的发展也越快。

【治疗】用胃管排出胃内气体为治疗原发性、急性、气胀性胃扩张的重要方法。再经胃管灌入水合氯醛酒精合剂：水合氯醛10～20克，95%酒精30～50毫升，加温水300毫升，溶解混合，一次灌服。或用乳酸15～20毫升，酒精100～150毫升，石蜡油500毫升，加水适量，一次灌服。也可用食醋500～1000毫升灌服。当使用酸性药物治疗无效时，可改用碱性药物，如碳酸氢钠100～150克，加石蜡油、水适量，一次内服，则可有效。气胀性胃扩张，用胃管排出气体之后，灌服止酵剂。例如鱼石脂酒精溶液（鱼石脂10～15克，95%酒精80～100毫升，温水约500毫升）。或灌服鱼石脂

10～15克，酒精80～100毫升，芳香氨醑80～100毫升，加水约500毫升，效果较好。

食滞性胃扩张，用胃管洗胃，胃内容物不易排出，效果并不满意。应用普鲁卡因粉2～3克，稀盐酸溶液15～20毫升，石蜡油500～1000毫升，水500毫升，混合，一次灌服，效果较好。严禁使用大量盐类泻剂，因为它既增加胃的容积，又加重机体脱水过程，易导致病情恶化。

继发性胃扩张，根本疗法在于解除原发病。但也应同时根据疾病发展情况，进行相应的对症治疗。强心补液，与胃肠炎的治疗基本相同。

2. 胃肠炎

胃肠炎是胃肠壁表层和深层组织的重剧性炎症。在许多情况下，胃炎与肠炎一同发生，所以，一般统称为胃肠炎。胃肠炎是畜禽常见多发的消化性系统疾病。

胃肠炎按病程经过可分为急性胃肠炎和慢性胃肠炎；按病因分为原发性胃肠炎和继发性胃肠炎；按炎症类型分为黏液性、化脓性、出血性、纤维素性和坏死性胃肠炎。

原发性胃肠炎是由于饲养管理不当造成的。如饲喂霉败饲料或不洁的饮水，采食了蓖麻、巴豆等有毒植物，误食了酸、碱、砷、汞、铅、磷等有强烈刺激或腐蚀性的化学物质，食入了尖锐的异物损伤胃肠黏膜后被化脓菌感染，驴舍阴暗潮湿，卫生条件差，气候骤变，车船运输，过劳，过度紧张等使驴处于应激状态。

继发性胃肠炎多由胃肠卡他、肠阻塞、肠便秘继发。常见于肠便秘和胃肠寄生虫病等过程。治疗肠便秘时，如过于频繁使用泻药，或硫酸钠浓度过高（8%以上，应当以5%为宜），或受到未经煮沸的蓖麻油等药物刺激，均可继发本病。

病驴精神沉郁，闭目呆立；食欲废绝而饮欲亢进；结膜潮红，巩膜黄染；皮温不整，体温升高；脉搏增数，初期充实有力，以后很快减弱。脱水体征明显，胃肠炎腹泻重剧的，在临床上多于腹泻发作后 18 ～ 24 小时可见明显的脱水特征，包括皮肤干燥，弹性降低，眼球塌陷，眼窝深凹，尿少色暗，血液黏稠暗黑。口干热而恶臭，舌面皱缩，被覆多量灰黄色乃至黄褐色舌苔，口臭难闻，口色潮红、红紫或蓝紫。

常有轻微腹痛，喜卧或回顾腹部，也有个别腹痛剧烈的。初期排便干少而色深，附有多量黏液；中期腹泻粪便稀软或水样，腐败恶臭，混有未消化饲料、黏液、血液或脱落的坏死组织；后期肠管麻痹，肠音消失，肛门括约肌松弛，排便失禁，里急后重。

自体中毒症状明显，病驴衰弱无力，局部或全身肌肉震颤，耳尖、鼻端和四肢末梢发凉，脉搏细数或不感于手，结膜和口色蓝紫，微血管再充盈时间延长，有时出现兴奋、痉挛或昏睡等神经症状。心功能严重障碍。

根据全身症状重剧，口症明显，肠音初期增强以后减弱或消失，腹泻明显，以及迅速出现脱水与自体中毒体征，白细胞总数增多，核型左移等不难诊断。

【治疗】胃肠炎治疗原则是抑菌消炎，消理肠胃，补液、解毒和强心。

（1）抑菌消炎　制止炎症发展，是根本的治疗措施。可依据病情和药物敏感试验，选用抗菌消炎药物，如黄连素、磺胺脒、酞磺胺噻唑或琥珀酰磺胺噻唑，配伍用抗菌增效剂三甲氧苄氨嘧啶（TMP）等。

（2）缓泻和止泻　缓泻和止泻是相反相成的两种措施，必须切实掌握好用药时机。

病驴排粪迟滞，或病驴排粥样恶臭粪便时要缓泻，以排出有毒物质，制止继续腐败发酵，减轻炎性刺激。常用硫酸钠或人工盐 200 ～ 300 克，配成 6%溶液，另加酒精 50 毫升，鱼石脂 10 ～ 30 克，调匀内服。本方对早期排便迟滞的，效果较好。对胃肠已经陷于弛缓的驴，可用无刺激性的油类泻剂，如液状石蜡油500～1000毫升或植物油500毫升，其中加鱼石脂10～30克，混合温水适量内服。

止泻适用于肠内积便已基本排净，蓄便臭味不大而仍剧泄不止的非传染性胃肠炎病驴。常用吸附剂和收敛剂，如用药用炭100～200克，加适量水一次内服。或用鞣酸蛋白20克，矽碳银片30～50克，碳酸氢钠40克，加水适量灌服。

（3）补液、解毒和强心　在病驴未腹泻或刚刚腹泻，出现脱水症状时，立即开始补液，见效快。一旦大量腹泻之后或已经重剧脱水才实施补液，则效果差，恢复也慢。因胃肠炎所引起的脱水，是混合性脱水，即水盐同时丧失。补液常选用复方氯化钠液、生理盐水、5%葡萄糖氯化钠液等其中的一种。一次用量为3000～5000毫升，一日2～3次。可配合应用10%低分子右旋糖酐液，有维持血液渗透压、增加血容量和改善血液循环的作用。补液宜早，速度宁慢勿快。输液过快，则增加心肾负担。

为缓解酸中毒，可用5%葡萄糖加维生素C静脉注射；纠正酸中毒可在输液时加入5%碳酸氢钠液补碱。可参考尿液pH的变化，决定补碱性液的用量，当尿液pH回升到7.5～8.0时，停止添加补碱性溶液。

胃肠道出血时，可用10%氯化钙液100～150毫升，一次静脉注射；或0.5%兽用止血针注射液5～10毫升，肌内注射，每日一次。

为维护心脏机能，常用20%安钠咖液10～20毫升与20%樟脑油10～20毫升交互皮下注射，每日各1～2次。输液时，肌注或静脉注射足够量的抗生素（如庆大霉素、氨苄青霉素等）和维生素C及钙剂。但应注意药物配伍禁忌。

中药可用郁金散加减：郁金45克，厚朴、茵陈、黄连、白芍各15克，黄柏、黄芩各30克，芒硝100克，大黄45克，水煎去渣，灌服。

3. 驴肠痉挛

驴肠痉挛是由于肠平滑肌受到异常刺激发生痉挛性收缩所致的一种腹痛病。其临床特征是间歇性腹痛和肠音增强。该病又称肠痛和痉挛疝，中兽医称为冷痛和伤水起卧。

肠痉挛发生的主要原因是驴受到了寒冷刺激，例如出汗之后被雨浇淋、风雪侵袭、寒夜露宿、气温骤变，剧烈作业后暴饮大量冷水，以及采食霜草或冰冻的饲料等情况，都可以引起肠痉挛。化学性刺激如采食霉烂酸败饲料，病驴消化不良时其肠胃内的异常分解产物等致发的肠痉挛，多伴有胃肠卡他性炎症，故特称卡他性肠痉挛或卡他性肠痛。内在因素有寄生性肠系膜动脉瘤所致副交感神经紧张性增高和（或）交感神经紧张性降低。肠道寄生虫、肠溃疡和慢性炎症提高了壁内神经丛，包括黏膜下丛（曼氏丛）和肠肌丛（奥氏丛）的敏感性。

驴发病时，阵发性中度或剧烈腹痛，起卧不安、滚转持续数分钟；间歇期照常采食饮水似无病。间隔若干时间（5 ～ 20 分钟），腹痛再次发作，随后腹痛越来越轻，间歇期越来越长，若给予适当治疗或稍做运动，即可痊愈。肠痉挛病程较短，预后良好。一般经几十分钟至数小时不药亦愈。予以适当治疗痊愈尤快。其病程延续，腹痛发作愈益频繁，肠音转为沉衰，而全身症状渐进增重的，常表明继发了肠变位，则预后不良。也有肠痉挛数小时之后，腹痛不减轻反而加重，肠音减弱，不见排粪，应注意检查是否继发肠便秘。

排粪次数增多，肠音增强。由于肠蠕动加快，肠液分泌增多，病驴不断排出少量稀软粪便，有的粪便酸臭味较大，并混有黏液。大小肠音高朗，连续不断，往往在数步之外还可听到肠音。由于液状内容物在紧张而含气的肠腔内移动，有时出现金属性肠音。

【治疗】

① 镇痛解痉挛：常用 30％安乃近液 20 ～ 30 毫升，一次

皮下或肌内注射；或用安溴合剂 50 ～ 80 毫升，静脉注射；也可用水合氯醛 10 ～ 20 克，加适量淀粉浆，一次内服或灌肠；或内服普通白酒 200 ～ 300 毫升，加水 500 ～ 1000 毫升，用药 1 小时左右，腹痛消失。

② 清肠止酵：常用硫酸钠 200 ～ 300 克，酒精 50 毫升，鱼石脂 15 ～ 20 克，水 5000 毫升，一次内服，疗效较佳。

③ 中药治疗：温中散寒、和血顺气。如橘皮散加减，用陈皮、青皮各 45 克，厚朴、当归、干姜各 30 克，茴香、肉桂各 25 克，白芷 18 克，研为末，开水冲，白酒 120 毫升为引，等温后灌服。

4. 食管阻塞

食管阻塞即食管通路被食物或其他异物所阻塞的一种疾病。有原发性阻塞和继发性阻塞。

原发性阻塞是由于驴采食过急、吞咽过猛或采食时受到惊扰或采食大块块根、块茎饲料（萝卜、马铃薯、山芋）等导致的食管阻塞。饲料调制不当，如未泡开的豆饼，大块的块根类或玉米棒未经充分咀嚼即咽下，也可导致原发性阻塞。

继发性阻塞常伴随于食管的炎症、痉挛、麻痹、狭窄、扩张、憩室等疾病中，纵隔部或肺根部的淋巴结肿大、甲状腺肿、颈部或纵隔部脓肿等对食管的挤压也会引起。

食管阻塞多呈急性过程，驴突然停止采食，骚动不安，并不断地做吞咽动作，随之食物回流，积聚在阻塞部前面的饲料和唾液，不断从口流出，有时从鼻孔流出，以后逆出的则为鸡蛋清样液体，常伴有咳嗽。驴用力吞咽与干呕，不断起卧，骚动不安。

外部视诊，如颈部食管阻塞，可摸到硬物，并有疼痛反应。胸部食管阻塞，如有多量唾液蓄积于梗塞物前方食管内，则触诊颈部食管有波动感，如以手顺次向上推压，则有大量泡沫状唾液由口鼻流出。当食管发生麻痹时，见不到逆出现象，但当食管过度充满则唾液可顺口腔和鼻孔淌出，也可能被吸入肺内。

诊断以突然起病，口鼻流涎，伴有吞咽及逆呕动作的咽下障碍，食管检查有异物存在为要点。注意与食管狭窄、食管炎、食管痉挛、食管麻痹、食管憩室和胃扩张相区别。

【治疗】治疗主要是除去食管内的阻塞物。可采用下列方法：在摸到阻塞物的情况下，向上挤压并牵动驴舌，即可排出阻塞物；也可先灌入少量油类，然后皮下注射盐酸毛果芸香碱 3 ～ 4 毫升；也可使驴头部下垂，将缰绳系于一前肢下部，驱赶病驴运动，促使阻塞物下移。

5. 驴口炎

口炎又名口疮，是口腔黏膜炎症的总称，为驴口腔黏膜表层或深层组织的炎症，包括腭炎、齿龈炎、舌炎、唇炎等。临床上以流涎，口腔黏膜潮红，采食、咀嚼障碍为特征（视频 7-3）。

视频 7-3 驴口炎的症状表现

引起口炎的原因有理化性损伤，如粗硬的饲料、尖锐的牙齿、异物或粗暴地使用水勒与整牙器械等。化学性刺激，如经口投服刺激性药物的浓度过大。温热刺激和喂发霉的饲料，均可引起口炎。口炎还可继发于邻近器官的炎症和某些传染病（如腺疫）等。

病驴采食、咀嚼缓慢甚至不敢咀嚼，只采食柔软饲料，拒食粗硬饲料。流涎，口角附着白色泡沫。口腔黏膜潮红、肿胀、疼痛，口温增高，舌面被覆多量舌苔，有甘臭或腐败臭味，有的唇、颊、硬腭及舌等处有损伤或烂斑等。有的病畜口腔黏膜上有大小不等的水疱，内含透明或黄色浆液性液体，称为水疱性口炎。若口腔黏膜发生糜烂坏死或溃疡，并流出灰色不洁而有恶臭的唾液，为溃疡性口炎。

【治疗】口炎的治疗，首先应除去致病因素，如拔除刺在口腔黏膜上的异物，牙齿磨灭不正者，还应修整锐齿等。在护理上，喂给柔软易消化的饲料，如青草、青干草、小米粥等，经常饮清水，饲喂后最好用清水冲洗口腔。

药物疗法一般可用1%食盐水，或2%～3%硼酸液，或2%～3%碳酸氢钠液洗涤口腔，一日2～3次；口腔恶臭时，可用0.1%高锰酸钾液洗口；分泌物过多时，可用1%明矾液或鞣酸液洗口。如果口腔黏膜或舌面发生烂斑或溃疡，在口腔洗涤后，还要用碘甘油（5%碘酊1毫升，甘油9毫升），每日1～2次。严重口炎者，可口衔磺胺明矾合剂（长效磺胺粉10克，明矾3克，装入布袋内），每日更换一次，效果良好。

中药青黛散加减：青黛15克，黄连10克，黄柏10克，薄荷5克，桔梗10克，儿茶10克，共研细末。装入布袋内，热水浸湿后，口内衔之。吃草时取下，吃完再戴上，饮水时不必取下，通常每天换一次。亦可用硼砂9克、青黛12克、冰片3克，共研细末，涂抹口舌。

6. 支气管炎

支气管炎是支气管黏膜表层的炎症。按发生部位分为大支气管炎和细支气管炎；按病程分为急性支气管炎和慢性支气管炎。如果继发感染了腐败菌则为腐败性支气管炎。临床上以咳嗽、流鼻液和胸部听诊有啰音为特征。按炎症侵害的部位可分为（大）支气管炎、细支气管炎、弥漫性支气管炎和腐败性支气管炎等。春秋季多发。

受寒冷刺激、过劳、饥饿或吸入刺激性气体等而使机体抵抗力降低时，肺炎球菌及各种病原微生物乘机发育繁殖，致发本病。支气管炎也可继发于腺疫、感冒、鼻疽、维生素A缺乏症等病的经过中。

胸部听诊，在病灶部位，病初肺泡呼吸音减弱，可听到捻发音；以后，当肺泡和细支气管内完全充满渗出物时，则肺泡呼吸音消失。因炎性渗出物的性状不同，所以当气流通过发炎部位的支气管腔时，可听到干性啰音或湿性啰音。健康驴的肺脏，由于行代偿呼吸，肺泡呼吸音增强。

病初呈支气管炎的症状，但全身症状比较重剧。病畜精神沉郁，结膜潮红或发绀，脉搏加快，每分钟 60 ～ 100 次，呼吸浅表增数，每分钟可达 40 ～ 100 次，呼吸困难的程度，随发炎的面积大小而不同。体温于发病 2 ～ 3 日内升至 40℃以上，以后多呈弛张热型。个别体质极度衰弱的病畜，体温不一定升高。血液白细胞数增多，核左移。

根据病驴全身症状较轻，频发咳嗽，流黏液性或黏液脓性鼻液，胸部听有啰音，而叩诊无明显变化，可做出诊断。X 射线检查，肺部有较粗纹理的支气管阴影，但无炎性病灶阴影。

【治疗】驴舍保持温暖、清洁和通风换气良好。喂给患驴易消化的青饲料，勤饮清水。暖和天气可适当地牵遛晒太阳，以增强机体的抵抗力。

① 消除炎症。临床上常用磺胺制剂及抗生素。常用磺胺制剂为磺胺嘧啶。常用抗生素为青霉素，100 万～ 200 万单位，肌内注射，每 8 ～ 12 小时一次。对重症病驴，可同时以青霉素 100 万单位，加入复方氯化钠液或 5%葡萄糖盐水 500 毫升内，溶解后，缓慢静脉注射，效果显著。也可选用土霉素、氨苄青霉素、头孢类等广谱抗生素。

② 对症治疗。为了增强心脏机能，改善血液循环，可适当选用强心剂，如樟脑水、强尔心液、安钠咖液等。

③ 制止渗出和促进炎性渗出物吸收。制止炎性渗出可静脉注射 10%氯化钙液 50 ～ 100 毫升。每日一次。或静脉注射葡萄糖酸钙液 100 毫升。促进炎性渗出物排出可用克辽林、来苏儿、木馏油、薄荷脑、麝香草酚等蒸汽吸入。

④ 祛痰止咳。炎性渗出物黏稠不易咳出时，使用溶解性祛痰剂，可选用氯化铵 10 ～ 20 克内服，每日 1 次；或者用碳酸氢钠 15 ～ 30 克、远志酊 30 ～ 40 毫升、温水 500 毫升，一次内服；还可以用 10%～ 20%痰易净溶液喷雾于咽喉部，每日 2 ～ 3 次。

7. 支气管肺炎

支气管肺炎又称为小叶性肺炎，各类家畜均多发生，特别是幼畜及老龄动物更为常见。临床上以出现弛张热型，呼吸次数增多，听诊有捻发音为特征。

病因与支气管炎的病因基本相同。通常是支气管炎蔓延的结果。还可继发于鼻疽、马腺疫、维生素缺乏症、佝偻病及软骨症等。

病初呈支气管炎的症状，随着病情的发展，当多数肺泡群出现炎症时，全身症状明显加重，精神沉郁，结膜潮红或发绀，脉搏加快，每分钟 60 ～ 100 次，呼吸浅表增数，每分钟可达 40 ～ 100 次，呼吸困难的程度，随发炎的面积大小而不同。体温于发病 2 ～ 3 日内升至 40℃ 以上，以后多呈弛张热型。个别体质极度衰弱的病畜，体温不一定升高。血液白细胞数增多，核左移。

胸部听诊，在病灶部位，病初肺泡呼吸音减弱，可听到捻发音。以后，当肺泡和细支气管内完全充满渗出物时，则肺泡呼吸音消失；因炎性渗出物的性状不同，所以随着气流通过发炎部位的支气管腔时，可听到干性啰音或湿性啰音。健康驴的肺脏，由于行代偿呼吸，肺泡呼吸音增强。

根据咳嗽、呼吸困难等临床症状，体温升高且呈弛张热型，听诊有捻发音，叩诊呈灶状浊音区，X 线检查发现小片状阴影可确诊。但应注意与细支气管炎、大叶性肺炎相区别。

【治疗】

治疗原则：加强护理，抑菌消炎，祛痰止咳，平喘，制止渗出和促进渗出物的吸收与排出，缓解强心。

① 加强护理：驴舍保持温暖、清洁和通风换气良好。喂给患驴易消化的青饲料，勤饮清水。暖和天气可适当地牵遛晒太阳。以增强机体的抵抗力。

② 抑菌消炎：有条件最好进行药敏试验，选择高效药物。

临床上常用磺胺制剂及抗生素。常用磺胺制剂为磺胺嘧啶。常用抗生素为青霉素 100 万～400 万单位，链霉素 2～4 克，溶于 1%普鲁卡因，肌内注射或气管内注射，每天 2 次。也可选用庆大霉素、卡那霉素、红霉素、氨苄青霉素、头孢类等抗生素。

③ 祛痰止咳：炎性渗出物黏稠不易咳出时，使用溶解性祛痰剂，可选用氯化铵 10～20 克内服，每日 1 次；或者用碳酸氢钠 15～30 克、远志酊 30～40 毫升、温水 500 毫升，一次内服；还可以用 10%～20%痰易净溶液喷雾于咽喉部，每日 2～3 次。

④ 平喘：患驴呼吸困难时，为舒张支气管，缓解呼吸困难，可皮下注射 5%麻黄素，或肌内注射氨茶碱。

⑤ 制止渗出和促进炎性渗出物的吸收与排出：制止炎性渗出可静脉注射 10%氯化钙液 50～100 毫升，每日 1 次。或静脉注射葡萄糖酸钙液 100 毫升。促进炎性渗出物排出可用克辽林、来苏儿、木馏油、薄荷脑、麝香草酚等蒸汽吸入。

⑥ 缓解强心：为了增强心脏机能，改善血液循环，可适当选用强心剂，如樟脑磺酸钠液、强尔心液、安钠咖液等。为了防止自体中毒，可静脉注射撒乌安液，每日 1 次。

8. 子宫内膜炎

子宫黏膜的炎症，可见于各种家畜，是母畜不育的主要原因之一。

常于分娩时或产后，发生微生物感染。尤其是难产助产、胎衣不下等情况更易发生。也可继发于沙门菌病、媾疫、支原体病等疾病。

在产后，病畜时常拱背、努责，从阴门内排出少量黏性或脓性分泌物。严重者，分泌物呈污红色、恶臭，卧下时排出增多。体温升高，精神沉郁。若治疗不当，可转变为慢性子宫内膜炎，出现不发情或虽发情但屡配不孕的情况。直检子宫角稍变粗，子宫壁增厚，弹性弱。阴道检查，有少量絮状或浑浊黏液。有的发生子宫积水。

【治疗】

① 抗生素疗法：全身应用土霉素或氨苄青霉素等抗生素，连续应用至痊愈。

② 子宫冲洗：用一胶管插至子宫腔的前下部，管外端接漏斗，倒入0.02%新洁尔灭溶液500毫升，待漏斗内液体快流完时，迅速把漏斗放低，借虹吸作用使子宫腔内的液体排出，反复2～3次。洗净后放尽冲洗液，子宫腔内放置少许抗生素。整个操作过程要保持不被污染，器具要消毒，隔日一次，连做2～3次。

③ 中药方剂：用益母草、黄芪、党参、白术、当归、生姜、陈皮等，共为细末，开水冲调，加黄酒灌服。

9. 脓皮病

脓皮病是由化脓菌侵入毛囊和皮肤而引起的毛囊炎和脓疱，常因细菌、螨病、真菌性皮炎以及湿疹等而引发该病。

常因为细小的损伤、裂伤或昆虫叮咬而感染，也可经驴与驴之间接触而传播。在炎热、潮湿的夏天，特别是饲养拥挤和卫生情况不良时更多发生。葡萄球菌是主要的病原。过敏性皮肤病是动物脓皮病最常见的病因之一。发生原发性皮脂溢的动物，其皮肤表面的细菌（主要是凝固酶阳性葡萄球菌）数量比正常动物的多。

本病多发于胸腹部及四肢部，皮肤下肿胀、化脓、破溃，流出大量黄白色分泌物，严重的累及全身。如治疗不及时，可导致患驴因败血症死亡。有些处于浅部（基底膜没有被破坏），有些处于深部（基底膜已经受到破坏）。可将脓皮病分为浅表脓皮病和深部脓皮病。

浅表脓皮病是常见的皮肤病，病灶多为圆形脱毛、原发性红斑、黄色结痂、丘疹、脓包、斑丘疹或结痂斑，这些都是浅表脓皮病的典型症状。

深部脓皮病是由葡萄球菌侵入毛囊所引起的深部配方化脓性感染，多处发生并反复发作。开始为鲜红色圆锥状高起的毛囊性丘疹，逐渐增大，呈鲜红色或暗红色，表面较硬，疼痛。待中心形成脓栓，顶端露出黄白色脓点，破溃后呈火山口状。

【治疗】每日用防腐消毒药、浓盐水或抗菌药清洗创部，及时排出蓄积的脓汁，如有必要可进行创部切开、引流或完全切除。

根据病原菌的药敏试验，可局部和全身使用抗生素。大剂量用药至少维持两周。

（四）驴的蹄病

1. 蹄叉腐烂

蹄叉腐烂是蹄叉真皮的慢性化脓性炎症，伴发蹄叉角质的腐败分解，是常发蹄病。本病为马属动物特有的疾病，多为一蹄发病，有时两三蹄，甚至四蹄同时发病。多发生在后蹄。

蹄叉腐烂多因驴舍不洁、地面潮湿、运动不足、削蹄不当等引起。蹄叉角质不良是发生本病的因素。护蹄不良，驴舍和运动场不洁、潮湿，粪尿长期浸渍蹄叉，都可引起角质软化。在雨季，驴经常在泥水中，也可引起角质软化。驴长期舍饲，不合理削蹄，如蹄叉过削、蹄踵壁留得过高、内外蹄踵壁切削不一致等，都可影响蹄叉的功能，使局部的血液循环发生障碍。不合理的装蹄，也会引起蹄叉发育不良，进而导致蹄叉腐烂。

蹄叉腐烂通常由蹄叉中沟或侧沟开始，角质分解后形成裂隙或烂成大小不等的空洞，由腐烂部排出恶臭的灰黑色液体。当病变达真皮层时，则出现跛行。特别是在软底运动时，跛行增重。病程较久者，蹄叉后部角质崩溃，蹄叉真皮的开头完全消失甚至引起蹄叉体及蹄叉尖角质全部崩溃（图 7-11）。当炎症侵害到蹄球及蹄踵真皮后，在蹄踵部常出现波纹样的特异蹄轮。

图 7-11 蹄叉腐烂

【治疗】将患驴放在干燥的驴舍内，使蹄部保持干燥和清洁。

蹄叉角质腐烂时，应削去腐烂角质，用 3%来苏儿或双氧水彻底清洗后，填塞高锰酸钾粉或硫酸铜粉和浸渍松馏油的纱布条，装以带底的蹄铁（薄铁片、橡胶片、帆布片等）。

对病情严重的病例，除将腐烂角质彻底削除外，还应用锐匙刮削伴发炎症的蹄叉真皮；如已坏死，应彻底清除坏死组织，甚至可削去大量的皮下组织。消毒后，撒布碘仿磺胺粉，必要时也可撒布高锰酸钾粉，用浸渍松馏油的纱布条、棉花、麻丝等压紧患部，装带底蹄铁。

对症状较轻的蹄叉腐烂，应清洗患部，除去赘生物后，用水杨酸硼酸合剂治疗。取水杨酸2份，硼酸1份，混合均匀，撒布于患部厚2～3厘米，敷盖纱布，装以带底蹄铁。隔2～3天换药1次，病情好转时，可延长换药时间（视频7-4）。

视频7-4 驴蹄部疾病的治疗

对重症病例，应进行手术疗法。引起蹄叉腐烂的变形蹄应逐步矫正。

2. 蹄叶炎

蹄叶炎又称蹄壁真皮炎，是蹄壁真皮，特别是蹄前半部真皮的弥漫性、无败性炎症。常见两前蹄同时发病，也有两后蹄或四蹄同时发病的，一蹄单发的病例少见。本病以突然发病、疼痛剧烈、症状明显为特征。如不及时合理治疗，往往转为慢性，甚至引起蹄骨下沉和蹄匣变形等后遗症。

患急性蹄叶炎的驴，精神沉郁，食欲减少，不愿站立和走动。炎症局限于蹄尖壁真皮时，发病突然，症状重剧而比较典型；炎症局限于蹄侧壁和蹄踵壁真皮时，发病不太急，症状较轻。

两前蹄发病，站立时两前肢伸向前方，蹄尖翘起，以蹄踵着地负重，同时头颈高抬，躯体重心后移，拱腰，后躯下蹲，两后肢前伸于腹下负重。如站立时间稍长，患畜常想卧地。强迫运动时，两前肢步幅急速而短小，呈时走时停的紧张步样。病情增重时，不敢行走，常卧地不起。两后蹄发病，站立时，头颈底下，躯体重心前移，两前肢尽量后踏以分担后肢负重，同时拱腰，后躯下蹲，两后肢伸向前方，蹄尖翘起，以蹄踵着地负重。强迫运动时，两后肢步幅急速短少，呈紧张步样。四蹄同时发病，肢势常无一定，有的四肢频频交换负重，有的四肢同时向前挺出，尽量以蹄踵部负重，整个体躯前移，短时间恢复正常站立肢势后，因蹄尖部受压，疼痛加剧而迅速恢复体躯向后倾斜状态，终因不能持久站立而卧倒。病情严重者，长期卧地不起。指（趾）动脉搏动亢进，蹄温增高，蹄尖壁疼痛剧烈。由于疼痛而引起肌肉震颤，出汗，体温升高（39～40℃），心跳加快，呼吸促迫，结膜潮红。继发性蹄叶炎，还具有原发病的全身症状。

急性蹄叶炎如治疗不及时，可发展为慢性型。这时，一般全身症状及原发病症状基本消失，病畜站立时间较长，并能以蹄的全负面着地负重，但有时患肢稍伸前方。运动时，常出现轻度跛行，压诊患蹄，疼痛不明显。经久不愈的病例，有的可出现蹄踵狭窄、蹄冠狭窄；有的则形成芜蹄，即蹄踵壁明显增高，蹄尖壁倾斜。中央部凹陷，蹄尖部向前突出，甚至翘起，蹄尖壁上、中部蹄轮密集，蹄踵部蹄轮分散，蹄冠前面凹陷，蹄底向下凸出，蹄匣角质粗糙、脆弱。

【治疗】急性和亚急性蹄叶炎治疗原则：除去致病或促发的因素、解除疼痛、改善循环、防止蹄骨转位。尽可能早治疗，形成永久性伤害后则治疗不易收效。

（1）急性蹄叶炎的治疗　包括给止痛剂，消炎剂，抗内毒素疗法，扩血管、抗血栓疗法，合理削蹄和装蹄，以及必要时的手术疗法。

① 放血疗法：放血疗法是血液疗法的一种，可促进血液循环。可放蹄头血（蹄冠部位）、放肾膛血（后肢患病）或者放胸膛血（前肢患病），还可以放静脉血，静脉血的放血量为500～2000毫升，但需补充体液。

② 物理疗法：发病最初2～3天内，对病蹄施行冷蹄浴，即病畜站立于冷水中，或用棉花绷带缠裹病蹄，用冷水持续灌注，每日2次，每次2小时以上。3～4天后，如仍不痊愈，就必须改用温热疗法，如用40～50℃温水加入醋酸铅进行温蹄浴；或用热酒糟、醋炒麸皮等（40～50℃）温包病蹄，每日1～2次，每次2～3小时，连用5～7天。

③ 脱敏疗法：病初可试用抗组织胺药物，如盐酸苯海拉明0.5～1克内服，每日1～2次；10%氯化钙液100～150毫升、维生素C 10～20毫升，分别静注；0.1%肾上腺素2～3

毫升皮下注射，每日 1 次。

对因消化障碍而发病者，可内服硫酸镁或硫酸钠 200 ～ 300 克，常水 5 000 毫升混合液，每日 1 次，连服 3 ～ 5 次。

（2）慢性蹄叶炎的治疗　首先应注意护蹄，并预防急性型或亚急性型蹄叶炎的再发（如限制饲料、控制运动等）。清理蹄部腐烂的角质以预防感染。刷洗蹄部后，在硫酸镁溶液中浸泡。蹄骨微有转位的，如蹄骨尖移动少于 1 厘米而蹄底白线只稍微加宽的，可简单地每月削短蹄尖并削低蹄踵。

（3）芜蹄矫正法　对已形成芜蹄的病例，可锉去蹄尖下方翘起部，适当削切蹄踵负面，少削或不削蹄底和尖负面。在蹄尖负面与蹄铁之间留出约 2 毫米的空隙，以缓解疼痛。修配蹄铁时，在铁头两侧设侧铁唇，下钉稍靠后方。也可装橡胶蹄枕或橡胶掌。

3. 蹄冠裂

蹄冠部位角质发生蹄壁横列，有表层裂和深层裂（图 7-12）。马属动物发生得比较多，在气候干燥、营养较差的冬春季节发生的较多。

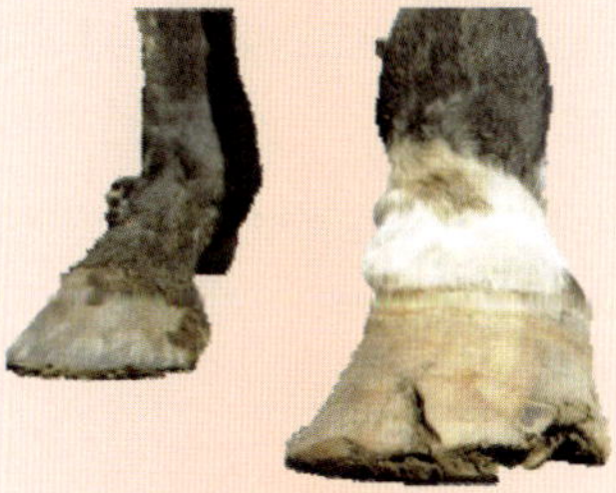

图 7-12　蹄冠裂

蹄冠直接受到损伤；蹄部受力不均，受到剧烈震荡，如蹄形不好，蹄壁角质过度生长，削蹄不合理，负重不均衡，运动的时候地面硬等；饲料搭配不当，与蹄病息息相关的营养元素缺乏，如缺硒、缺维生素 A 和蛋白质不足等；还有锌、钙和磷等不足，引起蹄壁角质不足；碳水化合物饲料过度发酵等均能引起蹄冠裂。

临床上患驴发生蹄冠部肿胀，蹄冠与蹄壁交接处有横向裂纹，发生表层裂不影响运动，如果发生深层裂可引起化脓感染，出现明显的支跛。

【治疗】

① 消除病因。从常发的病因上查找引起蹄冠裂的原因，并加以改正。

② 轻症的病例，蹄壁角质出现横裂，没有达到蹄真皮，或者达到蹄真皮但没有发生化脓感染，没有引起明显的炎症，可采取局部清洗，可选择10%硫酸铜、1%木焦油醇、2%～3%福尔马林酒精、1%碘溶液、1%碘伏、1%高锰酸钾等消毒防腐液。然后局部涂药，经过清洗后，外涂松馏油、碘酊、碘甘油或抗生素软膏。最后包扎蹄冠绷带。

③ 重症的病例，不仅有裂纹，而且发生腐烂。首先局部选择10%硫酸铜、1%木焦油醇、2%～3%福尔马林酒精、1%碘溶液、1%碘伏、1%高锰酸钾等防腐液清洗，清除裂缝里的腐败分泌物和粪尿液。然后进行清创手术，切掉化脓感染及坏死组织，采取倒三角形切口，三角口的底部在上，肩部在下，有利于创液的流出。用松馏油、碘甘油、碘氧合剂等涂抹后包扎蹄冠绷带。

4. 蹄壁纵裂

驴蹄壁上有不同程度的纵向裂纹。一般发生在蹄部外壁。

引起蹄壁纵裂的原因有慢性、热性疾病，如血液原虫病、附红细胞体病、弓形体病、梨形体病等；饲养管理不当，如硒、维生素 A、维生素 C、蛋白质、色素缺乏和血液循环不良等；碳水化合物饲料过度发酵等。蹄裂前蹄比后蹄多发，冬季比夏季多发。

新发生的角质裂隙，裂缘比较平滑；陈旧的裂隙则裂缝开张，裂缘不整齐。表层裂的，无痛和功能障碍蹄；深层裂的，负重时在离地或踏着的瞬间，裂缝开闭。若蹄真皮发生损伤，可导致剧痛或出血，伴发跛行。如有细菌侵入，则并发化脓性蹄真皮炎，患肢外展。

【治疗】首先是查找病因，治疗原发病。同时对蹄壁纵裂的局部用防腐液进行清洗，选择 10%硫酸铜、1%木焦油醇、2%～3%福尔马林酒精、1%碘溶液、1%碘伏、1%高锰酸钾等防腐液清洗，清除裂缝里的污物。最后进行局部处理，在裂缝上下各横切一个长 10～20 毫米、宽 2 毫米、深 5～7 毫米的横沟，填塞松馏油或抗生素软膏后包扎。

（五）驴的常见中毒病

1. 霉玉米中毒

霉玉米中毒是由于饲喂霉玉米所引起的一种以神经症状为主要表现的中毒病。主要是念珠状镰刀菌寄生于玉米粒内产生的一种有毒物质引起的食后中毒。该毒素能耐高温，对驴特别敏感，其次为马、骡。

饲喂有毒玉米几天之后，病驴表现为精神沉郁，失明，口唇松弛，舌露口外，往往垂头呆立或以头抵物呈昏睡状态。有时狂躁不安，前冲后退或转圈。肠音减弱或消失。粪干或排稀便，有潜血，尿少色浓，体温正常或下降。运动时，步态不稳或拒绝行动。血液学检查，白细胞总数减少，嗜中性多核白细胞增多，淋巴细胞减少。有的病畜经 1～2 天死亡。有的病畜，几天之后症状逐渐消失。恢复后的家畜没有后遗症。

妊娠后期母畜患本病，往往流产或早产。早产幼驹可视黏膜蓝紫色，齿龈、舌下有出血点，耳尖及四肢发凉，不能站立。重者很快死亡，轻者可以治愈。

根据驴采食发霉饲料的病史，结合临床症状和病理变化，可初步诊断。确诊必须进行镰刀菌毒素含量的测定。

【防治】预防本病最有效的方法，就是防止饲喂霉玉米和其他发霉的草料。饲料及其原料贮藏时防止霉变。将粮食烘干后在安全水分以下保存。

本病尚无特效解毒药物，中毒病驴应立即停止饲喂可疑饲料，供给全价日粮。并采取促进毒物排出、保护胃肠黏膜、强心及对症治疗等措施。停止使役，加强护理，防止患畜撞伤。

① 对症治疗：可静脉注射葡萄糖氯化钠液 1000 ～ 1500 毫升、10%～ 20%葡萄糖溶液 500 ～ 1000 毫升、40%乌洛托品液 50 ～ 100 毫升的混合液，一日 2 ～ 3 次，有强心解毒作用。兴奋不安时，可用镇静剂。

② 促进毒物排出：可放血 500 ～ 1000 毫升（放血后立即补液），内服硫酸钠或人工盐缓泻。缓泻后，灌服淀粉浆保护胃肠黏膜。

2. 黄曲霉毒素中毒

黄曲霉毒素中毒是驴采食被黄曲霉污染的饲料而引起的以全身出血、消化机能紊乱、腹水、神经症状等为特征的中毒性疾病。黄曲霉毒素是目前发现的霉菌毒素中毒性最大的，可损伤肝脏，诱发肝癌；而且会对血液循环系统、消化系统、免疫系统造成危害，导致采食量下降，免疫抑制，生长缓慢，甚至发病死亡。本病为人畜共患病。

黄曲霉毒素是目前已发现的各种霉菌毒素中最稳定的一种。在通常的加热条件下不易被破坏，加热到它的最大熔点 268 ～ 269℃才开始分解。毒素遇碱能迅速分解，荧光消失，但遇酸又可复原。很多氧化剂如次氯酸钠、过氧化氢等均可破坏其毒性。

黄曲霉毒素中毒发生的原因大多是驴采食被黄曲霉毒素污染的花生、玉米、豆类、麦类、棉籽及其副产品所致。本病一年四季均可发病，但在多雨季节，温度和湿度比较适宜时，若饲料加工、贮藏不当，更容易被黄曲霉毒素所污染，增加动物中毒的机会。我国长江沿岸及其以南地区的饲料污染黄曲霉毒素较为严重，而华北、东北及西北地区的饲料污染则相对较少。

黄曲霉毒素是一类肝毒物质，中毒后以肝脏损害为主，同时还伴有血管通透性破坏和中枢神经损伤等。驴表现为精神沉郁，食欲缺乏，震颤，黄疸，衰竭，一般 2 ～ 6 周死亡。主要病理学变化是肝细胞变性、坏死、出血，胆管和肝细胞增生。

根据病史和饲料样品的检查，结合临床表现（黄疸、出血、水肿、消化障碍及神经症状）和病理学变化（肝细胞变性、坏死、增生、肝癌）等可初步诊断。本病与肝片吸虫病、钩端螺旋体病、酚和煤焦油中毒、铜中毒、双吡咯烷类生物碱中毒等均可引起肝损伤和黄疸，应进行鉴别。

【治疗】本病尚无特效疗法。中毒时应立即停喂霉败饲料，改为富含碳水化合物的青绿饲料和高蛋白饲料，减少或不喂含脂肪过多的饲料。

一般轻型病例，不给任何药物治疗，可逐渐康复。对有狂躁表现的驴，若需保持安静状态可使用戊巴比妥或苯巴比妥（静脉注射，5 ～ 11 毫克 / 千克体重），不能使用安定。

重度病例，应采用保肝和止血疗法，可用 20%～ 50% 葡萄糖溶液、维生素 C、葡萄糖酸钙或 10% 氯化钙溶液。心脏衰竭时，皮下或肌内注射强心剂。为了防止继发感染，可用抗生素制剂，但严禁使用磺胺类药物。

【预防】预防本病的关键是饲料的防霉和去毒，禁止饲喂发霉饲料，或将黄曲霉毒素含量控制在规定的允许量以内。

黄曲霉的生长繁殖需要一定的温度、湿度条件，25 ～ 30℃是最适生长温度，最适相对湿度为 80%～ 90%。由此可见，黄曲霉的生长繁殖与一定地区的气候条件是密切相关的。在众多的饲料发生霉变的地区来看，南方地区要高于北方，这是因为南方的气温、湿度更适合黄曲霉的生长繁殖，特别是梅雨季节，黄曲霉容易生长。

饲料原料水分含量：玉米、麦类、稻谷等谷实饲料原料的水分含量为17%～18%时是黄曲霉生长繁殖的最适条件。谷实类在粉碎后，如果水分含量过高，则更适合黄曲霉的生长。因此，饲料原料的含水量应控制在防霉含水量以下。

如果饲料原料长时间仓储或仓库潮湿、漏雨，库存过多而不注意通风、干燥、打扫卫生，特别是已经粉碎的物料，由于颗粒小，容易吸收周围的水分，就很可能为黄曲霉的生长繁殖创造一定的温度和湿度。其次，颗粒饲料的生产中要注意冷却和配套风机的选择，否则易造成颗粒冷却时间不够或风量不足，出机饲料水分、温度过高而导致黄曲霉的生长。此外，还要定期清理颗粒料提升料斗或管道中形成的霉积料。

饲料运输过程中若管理不当，如雨淋、受潮、曝晒、通气不当、堆压时间过长就会为黄曲霉毒素的产生创造有利的条件。

第八章

驴的产品加工

驴肉及驴产品具有很高的保健作用和药用价值，驴肉、驴皮、驴奶、驴骨、驴血、孕驴血、驴胎盘、毛驴冻精等都可以作为产品。驴肉可生产驴肉罐头、酱驴肉、驴肉蒸饺以及开发高档驴肉；驴皮是传统中药材阿胶的主要原料，生产的阿胶产品畅销不衰；驴奶可生产驴奶粉；驴骨是生产药品及保健品的辅助材料；驴血具有祛风、除湿、干黄水等功效，用于关节炎、类风湿性关节炎、痛风、痹病引起的四肢关节肿大疼痛、变形、黄水聚积等。可见，做好驴产品加工，市场潜力巨大，经济效益可观。

一、驴肉食品加工

在我国鲁西、鲁东南、皖北、皖西、豫西北、晋东南、晋西北、陕北、河北一带许多地方形成了独具特色的传统食品和地方名吃。如河间驴肉烧饼、广饶肴驴肉、保定驴肉卷火烧、曹记驴肉、上党腊驴肉、高唐驴肉、五香驴肉、驴肉干、驴肉香肠等。

（一）五香驴肉

1. 设备

注射机、滚揉机、夹层锅、杀菌锅等。

2. 工艺流程

原料肉→预处理→修整、切块→盐水配制→注射→滚揉→腌制→煮制→称量、真空包装→杀菌→成品。

3. 操作要点

① 原料肉预处理：采用健康的驴肉，剔除筋腱、淋巴等结缔组织，切块为 250 克，尽量均匀一致。

② 盐水制备（按 100 千克原料肉计）：淀粉 5 千克，大豆分离蛋白 2.5 千克，混合粉 3 千克，食盐 3 千克，白糖 2.5 千克，卡拉胶 1 千克，亚硝酸盐 15 克，D- 异抗坏血酸钠 50 克，白胡椒 500 克，冰水适量。

③ 注射：采用多针头注射机对肉块反复注射，注入肉块的不同部位，注射率 20%～30%。

④ 滚揉、腌制：将肉块放入真空滚揉机内，滚揉 10 分钟，停机 20 分钟，滚揉总时间为 1～3 小时，要求达到肉块间互相粘连在一起，手感松弛而滑润，即可出机煮制。

⑤ 煮制：在夹层锅内采用老汤，并放入辅料袋加热。待水温至小沸，持续 30 分钟，将腌制好的驴肉加入锅内，快速升温至沸腾后小火煮制，持续时间为 25～40 分钟。加热时不断翻锅，撇去油沫。直至肉块不夹生才能出锅。

⑥ 称重、包装：采用天平准确称重，装袋进行抽真空包装。

⑦ 杀菌：真空包装后的产品采用 121℃杀菌 20～30 分钟。

（二）传统五香驴肉

1. 主料

驴肉 50 千克。

2. 辅料

丁香 100 克，大茴香 250 克，花椒 150 克，豆蔻 250 克，陈皮 250 克，草果 100 克，良姜 350 克，肉桂 150 克，甘草 100 克，山楂 200 克，食盐 2 千克。

3. 加工方法

① 腌制：将驴肉剔去骨、筋、膜，并分割成 1 千克左右重的肉块进行腌制。夏季采用暴腌，即 50 千克驴肉，用食盐 5 千克、火硝 150 克、料酒 250 克，揉搓均匀后，放在腌肉池或缸内，每隔 1 小时翻 1 次，腌制 3 天即成。春、秋、冬季主要采用慢腌，每 50 千克驴肉，用食盐 2 千克、火硝 100 克、料酒 250 克，肉下池后，腌制 5 ～ 7 天，每天翻肉 1 次。

② 焖煮：将腌制好的驴肉放在清水中浸泡 1 小时，洗净，捞出放在案板上沥去水分。接着，将驴肉、辅料放进老汤锅内，用大火煮沸 2 小时后改用小火焖煮 8 ～ 10 个小时，出锅即为成品。

（三）驴肉干

1. 工艺流程

原料→验收→清洗→切割→预煮→切块→配料→复煮→烘烤→检验→成品。

2. 技术要点

① 原料验收：采用新鲜健康的驴肉，色泽呈暗红色，气味正常。

② 原料整理：将驴肉上的多余脂肪、淤血、淋巴、血管、毛以及其他异物清除干净，将整理好的驴肉切成每块约300克，切块要整齐。

③ 预煮：把肉块放入沸水，用旺火煮30分钟。待用刀切后肉块中无血色即可，将肉块切成约80克的小块。

④ 复煮：将称量好的各种香辛料用纱布包好入锅，加清水、白酒、糖、酱油在旺火上煮成卤水。将切好的驴肉放入锅内以旺火煮约3小时，待煮烂捞出。

⑤ 烘烤：将捞出的肉块放在不锈钢盘中，入烘箱烘烤（温度50～55℃，适度脱水即可）。

⑥ 检验：烘烤完毕经检验合格即为成品。

（四）驴肉香肠（驴灌肠）

1. 设备

绞肉机、斩拌机、滚揉机、灌肠机、蒸锅、烟熏炉等。

2. 工艺流程

原料肉→腌制→滚揉→绞肉→灌肠→加热→烟熏→成品。

3. 主料

驴肉。

4. 辅料

猪肉、驴肠衣、绿豆淀粉、红曲米色素、亚硝酸钠、食盐、花椒、茴香、砂仁、豆蔻、桂皮、姜丝、香油等。

5. 制作

精选的鲜驴肉，切片切丝，刀剁成泥，置于容器内；拌之小磨香油、姜丝、花椒粉、茴香粉、红曲米色素、亚硝酸钠、食盐、砂仁、豆蔻、桂皮等佐料，再以上好的绿豆粉芡，按比例和水，与肉泥充分搅拌均匀，制成肉酱；将肉酱灌入制作的驴、马、骡的肠衣内，捆扎成小捆后，放入沸水锅内经高温蒸煮灭菌煮熟；晾凉；最后用果木熏制，即成。

（五）广饶肴驴肉

1. 设备

切块机、蒸汽锅、输送车、真空包装机、高温灭菌罐。

2. 工艺流程

驴肉预处理→切块→煮制→计量包装→真空→高温灭菌→外包装。

① 预处理：毛驴屠宰后，清洗，整理，割成 4 厘米方的肉块。

② 煮制：把切好的驴肉及香辛料包和辅料放入存有老汤的夹层锅内煮沸 30 分钟后，按 30 毫克 / 千克驴肉的比例加入亚硝酸盐。以小火煮 2 小时即可起锅。煮制过程中不断将浮在汤面上的膜液撇去，以保证老汤及驴肉洁净、鲜亮。

③ 称量包装：待熟肉块冷却后，计量装袋，根据需要，使用 3 层透明蒸煮袋和 4 层铝箔袋。

④ 真空热封：真空度为 0.1 兆帕，热封温度（200℃，时间 4 秒）抽真空后封合面应平整。

⑤ 灭菌：加压 0.2 兆帕，恒温 121℃，灭菌 30 分钟。

二、驴皮

（一）驴皮的感官要求

驴皮为马科动物驴的整张干燥皮或鲜皮。将驴屠宰后，剥取皮，去掉筋膜、油脂，晾干或鲜用。

要求完整的皮略呈长方形，驴头皮较长，耳大且较宽，耳长 12 ～ 25 厘米，耳内侧灰白色或血红色，较光滑；嘴唇、眼圈部多呈灰白色。躯干皮长 80 ～ 160 厘米，宽 55 ～ 140 厘米；四肢对称生长于躯干两侧，长 40 ～ 60 厘米，宽 10 ～ 20 厘米，腿表面有横斑；外表皮被毛细短，纯黑色、皂黑色、灰色、青色、栗色等，多为灰色，除黑色或其他深色外多数中间有一暗黑色背线，肩膀部有暗黑色肩纹，略似十字形；多数后腹部两侧无毛旋，极少数有毛旋，且不明显，腹部多呈灰白色。尾部呈圆锥形，基部直径 2 ～ 5 厘米，尾长 28 ～ 46 厘米，从尾根部约总长的 3/4 处有短毛，尾梢部的 1/4 处有少量长毛。

（二）驴皮的质量控制

制作阿胶所用驴皮的质量常从以下六个方面加以控制。

1. 产地

驴皮分布广泛，以黄河中、下游各省农业区为最多。驴主产于陕西、新疆、山西、山东、河南、河北等地，内蒙古、辽宁、吉林、黑龙江、江苏、安徽、青海、宁夏、甘肃等地亦有。因气候和环境等因素的影响，各地驴皮的质量和品种差异较大。主产于山东、山西、河南、河北、江苏、安徽和东北地区等地的驴是当地农户主要交通工具，饲养过程中往往在饲料中加入粮食，驴体质健壮，故驴皮张大、毛短、色黑、皮厚，因而皮子质量较好，是生产阿胶的理想原料。主产于内蒙古、新疆、西藏等地的驴往往是大面积饲养，饲料以青草为主，故皮张虽大，但毛长、色杂、皮薄，质量较次。

2. 张幅

可按张幅大小分为三种类型。其中大型驴质量最佳。

① 大型驴皮（一等皮）：毛色黑，皮张大且板厚，完全无虫蛀和残破，一般每张皮重大于5.0千克，质量最佳，出胶率高；大型驴皮张幅较大，质量最好。

② 中型驴皮（二等皮）：毛色杂，皮张大且质轻、皮薄，无虫蛀和残破，一般每张皮重4.0千克左右，质量次之；中型驴皮张幅中等，伤残较多，出胶率较低。

③ 小型驴皮（三等皮）：毛色杂，皮张小且毛长、皮质轻薄，一般每张皮重3.0千克左右，质量最次，出胶率低；每张皮重低于2千克的驴皮皮薄质差，不宜熬胶；小型驴皮张幅小，质量较差，出胶率低。

3. 毛色

毛色以黑者为上，灰褐者次之，白者最下。关于毛色的问题，冠宗夷《本草衍义》曾按中医的理论进行过解释："驴皮煎胶，取其发散皮肤之外也，用乌者，取乌色属水，以制热则生风之义，如乌蛇、乌鸡、乌雅之类皆然"。

事实上，毛色与驴的品种有关。

现代研究认为，黑驴皮吸收阳光最多，代谢情况与杂皮有差异，故品质亦不同。

4. 厚度

驴皮的厚度与出胶率密切相关。首先，厚皮有效成分含量较高，薄皮有效成分含量偏低。其次，驴皮均以皮毛共称，皮厚则降低了毛的重量比，皮薄则反使毛的重量比提高。毛在化皮时基本上不损耗，故皮厚就能多得胶，皮薄就会少出胶。

5. 生产季节

驴皮的生产季节直接影响出胶率。秋季剥取的驴皮称为

“秋板”，皮板厚肥，板面细致，肉红色，油性大，皮纤维编织紧密，毛中短，光泽强，平顺。冬季剥取的驴皮称为“冬板”，皮板足壮，板面黄白色，有油性，针毛长，底绒厚，光泽好。春季剥取的驴皮称为“春板”，皮板薄，厚度不均，灰黄色，枯干无油性，毛绒粘乱。夏季剥取的驴皮称为“伏板”，皮板薄而僵硬，厚度明显不均，板面粗糙，灰黑色，油性差，弹性弱，毛短无绒，发暗。一般来说，冬板的质量最好，春秋板次之，伏板最差。

6. 干湿程度

是指驴皮内含水分的程度，一般根据干湿程度将驴皮分为干皮和鲜皮。干皮一般是指水分含量在15%以下的驴皮。鲜皮一般是指刚宰杀的驴剥下的皮，含水量一般在60%～75%，此种皮因为不易保存，故生产企业一般不收购此种驴皮。用刚剥取的鲜驴皮直接熬胶，胶的质量最好。

（三）驴皮贮藏

驴皮水分多，易于细菌繁殖，造成驴皮的腐败变质。因此鲜驴皮或含水分较多的驴皮，如果不能及时投料，就应采取晾制等措施，以减缓驴皮的变质，便于保存。驴皮的贮存分为长期贮存和短期贮存。

当驴皮积压量大，短期内不能投入生产时，应考虑长期贮存方法，使驴皮干燥后码垛封存，如果通风灭菌等条件较好可贮存达数年之久。如果所进驴皮为鲜皮，而当时由于季节停产检修或一时受原料处理池的能力有限，进厂驴皮需要贮存几天乃至几个月，则可以采用冷藏法贮料，从保鲜和环境的角度看是比较理想的，但是设备投资和费用较高。此外，在我国北方也有单位采用露天自然冰冻驴皮的方法。在山东省一带一般采用晒干法或室温贮存法。

驴皮的贮存无论是长期贮存还是短期贮存，最根本的目的是使驴皮干燥防腐。

1. 晒干法

晒干法是将各类湿驴皮经过分类，剔除杂质，然后摊开靠日光晒干。晒干是以太阳辐射干燥为主，同时也包括空气的干燥作用。阳光的干燥能力和驴皮水分的蒸发速度取决于照射强度，太阳的辐射强度也因地区纬度和季节而异。例如，我国中部北纬 35 度附近地区，晴天时地面受到的太阳辐射热量，冬至前后每日约为 10.45 兆焦 / 平方米，而夏天前后约为 18.81 兆焦 / 平方米；按标准煤计算，则每 1000 米一天所受到的太阳辐射热量，在冬季约相当于 350 千克标准煤，夏季约相当于 640 千克标准煤的发热量。

空气的干燥作用，取决于一个地区的大气温度、湿度和风速等气候条件，它不仅在晴天与太阳辐射共同起着干燥作用，多云或阴天也可以起到一定的干燥作用。

由于大气和太阳能都是取之不竭而又廉价，因而用晒干法贮存驴皮是一种经济易行的方法。

采用晒干法应注意以下几点：所晒驴皮要均匀单张摊开，不要重叠，以免影响驴皮的干燥速度。晒皮场地要求整洁宽敞，空气流通。为了避免驴皮局部灼烧胶化，场地上不应有石块、沙砾等杂物。不要在强烈阳光下曝晒。日光中的紫外线能使胶原分子聚合而不溶于水，所以高温晒干或晒干时间过长的驴皮，往往既难浸泡又难出胶；尤其是经过夏季曝晒的驴皮更易造成驴皮的灼烧以致毁坏，故夏季宜在遮阳凉棚下通风晾干。晒皮时要经常翻动，如遭阴雨应将驴皮及时收入室内。

晒干法的缺点是：晒干的驴皮不易回软，即使浸软也达不到原有驴皮的膨胀丰满程度。这不仅给工艺操作带来麻烦，也将影响到出胶率和胶的质量。

2. 冷藏法

该法是以在低温时细菌和酶菌的活动停止为基础，从而达到防腐的目的。方法与肉类食品的冷藏相同，一般分速冻和冷藏两步。首先将鲜驴皮置于冷冻盘内送入 −20℃的速冻室内，经过一昼夜后，从盘中取出，再将冻成的驴皮送入 −10℃的冷藏室保存。

采用冷冻贮存的方法，能够保持驴皮的鲜度，贮存时间长，对环境污染小，但因成本高，故在阿胶的生产上很少采用。

3. 室温贮存法

干燥、晒干、晾透合格（水分低于 15%）的驴皮，方可置于干驴皮仓库内（室内）。库内保持干燥，并定期进行熏杀处理、定期晾晒、倒库等措施以保证库内驴皮的质量。如果驴皮的水分较高，驴皮较湿就入库，或者是对原料库处理不好，可能会造成库内的驴皮发生虫蛀、霉烂变质。

常用的措施有：一般每 3 个月用氯化钴熏杀灭菌一次，防止生虫；每 6 个月必须出库翻晾驴皮，以保证驴皮的干燥。为保持库内干燥，可在驴皮库的四角放些石灰。

目前，生产企业采购的一般为干燥的驴皮，保管的方法一般采用室内保存法。

（四）驴皮的常规检查

驴皮质量的优劣直接影响阿胶的质量和出胶率。用于制胶的驴皮由于产地、张幅、毛色、厚度、剥取季节、干湿程度、贮存时间等存在差异，给驴皮的质量检验、组织生产带来困难，所以目前一般阿胶生产单位通常先以性状鉴别区分不同类型的驴皮，再以理化鉴别测定驴皮的水分及土杂，然后组织批量生产。

① 驴皮的性状鉴别：按驴皮性状描述及鉴别要点进行鉴别（必要时可辅以物理鉴别或基因鉴别）。此方法主要是将杂皮、病皮、污染皮全部挑出，确认纯正驴皮原料。做到“五不要”，即有皮肤病的驴皮不要；当年的驴驹子皮不要；没有明显特征的皮不要（有些供应商把骡子皮也混入其中，因驴骡子耳朵小，所以将其头部截去）；有霉斑、腐烂、虫蛀的皮不要；化学药品处理过的皮不要。

② 杂质检查：将已经确定为驴皮的驴皮进行取样，按《中华人民共和国药典》2020 年版四部“杂质检查法”依法进行杂质检查，驴皮中肉、脂肪、泥沙等杂质的含量不得超过10%。

③ 水分检测：将已经确定为驴皮的驴皮取样，进行水分检测，确定驴皮的含水量（即干湿程度）。皮原料的水分除了以上所说的结构水分外，还有溶胀性水分和附着性水分，水分的多少主要在驴皮的贮存方法和时间上差异较大。驴皮水分的检测，可采用准确可靠的烘干法或简便迅速的红外线干燥法等。一般鲜皮含水分 60%～75%，干皮 15%。

（五）伪劣驴皮的鉴别标准

① 陈皮：存放驴皮的环境温度高，或生皮存放的时间过长，使皮板减退，光泽发暗，板面多带黄色油渍，毛被枯燥。此种皮出胶率低或品质量差，有斑痕，易软化、龟裂和发霉。

② 虫蛀皮：皮蠹虫蛀蚀皮板，咬断毛干，在皮板上形成许多小孔和小沟。虫蛀被毛脱落，严重者成为光板。此种皮制胶价值低，透明度差，有云朵状斑痕，易龟裂、软化，难以保存。

③ 受闷霉烂皮：鲜皮防腐不当或干皮遇水，皮板中的蛋

白质在霉菌的作用下逐渐分解，致使皮纤维发生霉烂。生皮被毛局部脱落，光泽发暗，呈灰暗色或灰青色，有的显水湿的痕迹。此种皮出胶低，成品质量低下，外观发黑，味臭。

④ 油板皮：鲜皮遇急热后，皮板中的脂肪溶化而渗入皮纤维中，在日光、空气、酶及微生物作用下发生酸败，并在氧化过程中放热，致使皮纤维变性，驴皮胶化。油烧板板面发黑，挂有一层油，此种皮丧失制胶价值。

第九章

家庭农场的经营管理

一、坚持适度规模养殖肉驴的原则

适度规模经营是指在一定的适合的环境和适合的社会经济条件下，各生产要素（土地、劳动力、资金、设备、经营管理、信息等）通过最优组合和有效运行，以取得最佳经济效益的活动。在不同的生产力发展水平下，养殖规模经营的适应值不同，一定的规模经营产生一定的规模效益。经济学理论告诉我们：规模才能产生效益，规模越大效益越大。但规模达到一个临界点后，其效益随着规模增大而呈反方向下降。这就要求找到规模的具体临界点，而这个临界点就是适度规模。

家庭农场养驴的适度规模，是指在一定的社会条件下，家庭农场结合自身的经济实力、生产条件和技术水平，充分利用自身的各种优势，把各种潜能充分发挥出来，以取得最好经济效益的规模。养驴规模太小不行，但也不是规模越大越好，养驴规模过大，资金投入相对较大，饲料供应、驴粪尿处理的难度增大，而且市场风险也增大。家庭农场要根据自身实力（如财力、技术水平、管理水平）、饲料来源、土地资源、市场行情、产品销路以及卫生防疫等条件，结合驴的头均效益和总体效益来综合考虑养驴规模的大小，适度为宜。

适度规模养驴既是发展现代畜牧业的现实选择，又是现代养驴业实现可持续发展的必由之路。适度规模养驴，把养殖业从传统农耕文化中解放出来，按照市场经济的规律，养驴生产者结合自身的经济实力、生产条件和技术水平，充分利用自身的各种优势，进行量的扩张和质的提升，以取得最好经济效益的规模。

适度规模要以自身的条件来确定养殖的规模大小，包括管理能力和饲养条件两个大的方面。

先说管理能力，管理能力主要是投资者对养驴场经营管理的驾驭能力。全场人员掌握驴养殖技术的程度，技术员和饲养员的工作能力和责任心等，都决定了家庭农场养驴的规模大小。规模化养驴，要取得高效益，不能停留在“驴好养，吃得少，喂点草料就行”的旧观念上。要知道，驴的规模一旦上来，相应的管理必须跟上，方方面面都要顾及，马马虎虎，漫不经心，驴就养不肥养不壮。如要根据驴的性别、个体大小、强弱、吃草快慢等及时分群饲喂，这样才利于驴群的整体生长发育。在喂料上也有很多讲究，对草料要求“寸草铡三刀，没料也上膘”，要求把草铡得碎碎的，并将草料内的泥块、铁钉和鸡毛等杂物拣出去，保证草料细碎、干净、无杂物。常言道：冬牛夏马四季驴。说的是马夏天长膘，牛是冬天长肥，而驴则一年四季都可以长肉。养驴要饲草管饱，根据体重补充精料，用的草料和精料配比要适当。

不同季节，采用不同饲喂方法。“冬喂干，夏吃湿，少添多喂最肯吃！”。冬天喂干料，夏天喂湿料（青料拌湿），每次少一点，多喂几次；喂得越勤越好，就像吊胃口一样，驴是越吃越想吃。如果只图方便，上一大堆料，驴就会挑挑拣拣，这不爱那不爱的。“头遍草、二遍料、三遍麸子要搅到”，饲料配比要适当，先后顺序也要知道。

在驴的饮水问题上也要心细。注意“冬温夏晒水不凉，牲口喝了身体强”。

母驴的繁殖也是非常重要的管理工作，由于驴的妊娠期长，一般是 3 年 2 胎，如果不能做好母驴的繁殖管理，就会延长母驴产驹的间隔，养殖效益就会受到影响。如母驴过肥或过瘦、患有阴道炎导致母驴不能及时发情，还有不能及时对母驴做好发情鉴定和配种，也会直接影响到母驴的饲养效益。

规模化养驴需要很多专业知识和专业技术，如饲料配制、配种、防疫、驴病治疗等都需要技术。大多数养殖户刚上马时自己不懂技术或似懂非懂，涉及实际情况，没办法对驴进行科学管理和保健，疫病多发、难以控制。所以，投资者自己要懂得这些技术，规模大的还要聘请专业技术人员。作为管理者要善于管理，科学管理，善于调动技术员和饲养员的养殖积极性。技术员和饲养员要各司其职，兢兢业业地对待工作。否则，多大的规模都不行。

再说说饲养条件。饲养条件主要是场地、养殖设备和资金状况。养驴对场地条件要求较多，从选址、环境保护措施、畜禽饮用水、大气环境和兽医防疫要求等都必须符合有关规定。除有驴舍及运动场需要的场地，还最好有放牧场地。由于驴是以食草为主的动物，需要大量的草料，这就要求草料以当地为主，而且成本要低。否则，远距离运输草料就会增大养殖成本。

养驴需要养殖的设备，比如饮水的设备、喂料的设备、人工授精的设备等。根据这些设备的先进程度，决定规模的大小，比如饮水采用自动饮水设备、喂料使用机械。设备好的养驴场 1 个人可以管理 200 头育肥驴，可以让饲养员腾出更多的时间观察驴群，及时发现驴群出现的各种问题。如果全部采用人工加水和填料，1 个人 100 头，养殖人员整天取料、运料、添料、清粪、加水等，根本就没有时间观察驴群。

投资养驴需要很多钱，如果资金不雄厚，难以维系正常的生产开支。最基本的投资要有建设驴舍的钱、引进种驴的钱和买饲料的钱，从开始养种驴到赚钱，至少需要 2 年左右的时间，这就要保证既要有投资的钱，还要有后续日常开支的钱。许多规模化养殖户开始筹集了几万元钱，但他们没有考虑后续开支，认为驴就是吃草的，费用少，就把资金大部分用于建驴舍、购种驴上。等到驴场办起来了手上却没了资金，接下来的饲料费、防疫消毒费、医药费、人工工资、饲草的贮备等全无，只有靠东借西赁或卖几头驴来维系。资金链一断，就会恶性循环，养驴就难成功。

还有销售问题，养得再好如果销路不畅或者价格低，同样不会取得好的效益。当地产销衔接好的，规模可以大一些，否则，规模不宜过大。

从以上的介绍，我们可以看到，养驴规模要根据自身的实际条件适度规模发展，在能力允许的情况下，规模可以适当大一些。至于投入多少钱，因各地适合养殖的品种，以及驴的价格、圈舍建设成本、养驴设备价格和场地租金等差别很大，需要家庭农场结合当地的价格行情做出整体的投资预算。

总之，无论是小规模化养驴还是中大型规模化养驴，一定要从实际出发，既要考虑自身实力，如资金、管理能力、社会关系等，同时也要考虑市场需求，综合确定适合自己的养驴规模。切忌规模比能力大。

二、因地制宜，发挥资源优势养好肉驴

因地制宜是指根据各地的具体情况，制订适宜的办法。家

庭农场养好驴，离不开适宜的养驴，环境和条件，如驴场要处于适养区内，最好不在限养区内，绝不能建在禁养区内。有适合其发展规模的场地，既能满足当前养殖的需要，也为以后扩大规模留有空间。有设计合理、建造科学、保温隔热的驴舍，有廉价而丰富的饲料资源，有稳定可靠的销售渠道，有饲养管理和防病治病技术的保障等。这些适宜环境和条件，有的是家庭农场能把握的，如驴场的选址和建设、饲养管理等方面；有的却不能完全把握，需要借助外界的条件，如防病治病、饲料供应和销售等方面。

因此，家庭农场养驴要想长久发展，离不开稳定的发展环境，必须坚持因地制宜的原则。“近水楼台先得月，向阳花木易为春。”要充分利用家庭农场当地的自然资源和发挥条件优势（图 9-1、图 9-2），把家庭农场做大做强。

图 9-1 草地放牧养驴

图 9-2 林地放牧养驴

在驴场的规划阶段，要对所处的环境条件和自身实力有一个准确的评估和判断，逐条对照经营驴场所必须具备的条件，一项一项地落实，绝不可不经充分论证或者在条件不具备的情况下盲目上马。如驴场选址首先要求选择在适养区内，不能在饮用水水源保护区、自然保护区、风景名胜区、城镇居民区和文化教育科学研究区及法律法规规定的其他禁止建设养殖场的区域。家庭农场养驴绝不能在政府划定的禁养区内建场，这是硬指标，高压线，没有商量的余地，不能存在侥幸心理，或者打“擦边球”。

同时驴场选址还要考虑交通、水电、饲料、防疫条件等问题。距离交通主干道太远饲料和驴的运输成本增加，距离太近又对驴场防疫不利。养驴场的饮用水水质要符合《无公害食品　畜禽饮用水水质》的要求，如果驴场的水质没有达标，就不能建场养驴。电力供应对驴场也十分重要，规模化养驴多采用现代化饲养管理设备，饲料加工和人员生活等都离不开电，如果电力供应不稳定就会影响到养驴场的正常运转。

饲料供应是养驴场的重要工作，特别是占比最大的饲草料，每天的消耗量很大，应立足于主要饲料原料由当地生产，这是最理想的饲料保障方式。我们知道，如果饲草料全部由外部供应，特别是长途运输过来的饲草料，仅运输成本一项就会增加很多，通常还要经过中间商赚取差价，这些因素都直接影响到养驴的成本。如果主要原料在家庭农场所在地能够就地解决，价格就会有很大的优势。如果是家庭农场自己种植，在质量上将更有保证。若家庭农场所在地自然资源十分贫瘠，甚至寸草不生，没有大量廉价的秸秆资源，同时又没有可供种植牧草的土地，就不适合养驴。所以，在确定养驴及养驴的规模时，饲草料是重点考虑的问题。

在养殖规模上，要根据自身实力和场地大小确定合理的适度规模。养驴的规模和数量应按照场地大小决定，特别是放牧＋补饲养驴的，对场地的面积要求更严格，要坚持以草定畜。

在饲养管理上，家庭农场的性质决定了养驴的饲养管理工作主要由家庭成员来承担。如果家庭成员中有不喜欢养驴，或者干工作不肯吃苦、责任心不强，或者有成员长期患病，自己不但不能分担养驴的部分工作，而且还需要他人的长期照料，这些情况都不适合养驴，建议存在这样问题的家庭农场不要养驴，还是考虑选择其他的经营项目为宜。

在销售上，如果家庭农场有资金实力和销售经验，可以建设自己的销售渠道，如驴肉餐馆、专卖店、商超专柜、电商平台等，刚开始建设时要根据消费者接受程度确定销售渠道的类型和数量。如果家庭农场所在地区有大型龙头企业，或者有经营良好的合作社，也可以依托龙头企业，实行订单生产，把精力放在如何养好驴上面，也是不错的选择。

三、养驴家庭农场的风险控制要点

养驴家庭农场经营风险是指养驴家庭农场在经营管理过程中可能发生的危险。而风险控制是指风险管理者采取各种措施和方法，消灭或减少风险事件发生的各种可能性，或风险控制者减少风险事件发生时造成的损失。但总会有些事情是不能控制的，风险总是存在的。作为管理者必须采取各种措施减小风险事件发生的可能性，或者把可能的损失控制在一定的范围内，以避免在风险事件发生时带来难以承担的损失。

（一）养驴家庭农场的经营风险

养驴家庭农场的经营风险主要包括以下八种：

1. 驴疾病风险

这种因疾病因素对养驴家庭农场产生的影响有两类。一是驴在养殖过程中或运输途中发生疾病造成的影响，主要包括：

大规模的疫情导致大量驴的死亡，带来直接的经济损失。疫情会给家庭农场的生产带来持续性的影响，导致生产成本增加，进而降低养殖效益。内部疫情发生将使家庭农场的出栏减少，造成收入减少，效益下降。二是驴养殖行业暴发大规模疫病或出现疫病事件造成的影响。

2. 市场风险

养驴也和其他养殖项目一样，受品种是否优良、数量多少（主要是能繁母驴存栏的多少）、疫病防控的难度、饲养条件和环境保护，以及经济发展快慢等多种因素的影响，但主要是受社会发展大环境的影响。通常人口增长，经济发展快，驴肉的消费量增加也快，而此时驴的数量少，不能满足消费需求，驴的价格就高，养驴的效益也好。相反，则驴的价格就低，养驴的效益也不好。

由于驴养殖受饲养时间的限制，不是短时间见效的养殖项目。架子驴购买以后，至少要经过 4 个月的育肥期，而饲养母驴则需要更长的时间。在饲养的这段时间，会受到市场价格变化、人工和饲料成本上升、疫情、食品安全事件等一系列不利因素，以及不确定问题的影响。家庭农场经营者如果不提高预见能力，“视力”偏弱，目光短浅，只看到眼前，没有考虑未来的变化，对驴养殖的发展方向、变化心中无数，就会陷入困境。

此外，食品安全事件也是较大的市场风险，使驴肉销售直接受到影响。

3. 驴来源风险

驴的来源影响繁殖率、驴机体健康状况和育肥效果，也是决定养殖成功与否的关键因素。主要是家庭农场主不懂驴的选购常识，不会挑选。如引进健康状况较差的驴饲养，不仅生产性能较差，也会增加疫病传播的危险，严重的会死亡，将本钱都赔进去了。购买用于繁殖的母驴时，将一些有繁殖疾病和老龄驴购入，导致受胎率低，既浪费饲料和人工，又占用大量资金等，增加饲养成本。购买育成母驴时，不会挑选，选择的母驴品种不纯，繁殖率低；或者有生殖缺陷，不能正常发情配种，经过长时间饲养后，不得不按照普通驴出售。

4. 经营管理风险

经营管理风险即由于家庭农场内部管理混乱、内控制度不健全、财务状况恶化、资产沉淀等造成重大损失的可能性。家庭农场内部管理混乱、内控制度不健全会导致防疫措施不能落实，暴发疫病造成驴死亡的风险；饲养管理不到位，造成饲料浪费、驴生长缓慢、幼驴死亡率增长的风险；原材料、兽药及低值易耗品采购价格不合理、库存超额、使用浪费，造成家庭农场生产成本增加的风险；对差旅、用车、招待、办公、产品销售费用等非生产性费用不能有效控制，造成家庭农场管理费用、营业费用增加的风险。家庭农场的应收款较多、资产结构不合理、资产负债率过高，会导致家庭农场资金周转困难、财务状况恶化的风险。

5. 投资及决策风险

投资风险即因投资不当或决策失误等造成家庭农场经济效益下降。决策风险即由于决策不民主、不科学等造成决策失误，导致家庭农场重大损失的可能性。如果在驴行情高潮期盲目投资办新场，扩大生产规模，会产生因市场饱和，驴价大幅下跌的风险；投资选址不当，驴养殖受自然条件及周边卫生环境的影响较大，也存在一定的风险。对驴品种是否更新换代、扩大或缩小生产规模等决策不当，会对家庭农场效益产生直接影响。

6. 人力资源风险

人力资源风险即家庭农场对管理人员任用不当，无充分授权或精英人才流失，无合格员工或员工集体辞职造成损失的可能性。有丰富管理经验的管理人才和熟练操作水平的工人对家庭农场的发展至关重要。如果家庭农场地处不发达地区，交通、环境不理想难以吸引人才。饲养员的文化水平低，对新技术的理解、接受和应用能力差，会削弱家庭农场经济效益的发挥。长时间的封闭管理、信息闭塞，会导致员工情绪不稳，影响工作效率。家庭农场缺乏有效的激励机制，员工的工资待遇水平不高，制约了员工生产积极性的发挥。

7. 安全风险

安全风险既有自然灾害风险，也有因家庭农场安全意识淡漠、缺乏安全保障措施等而造成家庭农场重大人员或财产损失的可能性。自然灾害风险即因自然环境恶化如地震、洪水、火灾、风灾等造成家庭农场损失的可能性。家庭农场安全意识淡漠、缺乏安全保障措施等而造成的风险较为普遍，如用电或用火不慎引起的火灾，不遵守安全生产规定造成人员伤亡，购买了有质量问题疫苗、兽药等，导致驴死亡等。

8. 政策风险

政策风险即因政府法律、法规、政策、管理体制、规划的变动，税收、利率的变化或行业专项整治，造成损害的可能性。其中最主要的是环保政策给家庭农场带来的风险。

（二）控制风险对策

在家庭农场经营过程中，经营管理者要牢固树立风险意识，既要有敢于担当的勇气，在风险中抢抓机会，在风险中创造利润，化风险为利润，又要有防范风险的意识，管理风险的智慧，驾驭风险的能力，把风险降到最低程度。

1. 加强疫病防治工作，保障驴安全

首先要树立“防疫至上”的理念，将防疫工作始终作为家庭农场生产管理的生命线；其次要健全管理制度，防患于未然，制订内部疾病的净化流程；同时，建立饲料采购供应制度和疾病检测制度及危机处理制度，尽最大可能减少疫病发生概率并杜绝病驴流入市场；再次要加大硬件投入，高标准做好卫生防疫工作；最后要加强技术研究，为防范疫病风险提供保障，在加强有效管理的同时加强与国内外牲畜疫病研究机构的合作，为家庭农场疫病控制防范提供强有力的技术支撑，大幅度降低疾病发生所带来的风险。

2. 及时关注和了解市场动态

及时掌握市场动态，适时调整驴群结构和生产规模，同时做好成品饲料及饲料原料的储备供应。

3. 调整产品结构，树立品牌意识，提高产品附加值

以战略的眼光对产品结构进行调整，饲养适应市场需要的优良品种驴，采用安全饲料，生产优质驴产品，并拓展驴肉食品深加工，实现产品的多元化。树立驴产品的品牌，提高驴产品的市场占有率和盈利能力。

4. 健全内控制度，提高管理水平

科学制订饲养管理制度，明确每个人的职责任务，并使这些制度得到严格的落实，使家庭农场的内部控制得到完善。重点要抓好防疫管理、饲养管理，搞好生产统计工作。加强对饲料原料、兽药等采购、饲料加工及出库环节的控制，节约生产成本。加强财务管理工作，降低非生产性费用，做到增收节

支；加强种驴和架子驴的采购和驴销售管理，减少应收款的发生；调整资产结构，降低资产负债率，保障资金良性循环。

5. 加强民主、科学决策，谨防投资失误

经营者要有风险管理的概念和意识，家庭农场的重大投资或决策要请专家论证，避免一言堂、家长制，要采用民主、科学决策手段，条件成熟了才能实施，防止决策失误。现在和将来投资家庭农场，应将环保作为第一限制因素考虑，从当前的发展趋势看，如何处理驴粪水使其达标排放的思维方式已落伍，必须考虑走循环农业的路子，充分考虑土地的承载能力，达到生态和谐才是解决问题的根本所在。

四、千方百计减少浪费，降低养驴的生产成本

家庭农场养驴的日常支出繁杂，涉及种驴、架子驴及幼驴的购买、饲料采购和加工费用、兽药费、水电费、人工费、圈舍维护费、通风降温设备购置维护费用、饲养工具购置费用等方方面面，这些方面也是构成养驴成本的项目，都是家庭农场养驴必须的支出，是不能节省的开支。但是，支出的多与少，却大不一样，也能反映出家庭农场在管理上的好与差。管理好的家庭农场，支出就少一点，管理差的相对支出就多一些。因此，要降低养驴的成本，就要在家庭农场的管理上下功夫。通过实施精细化管理，精打细算，千方百计地减少浪费，不花冤枉钱，把钱花在刀刃上，不该花的钱一分钱也不花。如果能按照这样去做，养驴的成本必然最低。

（一）减少饲草料浪费

饲草料是构成养驴成本的主要部分，因此，减少饲草料浪

费尤为重要。要从饲料的配方设计、原料采购、饲料加工、储存保管、饲喂等各个环节入手，减少浪费。

养驴的饲草料浪费主要表现在以下方面：

一是饲料配方不合理。不能根据驴的品种、生长阶段、季节等配制饲料。如不加区分地用一个配方配制所有的驴料，或者过量或过少添加饼（粕）类和玉米等饲料，既直接影响了饲料成本，又影响了驴的正常生长发育和繁殖。因为品种、所处的生长阶段、季节等不同，营养需要也不一样。

如育肥驴营养需要的区别是，不同品种的驴，在育肥期对营养的需要有较大差别。一般说，肉用品种的驴得到相同日增重所需要的营养物质低于非肉用品种。不同生长阶段的驴，在育肥期间所要求的营养水平也不同。幼龄驴正处在生长发育旺盛阶段，增重的重要部分是骨骼、肌肉和内脏，所以饲料中蛋白质的含量应当高一些。成年驴在育肥阶段增重的主要部分是脂肪，此时饲料中的蛋白质含量可相对低一些，而能量则应该高些。单位增重所需的营养物质总量以幼驴最少、老龄驴最多。驴在育肥期间，前期体重的增加以肌肉和骨骼为主，后期以沉积脂肪为主，因而在育肥前期应供应充足的蛋白质和适当的热能，后期要供应充足的能量。环境温度对育肥驴的营养需要和日增重影响较大。驴在低温环境中，为了抵御寒冷，需增加产热量以维持体温，使相对多的营养物质通过代谢转化为热能而散失，饲料转化率下降。当在高温环境中时，驴的呼吸次数增加，采食量减少，温度过高会导致停食，特别是育肥期后期的驴膘较肥，高温危害更为严重。

如公驴的营养需要是，公驴在配种开始前 1 ～ 2 个月为准备期。在此期间，应对种公驴增加营养，为配种做好准备。饲料供应上逐渐增加精料喂量，减少粗料的比例。精料应偏重于蛋白质和维生素饲料，即酌情增加豆饼、胡萝卜和大麦芽等。配种期用优质的禾本科和豆科（占 1/3 ～ 1/2）的混合干草，最好用青苜蓿草或其他青绿多汁饲料，以补充生物学价值高的蛋白质、维生素和矿物质，以利于精子的形成和提高精子的活力。精饲料以大麦、麸皮为主，玉米、小米和高粱为辅，配合豆饼或豆类，如黑豆、大豆、豌豆等混合饲喂。配种期结束后种公驴即进入恢复期，此期在增加青绿饲料的情况下，精饲料量可减少至配种期的一半，少给蛋白质丰富的饲料。经过1～2个月的恢复期以后，公驴进入锻炼期，此期季节上通常在秋末或冬初，饲料以能量饲料为主。

在配方设计时，还要注意饲料的消化率、适口性、体积等因素。

二是饲料加工不合理。主要是不能做到粗饲料铡短饲喂。俗话说："寸草铡三刀，无料也增膘。"铡短后饲喂，不但饲草能被充分利用，而且消化率也有所提高，一般把茎秆铡成1厘米为宜。

三是饲料保管不当，造成饲料霉烂变质、被污染等。定期对存放饲草、饲料的库房进行检查，保证库房的通风、干燥，防止出现漏雨、地面渗水等问题，还要防鼠害和防其他畜禽进入草料棚，特别要注意防火安全，严禁任何人在草料房及周边吸烟，确保库房周边消防装备的完整、有效。同时，本着"先进先出"的原则，优先使用库存时间较长的饲草、饲料等，减少可能由此而产生的浪费。

四是饲料质量差。家庭农场在选择成品饲料及饲料原料的时候，如果只考虑价格不考虑质量，加之绝大多数不具备检测条件，很容易购买到质量差的饲料，甚至是质次价高的饲料。在采购饲料及原料时要到信誉好、供应稳定的厂家采购，最好将样品送到有检验资质的单位检测营养成分、水分、杂质等，避免购买到质次价高的饲料。

五是添加不合理。主要是过量添加饲草料，驴吃不了后，饲料霉烂变质或直接混到粪土里，作为废弃物扔掉。给驴喂料应该做到"少喂勤添""先粗后精、先干后湿"，还要做到看驴吃草，喂驴时不能图省事，倒上半槽饲料就不管了，这往往造成浪费。

应将粗精料搅拌均匀，特别是料槽里的料要将料槽内四个角的料都搅拌均匀，防止驴挑食。发现饲草落地的，要及时收存等。

（二）减少无效驴，育肥驴及时出栏

无效驴主要是指患病无法治愈的驴、久配不孕不能产驹的母驴、习惯性流产的母驴、使用频率很低的公驴、精液质量差和配种受胎率低的公驴等。如果不能及时发现或发现以后还继续饲养，这就是一种浪费。

出栏体重不同，饲料消耗量和利用率也不同。一般规律是，驴的出栏体重越大，饲料转化率就越低。任何年龄的驴，当脂肪沉积到一定程度后，其生活力下降，食欲减退，饲料转化率降低，日增重降低，若再继续育肥就不经济了。通常，年龄越小，育肥期越长，如幼驹需 1 年以上。年龄越大，则育肥期越短，如成年驴仅需 3 ～ 4 个月。所以，对经育肥达到出栏标准的肉驴要及时出栏销售。

（三）减少因饲养管理不当造成的浪费

饲养管理不当，造成的浪费很多。如不能及时按照品种、生长发育阶段进行分群，导致驴群混群，公母驴相互干扰，公驴相互踢咬等，影响驴的正常采食，也会使驴受伤；不让种驴运动或运动量过小，导致驴的体况差；母驴饲喂过量或不足，导致母驴过肥或过瘦，影响母驴的正常发情配种；不给驴接种疫苗，驴的寄生虫病严重，导致驴处于亚健康状态或驴皮质量下降，甚至不能用作药材等。

五、做好养驴家庭农场的成本核算

家庭农场的成本核算是指将在一定时期内家庭农场生产经

营过程中所发生的费用，按其性质和发生地点，分类归集、汇总、核算，计算出该时期内生产经营费用发生总额以及每种产品的实际成本和单位成本的管理活动。其基本任务是正确、及时地核算产品实际总成本和单位成本，提供正确的成本数据，为企业经营决策提供科学依据，并借以考核成本计划执行情况，综合反映企业的生产经营管理水平。

家庭农场成本核算是家庭农场成本管理工作的重要组成部分，成本核算的准确与否，将直接影响家庭农场的成本预测、计划、分析、考核等控制工作，同时也对家庭农场的成本决策和经营决策产生重大影响。

通过成本核算，可以计算出产品实际成本，可以作为生产耗费的补偿尺度，是确定家庭农场盈利的依据，便于家庭农场依据其结果制订产品价格和企业编制财务成本报表。还可以通过产品成本的核算计算出的产品实际成本资料，与产品的计划成本、定额成本或标准成本等指标进行对比，除可对产品成本升降的原因进行分析外，还可据此对产品的计划成本、定额成本或标准成本进行适当的修改，使其更加接近实际。

通过产品成本核算，可以反映和监督家庭农场各项消耗定额及成本计划的执行情况，可以控制生产过程中人力、物力和财力的耗费，从而做到增产节约、增收节支。同时，利用成本核算资料，开展对比分析，还可以查明家庭农场生产经营的成绩和缺点，从而采取针对性的措施，改善家庭农场的经营管理，促使家庭农场进一步降低产品成本。

通过产品成本核算，还可以反映和监督产品占用资金的增减变动和结存情况，为加强产品资金的管理、提高资金周转速度和节约有效地使用资金提供资料。

可见，做好家庭农场的成本核算，具有非常重要的意义，是家庭农场规模化养肉驴必须做好的一项重要工作。

（一）养驴家庭农场成本核算对象

养驴业生物资产核算的对象主要指驴的种类（奶驴和肉驴）和群别。养驴业生产成本核算的对象主要指承担发生各项生产成本的母驴、犊驴、幼驴等。为便于管理和核算，要划分养驴业的群别。

基本驴群：包括产母驴和种公驴。

犊驴群：出生后到6个月断乳的驴群，又称“6月以内犊驴”。

幼驴群：6个月以上断乳的驴群，又称“6月以上幼驴”，包括育肥驴等。

划分养驴业的群别，要根据生产管理的需要，也可以按生产周期、批次划分养驴业的群别。

（二）科目设置

为了核算养驴业生物资产有关业务，应设置主要科目。主要科目名称和核算内容如下：

1.“生产性生物资产”科目

本科目核算养驴企业持有的生产性生物资产的原价。即“基本驴群”，包括产母驴和种公驴，以及待产的成龄驴的原价。

本科目可按“未成熟生产性生物资产——待产的成龄母驴群”和“成熟生产性生物资产——产母驴和种公驴群”等驴的生物资产的种类（奶驴和肉驴等）进行明细核算。也可以根据责任制管理的要求，按所属责任单位（人）等进行明细核算。

2.“消耗性生物资产”科目

本科目核算养驴企业持有的消耗性生物资产的实际成本。即“犊驴群”“幼驴群”的实际成本。

本科目可按驴的消耗性生物资产的种类（奶驴和肉驴等）和群别等进行明细核算。也可以根据责任制管理的要求，按所属责任单位（人）等进行明细核算。

3.“养驴业生产成本”科目

本科目核算养驴企业进行养驴生产发生的各项生产成本，包括：①生产“驴奶”的产母驴和种公驴、待产的成龄母驴的饲养费用，由“驴奶”承担的各项生产成本；②生产肉用“犊驴”的产母驴和种公驴、待产的成龄母驴的饲养费用，肉用“犊驴”承担的各项生产成本；③“幼驴群”的饲养费用，“幼驴群”承担的各项生产成本。

本科目可按养驴业确定成本核算对象和成本项目，进行费用的归集和分配。

4. 其他相关科目

涉及以上主要科目的相关科目有：①产母驴和种公驴、待产的成龄母驴需要折旧摊销的，可以单独设置“生产性生物资产累计折旧”科目，比照“固定资产累计折旧”科目进行处理；②生产性生物资产发生减值的，可以单独设置“生产性生物资产减值准备”科目，比照“固定资产减值准备”科目进行处理；③消耗性生物资产发生减值的，可以单独设置“消耗性生物资产跌价准备”科目，比照“存货跌价准备”科目进行处理；④制造费用（共同费用）和辅助生产成本的核算，这些要按企业生产管理情况确定，比照“制造费用”和“辅助生产成本”科目进行处理。上述涉及的生物资产相关科目的核算，不再过多叙述。

（三）账务处理方法

以养母驴为例，将生产流程发生的正常典型业务的账务处理，归纳为如下 4 大类 16 项业务事例，分别叙述。这里不包括房屋和设备等建设工程业务的核算。

1. 母驴饲养准备阶段的核算

包括发生购买饲料、防疫药品、产母驴和种公驴、待产的成龄母驴等业务的核算。

【例 1】银行和现金支付购入饲料款，包括饲料的购买价款、相关税费、运输费、装卸费、保险费以及其他可归属于饲料采购成本的费用。会计分录如下。

借：原材料——×× 饲料

贷：银行存款

贷：库存现金

【例 2】现金支付药品款，包括药品购买价款和其他可归属于药品采购成本的费用。会计分录如下。

借：原材料——×× 药品

贷：库存现金

【例 3】银行和部分现金支付购入幼驴款，按应计入消耗性生物资产成本的金额，包括购买价款、相关税费、运输费、保险费以及可直接归属于购买幼驴该项资产的其他支出。会计分录如下。

借：消耗性生物资产——幼驴群

贷：银行存款

贷：库存现金

【例 4】银行和部分现金支付购入产母驴和种公驴、待产的成龄母驴款，按应计入生产性生物资产成本的金额，包括购买价款、相关税费、运输费、保险费以及可直接归属于购买产母驴和种公驴、待产的成龄母驴该项资产的其他支出。会计分录如下。

借：生产性生物资产——基本驴群

贷：银行存款

贷：库存现金

2. 幼驴饲养的核算

包括直接使用的人工、直接消耗的饲料和直接消耗的药品等业务的核算。属于养驴共用的水、电、汽（由于只有一个表计量）和有关共同用人工以及其他共同开支，应在“养驴业生产成本——共同费用”科目核算，借记“养驴业生产成本——共同费用”科目，贷记“银行存款”等科目，而后分摊。属于公司管理方面的人工和有关费用的，应在“管理费用”科目核算，借记“管理费用”科目，贷记“库存现金”“银行存款”等科目。

【例 5】养幼驴直接使用的人工，按工资表分配数额计算。会计分录如下。

借：养驴业生产成本——幼驴群

贷：应付职工薪酬

【例 6】养幼驴直接消耗的饲料，按报表饲料投入数额或者按盘点饲料投入数额计算。会计分录如下。

借：养驴业生产成本——幼驴群

贷：原材料——×× 饲料

【例 7】养幼驴直接消耗的药品，按报表药品投入数额或者按盘点药品投入数额计算。会计分录如下。

借：养驴业生产成本——幼驴群

贷：原材料——×× 药品

3. 驴转群的核算

指驴群达到预定生产经营目的，进入又一正常生产期，包括“犊驴群”成本的结转，“犊驴群”转为“幼驴群”、“幼驴群”转为“基本驴群”、淘汰的“基本驴群”转为育肥驴（幼驴群）的核算。

【例8】“幼驴群”转为基本驴群，先结转“幼驴群”的全部成本，包括“幼驴群”转前发生的通过“养驴业生产成本——幼驴群”科目核算的饲料费、人工费和应分摊的间接费用等必要支出。会计分录如下。

借：消耗性生物资产——幼驴群

贷：养驴业生产成本——幼驴群

【例9】“幼驴群”转为基本驴群，按“幼驴群”的账面价值结转，包括原全部购买价值和结转的饲养过程的全部成本。会计分录如下。

借：生产性生物资产——基本驴群

贷：消耗性生物资产——幼驴群

【例10】淘汰的产母驴（基本驴群）转为育肥驴，按淘汰的基本驴群的账面价值结转。会计分录如下。

借：消耗性生物资产——幼驴群（包括育肥驴）

贷：生产性生物资产——基本驴群

【例11】“犊驴群”转为“幼驴群”，先结转“犊驴群”的全部成本，包括“犊驴群”转前发生的通过“养驴业生产成本——基本驴群”科目核算的饲料费、人工费和应分摊的间接费用等必要支出。会计分录如下。

借：消耗性生物资产——犊驴群

贷：养驴业生产成本——基本驴群

【例12】“犊驴群”转为“幼驴群”，按“犊驴群”的账面价值结转。会计分录如下。

借：消耗性生物资产——幼驴群

贷：消耗性生物资产——犊驴群

4. 驴（生物资产）出售的核算

包括犊驴和幼驴出售的核算和淘汰产母驴（基本驴群）出售的核算。幼驴出售前在账上作为消耗性生物资产，淘汰产母驴（基本驴群）出售前在账上作为生产性生物资产，这两种因出售交易而可视同产成品出售对待。

【例 13】幼驴和育肥驴出售的核算，按银行实际收到的金额结算。会计分录如下。

借：银行存款

贷：主营业务收入——幼驴（育肥驴）

【例 14】同时，按幼驴（育肥驴）账面价值结转成本。会计分录如下。

借：主营业务成本——幼驴（育肥驴）

贷：消耗性生物资产——幼驴（育肥驴）

【例 15】淘汰产母驴（基本驴群）正常出售的核算，按银行实际收到的金额结算。会计分录如下。

借：银行存款

贷：主营业务收入——产母驴（基本驴群）

【例 16】同时，按产母驴（基本驴群）账面价值结转成本。会计分录如下。

借：主营业务成本——产母驴（基本驴群）

贷：生产性生物资产——基本驴群

（四）家庭农场账务处理

家庭农场在做好成本核算的同时，也要将农场的整个收支过程做好归集和登记，以全面反映家庭农场经营过程中发生的实际收支和最终得到的收益，使农场主了解和掌握本农场当年的经营状况，达到改善管理、提高效益的目的。

家庭农场记账可以参考山西省农业厅《山西省家庭农场记账台账（试行）》（晋农办经发〔2015〕228 号）。

《山西省家庭农场记账台账（试行）》的具体规定如下。

1. 记账对象

记账单位为各级示范家庭农场及有记账意愿的家庭农场。

记账内容为家庭农场生产、管理、销售、服务全过程。

2. 记账目的

家庭农场以一个会计年度为记账期间，对生产、销售、加工、服务等环节的收支情况进行登记，计算生产和服务过程中发生的实际收支和最终得到的收益，使农场主了解和掌握本农场当年的经营状况，达到改善管理、提高效益的目的。

3. 记账流程

家庭农场记账包括登记、归集和效益分析三个环节。

（1）登记　家庭农场应当将主营产业及其他经营项目所发生的收支情况，全部登记在《山西省家庭农场记账台账》上。要做到登记及时、内容完整、数字准确、摘要清晰。

（2）归集　在一个会计年度结束后将台账数据整理归集，得到收入、支出、收益等各项数据。归集时家庭农场可以根据自身需要增加、减少或合并项目指标。

（3）效益分析　家庭农场应当根据台账编制收益表，掌握收支情况、资金用途、项目收益等，分析家庭农场经营效益，从而加强成本控制，挖掘增收潜力；明晰经营方向，实现科学决策；规范经营管理，提高经济效益。

（4）计价原则

① 收入以本年度实际实现的收入或确认的债权为准。

② 购入的各种物资和服务按实际购买价格加运杂费等计算。

③ 固定资产是指单位价值在500元以上，使用年限在1年以上的生产或生产管理使用的房屋、建筑物、机器、机械、运输工具、役畜、经济林木、堤坝、水渠、机井、晒场、大棚骨架和墙体以及其他与生产有关的设备、器具、工具等。

购入的固定资产按购买价加运杂费及税金等费用合计扣除补贴资金后的金额计价；自行营建的固定资产按实际发生的全

部费用扣除补贴资金后的金额计价。

固定资产采用综合折旧率为10%。享受国家补贴购置的固定资产按扣除补贴金额后的价值计提折旧。

④ 未达到固定资产标准的劳动资料按产品物资核算。

（5）台账运用

① 作为评选示范家庭农场的必要条件。

② 作为家庭农场承担涉农建设项目、享受财政补贴等相关政策的必要条件。

③ 作为认定和审核家庭农场的必要条件。

附件：山西省家庭农场台账样本。

台账样本见表9-1山西省家庭农场台账——固定资产明细账、表9-2山西省家庭农场台账——各项收入、表9-3山西省家庭农场台账——各项支出和表9-4（　　）年家庭农场经营收益。

表9-1　山西省家庭农场台账——固定资产明细账　单位：元

记账日期	业务内容摘要	固定资产原值增加	固定资产原值减少	固定资产原值余额	折旧费	净值	补贴资金
上年结转							

续表

记账日期	业务内容摘要	固定资产原值增加	固定资产原值减少	固定资产原值余额	折旧费	净值	补贴资金
合计							
结转下年							

说明：1. 上年结转——登记上年结转的固定资产原值余额、折旧费、净值、补贴资金合计数。

2. 业务内容摘要——登记购置或减少的固定资产名称、型号等。

3. 固定资产原值增加——登记现有和新购置的固定资产原值。

4. 固定资产原值减少——登记报废、减少的固定资产原值。

5. 固定资产原值余额——固定资产原值增加合计数减去固定资产原值减少合计数。

6. 折旧费——登记按年（月）计提的固定资产折旧额。

7. 净值——固定资产原值扣减折旧费合计后的金额。

8. 补贴资金——登记购置固定资产享受的国家补贴资金。

9. 合计——上年转来的金额与各指标本年度发生额合计之和。

10. 结转下年——登记结转下年的固定资产原值余额、折旧费、净值、补贴资金合计数。

表 9-2　山西省家庭农场台账——各项收入　单位：元

记账日期	业务内容摘要	经营收入		服务收入	补贴收入	其他收入
		出售数量	金额			

续表

记账日期	业务内容摘要	经营收入		服务收入	补贴收入	其他收入
		出售数量	金额			
合计						

说明：1. 业务内容摘要——登记收入事项的具体内容。

2. 经营收入——家庭农场出售种植养殖主副产品收入。

3. 服务收入——家庭农场对外提供农机服务、技术服务等各种服务取得的收入。

4. 补贴收入——家庭农场从各级财政、保险机构、集体、社会各界等取得的各种扶持资金、贴息、补贴补助等收入。

5. 其他收入——家庭农场在经营服务活动中取得的不属于上述收入的其他收入。

表 9-3　山西省家庭农场台账——各项支出　单位：元

记账日期	业务内容摘要	经营支出	固定资产折旧	土地流转（承包）费	雇工费用	其他支出

续表

记账日期	业务内容摘要	经营支出	固定资产折旧	土地流转（承包）费	雇工费用	其他支出
	合计					

说明：1. 业务内容摘要——登记支出事项的具体内容或用途。

2. 经营支出——家庭农场为从事农牧业生产而支付的各项物质费用和服务费用。

3. 固定资产折旧——家庭农场按固定资产原值计提的折旧费。

4. 土地流转（承包）费——家庭农场流转其他农户耕地或承包集体经济组织的机动地（包括沟渠、机井等土地附着物）、“四荒”地等的使用权而实际支付的土地流转费、承包费等土地租赁费用。一次性支付多年费用的，应当按照流转（承包、租赁）合同约定的年限平均计算年流转（承包、租赁）费计入当年成本费用。

5. 雇工费用——因雇佣他人（包括临时雇佣工和合同工）劳动（不包括发生租赁作业时由被租赁方提供的劳动）而实际支付的所有费用，包括支付给雇工的工资和合理的饮食费、招待费等。

6. 其他费用——家庭农场在经营、服务活动中发生的不属于上述费用的其他支出。

表 9-4 （　　）年家庭农场经营收益

代码	项目	单位	指标关系	数值
1	各项收入	元	1=2+3+4+5①	
2	经营收入	元		
3	服务收入	元		
4	补贴收入	元		
5	其他收入	元		

续表

代码	项目	单位	指标关系	数值
6	各项支出	元	6=7+8+9+10+11①	
7	经营支出	元		
8	固定资产折旧	元		
9	土地流转（承包）费	元		
10	雇工费用	元		
11	其他费用	元		
12	收益	元	12=1-6①	

①数字均为代码。

参考文献

[1] 孙玉江，徐纪尊，蒋涛，等．中国驴种遗传资源保护利用研究［J］．中国草食动物，2006，26（6）：32-34.

[2] 李文全．德州驴冻精授配技术试验研究［J］．甘肃畜牧兽医，2015，45（10）：30-31.

[3] 吕长鹏，肖国亮，库尔班・阿木提，等．疆岳驴改良效果初探［J］．黑龙江动物繁殖，2007，15（6）：43-44.

[4] 苏希孟．优质苜蓿干草的调制技术［J］．国外畜牧学（猪与禽），2008，5（28）：87-88.

[5] 金鹏．驴皮的质量与真伪鉴别［J］．中药材，1992，15（10）：21-23.